TRAINING

Chemie – Mittelstufe 2

Killian • Pistohl

STARK

Autoren

Ludwig Killian ist ein seit 1980 von seinem Beruf begeisterter Gymnasiallehrer. Ein Weg, diese Begeisterung für seine Fächer Chemie und Biologie nach außen zu tragen, besteht für ihn darin, verständliche und damit motivierende Lernhilfen sowie schülerunterstützende und -aktivierende Übungsmaterialien zu gestalten. Denn nur wenn es gelingt, möglichst vielen Schülern ein vertieftes Verständnis der Chemie zu vermitteln, kann diese Begeisterung weitergetragen und vervielfältigt werden.

Birger Pistohl unterrichtet seit 2001 Chemie und Biologie und arbeitet seit 2008 als Seminarlehrer für das Fach Chemie am Comenius-Gymnasium in Deggendorf. Als Autor und Koautor hat er an diversen schüleraktivierenden Unterrichts- und Übungsmaterialien sowie Schulbüchern mitgewirkt.

Bildnachweis

Umschlagbild: Erdölraffinerie © Aaron Kohr – Fotolia.com
Kapitelbild 1: © Dan Tobin/iStockphoto
Seite 10: Indikatorpapier © Patrizio Silvi Antonini – Fotolia.com
Seite 44: © Alexander Podshivalov/iStockphoto
Kapitelbild 2: © Paul Fleet/iStockphoto
Seite 76: Illustration: Peter Kornherr, St. Wolfgang
Seite 81, 176: © David Guglielmo/www.sxc.hu
Kapitelbild 3: © Martin McCarthy/iStockphoto

ISBN 978-3-86668-152-1

www.stark-verlag.de
1. Auflage 2009

Inhalt

Autoren: Ludwig Killian und Birger Pistohl

Vorwort

Liebe Schülerin, lieber Schüler,

mit den Kenntnissen, die du im Verlauf des ersten Mittelstufenabschnitts erworben hast, kannst du nun die **Säure-Base-** und die **Redoxreaktionen** verstehen. Diese beiden wichtigen Reaktionstypen der Chemie und ihre Bedeutung für unseren Alltag werden im ersten Kapitel ausführlich behandelt.
Der überwiegende Teil des Buches führt dich an ein neues großes Teilgebiet der Chemie – **die organische Chemie** – heran. Schrittweise wirst du mit der neuen Begrifflichkeit und den charakteristischen Eigenschaften und Besonderheiten der organischen Stoffklassen vertraut gemacht. Das hierbei gewonnene Wissen bildet wiederum die Grundlage, um die Chemie der **Biomoleküle**, der Bausteine des Lebens, zu verstehen.

Zum Aufbau dieses Buches:

- In den einzelnen Kapiteln werden zunächst die theoretischen Grundlagen vorgestellt, wobei dir zahlreiche **Beispiele mit kommentierten Lösungen** dabei helfen, die einzelnen Zusammenhänge leichter zu verinnerlichen.
- Farbig eingerahmt findest du wichtige Begriffe oder Gesetzmäßigkeiten und zu jedem abgeschlossenen Kapitel eine **Zusammenfassung**.
- Am Ende eines jeden Kapitels gibt es zudem **zahlreiche Aufgaben**, die dich dabei unterstützen, das erworbene Wissen einzuüben und richtig wiederzugeben.
- Um eigenständig überprüfen zu können, welche Aufgaben richtig gelöst wurden, befinden sich am Ende dieses Buches **ausführliche Lösungen**.

Viel Freude und Erfolg beim Üben mit diesem Buch!

Chemische Reaktionen

Arbeitsplatz in einem Chemielabor

1 Säure-Base-Reaktionen

1.1 Das Proton H^+

Wie bereits vom Atombau (Band 1, S. 78 f.) bekannt ist, besteht ein Wasserstoff-Atom (H) aus einem Proton im Kern und einem Elektron auf der innersten Schale (K-Schale). Wird dieses Elektron abgegeben, so liegt ein Proton (H^+) vor:

$$\underset{\text{Wasserstoff-Atom}}{H\cdot} \longrightarrow \underset{\text{Proton}}{H^+} + \underset{\text{Elektron}}{e^-}$$

Bei chemischen Reaktionen entstehen Protonen aber auf anderen Wegen. Sie werden von Stoffen abgegeben, deren Teilchen Wasserstoffatome über **polare Atombindungen** binden.

Beispiel

Hydrogenchlorid HCl

Lewis-Formel: 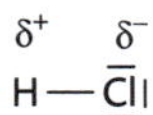

Das bindende Elektronenpaar wird aufgrund der größeren Elektronegativität des Chlor-Atoms von diesem stärker angezogen. Durch diese asymmetrische Elektronenverteilung erhält das Chlor-Atom eine negative Teilladung δ^- und das Wasserstoff-Atom erhält eine positive Teilladung δ^+. Die Teilladungen beschreiben die Polarität dieser Atombindung (Band 1, S. 181 ff.). Wird die polare Atombindung so getrennt, dass das bindende Elektronenpaar ganz beim Chlor-Atom verbleibt, entstehen ein Proton und ein Chlorid-Ion.

Hydrogenchlorid

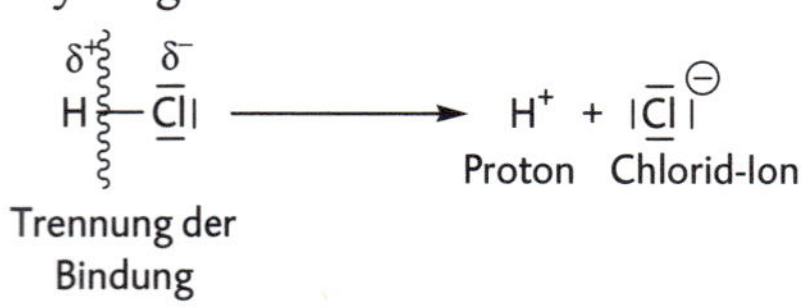

Wasser

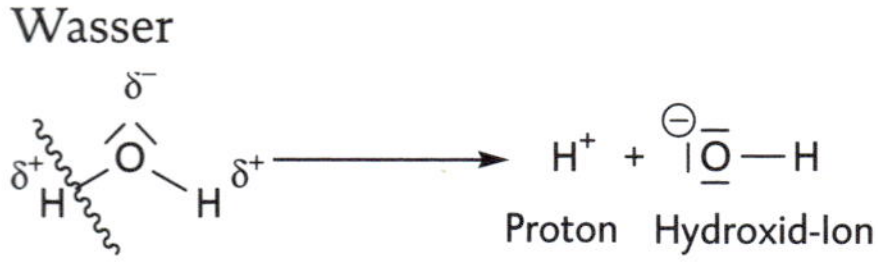

1.2 Säuren und Basen nach Brönsted

Brönsted unterscheidet Stoffe nach ihrer Fähigkeit, Protonen aufnehmen oder abgeben zu können.

- Säuren geben Protonen ab. Säuren sind **Protonendonatoren**.
- Basen nehmen Protonen auf. Basen sind **Protonenakzeptoren**.

Kriterien von Säuren und Basen:

- Säuren müssen in ihren Teilchen mindestens ein über eine polare Atombindung gebundenes Wasserstoff-Atom besitzen.

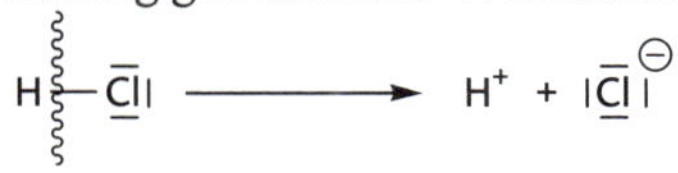

oder

$HCl \longrightarrow H^+ + Cl^-$

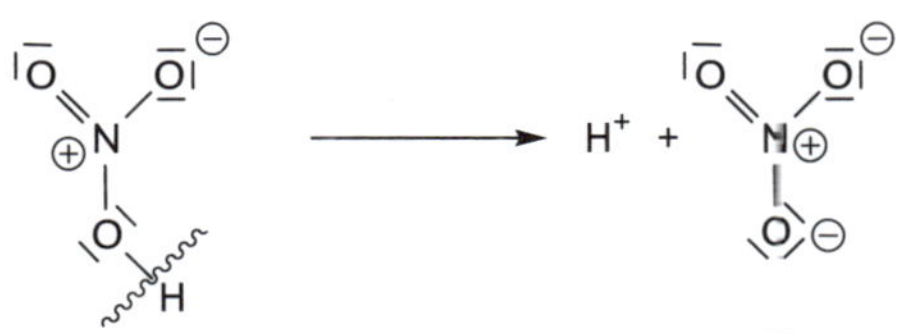

oder

$HNO_3 \longrightarrow H^+ + NO_3^-$

Die **Summenformeln** der wichtigsten **Säuren** sind:

HCl	(Salzsäure, einprotonig)
HNO_3	(Salpetersäure, einprotonig)
H_2SO_4	(Schwefelsäure, zweiprotonig)
H_3PO_4	(Phosphorsäure, dreiprotonig)

Die Säuren können **ein Proton** oder stufenweise **mehrere Protonen** abgeben.

- Basen müssen zur Aufnahme eines Protons mindestens ein freies Elektronenpaar zur Verfügung stellen.

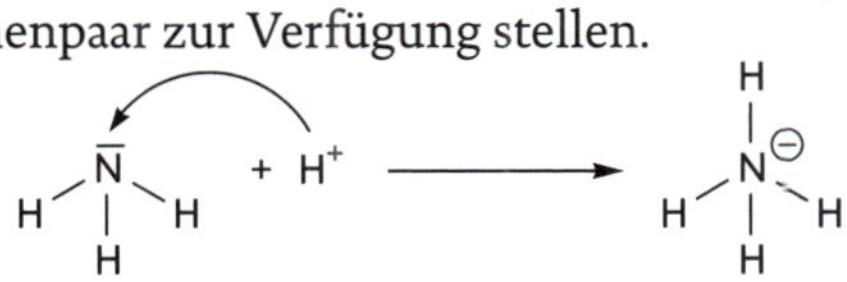

oder

$NH_3 + H^+ \longrightarrow NH_4^+$

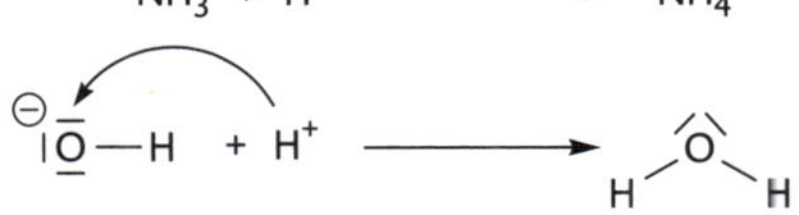

oder

$OH^- + H^+ \longrightarrow H_2O$

> Die **Summenformeln** der wichtigsten **Basen** (Laugen) sind:
> $NaOH$ (Natriumhydroxid); wässrige Lösung: Natronlauge
> KOH (Kaliumhydroxid); wässrige Lösung: Kalilauge
> $Ca(OH)_2$ (Calciumhydroxid); wässrige Lösung: Kalkwasser
> Basische Lösungen enthalten das **Hydroxid-Ion OH^-**.

Es gibt auch Stoffe, deren Teilchen beide Bedingungen erfüllen. Sie können sowohl ein Proton abgeben als auch ein Proton aufnehmen. Je nach Reaktionspartner wirken sie entweder als Säure oder als Base. Stoffe mit dieser Eigenschaft nennt man **Ampholyte**.

Beispiel

Wasser als Säure

oder

$$H_2O \longrightarrow OH^- + H^+$$

Wasser als Base

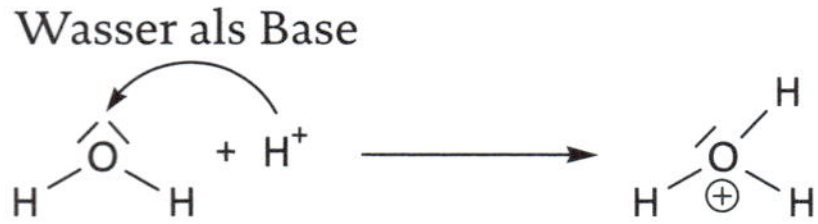

oder

$$H_2O + H^+ \longrightarrow H_3O^+$$

1.3 Reaktionen mit Protonenübertragung (Protolysen)

Protonenabgabe und Protonenaufnahme laufen bei chemischen Reaktionen stets gemeinsam ab. Die Protonen werden also immer von der Säure auf die Base übertragen. Eine Säure-Base-Reaktion wird auch als Protolyse bezeichnet.

Beispiel

Die beiden Gase Hydrogenchlorid und Ammoniak reagieren durch Protolyse miteinander.

Strukturformelgleichung:

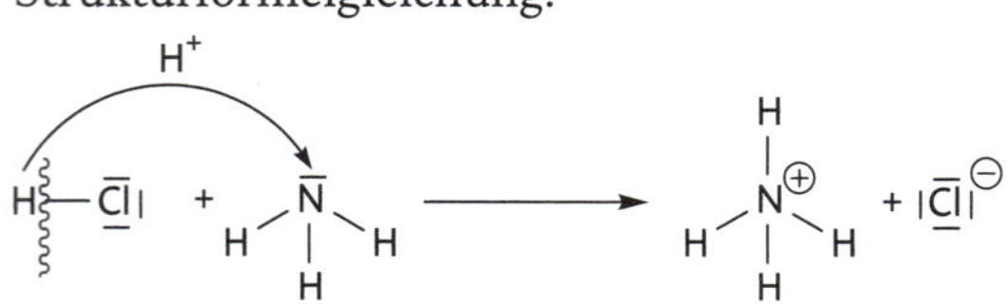

Summengleichung:

$$HCl + NH_3 \longrightarrow NH_4^+ + Cl^-$$

H^+ (von HCl auf NH_3 übertragen); $NH_4^+ + Cl^-$: NH_4Cl

Da Wasser ein Ampholyt ist, kann es je nach Reaktionspartner als Säure oder als Base reagieren und mit vielen Stoffen Protolysereaktionen eingehen.

- Entstehen bei dieser Reaktion **Oxonium-Ionen (H_3O^+)**, so liegt eine **saure Lösung** vor. Wasser wirkt gegenüber seinem Reaktionspartner als Base.

Beispiel

$$HNO_3 + H_2O \xrightarrow{} H_3O^+ + NO_3^-$$

(H^+ geht von HNO_3 auf H_2O über)

Salpetersäure → Oxonium-Ion + Nitrat-Ion

- Entstehen bei dieser Reaktion vermehrt **Hydroxid-Ionen (OH^-)**, so liegt eine **basische Lösung** vor. Wasser wirkt gegenüber seinem Reaktionspartner als Säure.

Beispiel

$$S^{2-} + H_2O \longrightarrow OH^- + HS^-$$

(H^+ geht von H_2O auf S^{2-} über)

Sulfid-Ion → Hydroxid-Ion + Hydrogensulfid-Ion

In **neutralen Lösungen** liegen im Wasser gleich viele H_3O^+- und OH^--Ionen vor, die durch **Autoprotolyse** zwischen Wasser-Molekülen entstehen. Die Konzentration dieser Ionen in neutralen wässrigen Lösungen ist sehr gering.

Autoprotolyse:

$$H_2O + H_2O \rightleftharpoons H_3O^+ + OH^-$$

(H^+ geht von einem H_2O auf das andere über)

Die **Konzentration** (vollständig: **Stoffmengenkonzentration**) mit dem Symbol *c* und der Einheit mol · L^{-1} gibt an, welche Stoffmenge *n* des Stoffes X in einem bestimmten Volumen *V* gelöst wird:

$$c(X) = \frac{n(X)}{V} \text{ mol} \cdot \text{L}^{-1}$$

$$\text{Konzentration} = \frac{\text{Stoffmenge}}{\text{Volumen}}$$

Zur Erinnerung (Band 1, S. 158 ff.): Die Stoffmenge *n* ist ermittelbar über die Masse *m* und bei Gasen über das Volumen *V*:

$$n = \frac{m}{M} \qquad n = \frac{V}{V_M}$$

Beispiel

Man löst 14,5 g Natriumchlorid in einem halben Liter Wasser.
Berechne die Konzentration des Stoffes und die Konzentration seiner Ionen.

Lösung: Um $c(\text{NaCl})$ berechnen zu können, muss vorher die Stoffmenge $n(\text{NaCl})$ bekannt sein.

$$n(\text{NaCl}) = \frac{m}{M} = \frac{14{,}5\,\text{g}}{58\,\text{g}\cdot\text{mol}^{-1}} = 0{,}25\,\text{mol} \qquad c(\text{NaCl}) = \frac{n}{V} = \frac{0{,}25\,\text{mol}}{0{,}5\,\text{L}} = 0{,}5\,\text{mol}\cdot\text{L}^{-1}$$

Da in 0,5 mol Natriumchlorid gleich viele Natrium-Ionen und Chlorid-Ionen vorhanden sind, gilt:

$$\text{NaCl} \longrightarrow \text{Na}^+ + \text{Cl}^-$$

$$n(\text{NaCl}) = n(\text{Na}^+) = n(\text{Cl}^-)$$

und damit

$$c(\text{Na}^+) = 0{,}5\,\text{mol}\cdot\text{L}^{-1} \quad \text{und} \quad c(\text{Cl}^-) = 0{,}5\,\text{mol}\cdot\text{L}^{-1}$$

Für die saure, neutrale oder basische Reaktion einer wässrigen Lösung sind die Konzentrationen der Oxonium-Ionen (H_3O^+) bzw. der Hydroxid-Ionen (OH^-) verantwortlich. Es gilt:

neutrale Lösung:	$c(H_3O^+) = c(OH^-) = 10^{-7}\,\text{mol}\cdot\text{L}^{-1}$
saure Lösung:	$c(H_3O^+) > 10^{-7}\,\text{mol}\cdot\text{L}^{-1}$; $c(OH^-) < 10^{-7}\,\text{mol}\cdot\text{L}^{-1}$
z. B.:	$c(H_3O^+) = 10^{-3}\,\text{mol}\cdot\text{L}^{-1}$; $c(OH^-) = 10^{-11}\,\text{mol}\cdot\text{L}^{-1}$
basische Lösung:	$c(H_3O^+) < 10^{-7}\,\text{mol}\cdot\text{L}^{-1}$; $c(OH^-) > 10^{-7}\,\text{mol}\cdot\text{L}^{-1}$
z. B.:	$c(H_3O^+) = 10^{-9}\,\text{mol}\cdot\text{L}^{-1}$; $c(OH^-) = 10^{-5}\,\text{mol}\cdot\text{L}^{-1}$

Das Produkt aus den Konzentrationen der Oxonium-Ionen und der Hydroxid-Ionen beträgt in verdünnten Lösungen (bis 1 mol · L^{-1}) immer $10^{-14}\,\text{mol}^2\cdot\text{L}^{-2}$ **(Ionenprodukt des Wassers).**

$$c(H_3O^+)\cdot c(OH^-) = 10^{-14}\,\text{mol}^2\cdot\text{L}^{-2}$$

Beispiel

Gibt man eine Säure zu Wasser, so erhöht sich durch die ablaufende Säure-Base-Reaktion die Oxonium-Ionen-Konzentration $c(H_3O^+)$ von $10^{-7}\,\text{mol}\cdot\text{L}^{-1}$ auf z. B. $10^{-3}\,\text{mol}\cdot\text{L}^{-1}$, während gleichzeitig die Hydroxid-Ionen-Konzentration $c(OH^-)$ von $10^{-7}\,\text{mol}\cdot\text{L}^{-1}$ auf $10^{-11}\,\text{mol}\cdot\text{L}^{-1}$ sinkt, damit das Ionenprodukt $c(H_3O^+)\cdot c(OH^-)$ wieder $10^{-14}\,\text{mol}^2\cdot\text{L}^{-2}$ beträgt.

Da Teilchen, die als Säure wirken, Protonen abgeben, enstehen aus ihnen stets deprotonierte Teilchen. Umgekehrt entstehen aus Teilchen, die als Base wirken und Protonen aufnehmen, stets protonierte Teilchen. Zwei derartige Teilchen bilden ein **korrespondierendes Säure-Base-Paar**.

Beispiel

Ermittle die korrespondierenden Säure-Base-Paare bei der Reaktion von Salpetersäure in Wasser.

Lösung:

$$\overset{H^+}{\frown}$$

$$\underset{\text{Säure 1}}{HNO_3} + \underset{\text{Base 2}}{H_2O} \longrightarrow \underset{\text{Säure 2}}{H_3O^+} + \underset{\text{Base 1}}{NO_3^-}$$

1. Säure-Base-Paar: HNO_3 / NO_3^-
2. Säure-Base-Paar: H_3O^+ / H_2O

- Wirken die Teilchen eines Stoffes als Säure, so geben sie Protonen ab, man erhält **deprotonierte** Teilchen.
- Wirken die Teilchen eines Stoffes als Base, so nehmen sie Protonen auf, man erhält **protonierte** Teilchen.
- Die protonierte und die deprotonierte Form eines Teilchens bilden ein **korrespondierendes Säure-Base-Paar**.

Name der Säure	Formel der Säure	Formel der Base	Name der Base
Wasserstoffiodid	HI	I^-	Iodid-Ion
Perchlorsäure	$HClO_4$	ClO_4^-	Perchlorat-Ion
Wasserstoffbromid	HBr	Br^-	Bromid-Ion
Wasserstoffchlorid	HCl	Cl^-	Chlorid-Ion
Schwefelsäure	H_2SO_4	SO_4^{2-}	Sulfat-Ion
Salpetersäure	HNO_3	NO_3^-	Nitrat-Ion
Oxonium-Ion	H_3O^+	H_2O	Wasser
Hydrogensulfat-Ion	HSO_4^-	SO_4^{2-}	Sulfat-Ion
Wasserstofffluorid	HF	F^-	Fluorid-Ion
salpetrige Säure	HNO_2	NO_2^-	Nitrit-Ion
Essigsäure	CH_3COOH	CH_3COO^-	Acetat-Ion
Kohlensäure	H_2CO_3	HCO_3^-	Hydrogencarbonat-Ion
Diwasserstoffsulfid	H_2S	HS^-	Hydrogensulfid-Ion
Ammonium-Ion	NH_4^+	NH_3	Ammoniak
Wasserstoffcyanid (Blausäure)	HCN	CN^-	Cyanid-Ion
Hydrogencarbonat-Ion	HCO_3^-	CO_3^{2-}	Carbonat-Ion
Wasser	H_2O	OH^-	Hydroxid-Ion
Wasserstoff	H_2	H^-	Hydrid-Ion
Hydroxid-Ion	OH^-	O^{2-}	Oxid-Ion

Zunahme der Säurestärke (↑)

Zunahme der Basenstärke (↓)

Tab. 1: Korrespondierende Säure-Base-Paare (nach ihrer Stärke geordnet)

1.4 Der pH-Wert

Die Konzentration der Oxonium-Ionen $c(H_3O^+)$ kann auch durch eine einfache mathematische Umrechnung als pH-Wert der Lösung ausgedrückt werden.

Der **pH-Wert** ist der negative dekadische Logarithmus der Oxonium-Ionen-Konzentration:
$pH = -\lg c(H_3O^+)$

Die Umrechnung erfolgt nach den Regeln zur Berechnung von Logarithmen: Der Exponent der Zehnerzahl der Konzentration wird beim Logarithmieren als Zahl aufgeschrieben. Beim Delogarithmieren einer Zahl wird diese als negativer Exponent zur Zahl 10 angeschrieben.

Beispiele

- Berechne den pH-Wert einer Salzsäurelösung mit $c(H_3O^+) = 10^{-3}\ mol \cdot L^{-1}$.

  Lösung:

  $$\begin{aligned} pH &= -\lg c(H_3O^+) \\ &= -\lg 10^{-3} \\ &= -(-3) \\ &= 3 \end{aligned}$$

- Berechne den pH-Wert einer Salzsäurelösung mit $c(H_3O^+) = 3{,}5 \cdot 10^{-3}\ mol \cdot L^{-1}$.

  Lösung:

  $$\begin{aligned} pH &= -\lg c(H_3O^+) \\ &= -\lg 3{,}5 \cdot 10^{-3} \\ &= -(-2{,}45) \\ &= 2{,}45 \end{aligned}$$

- Eine Lösung hat den pH-Wert 9.
  Berechne $c(H_3O^+)$ und $c(OH^-)$ der Lösung.

  Lösung:

  $pH = -\lg c(H_3O^+) = 9$

  $c(H_3O^+) = 10^{-9}\ mol \cdot L^{-1}$

  Aus dem Ionenprodukt errechnet sich $c(OH^-)$:

  $$c(OH^-) = \frac{10^{-14}\ mol^2 \cdot L^{-2}}{c(H_3O^+)} = \frac{10^{-14}\ mol^2 \cdot L^{-2}}{10^{-9}\ mol \cdot L^{-1}} = 10^{-5}\ mol \cdot L^{-1}$$

Da der pH-Wert nur für verdünnte Lösungen im Bereich 1 mol · $L^{-1} \geq c(H_3O^+)$ $\geq 10^{-14}$ mol · L^{-1} definiert ist, ergibt sich die folgende Tabelle.

$c(H_3O^+)$ [mol · L^{-1}]	$1 = 10^0$	10^{-1}	10^{-2}	…	10^{-7}	…	10^{-13}	10^{-14}
pH	0	1	2	…	7	…	13	14
$c(OH^-)$ [mol · L^{-1}]	10^{-14}	10^{-13}	10^{-12}	…	10^{-7}	…	10^{-1}	$10^0 = 1$
	sauer				neutral	basisch		

Tab. 2: Zusammenhang zwischen dem pH-Wert und der Oxonium-Ionen-Konzentration $c(H_3O^+)$ bzw. der Hydroxid-Ionen-Konzentration $c(OH^-)$ saurer, neutraler und basischer Lösungen

Aus dem Ionenprodukt des Wassers ergibt sich ein einfacher Zusammenhang zwischen dem pH-Wert und dem pOH-Wert einer Lösung.

Der **pOH-Wert** ist der negative dekadische Logarithmus der Hydroxid-Ionen-Konzentration: pOH = $-\lg c(OH^-)$
$c(OH^-) \cdot c(H_3O^+) = 10^{-14}$

pH + pOH = 14

Aus dem alltäglichen Leben gut bekannte Flüssigkeiten können nach ihrem pH-Wert sortiert werden.

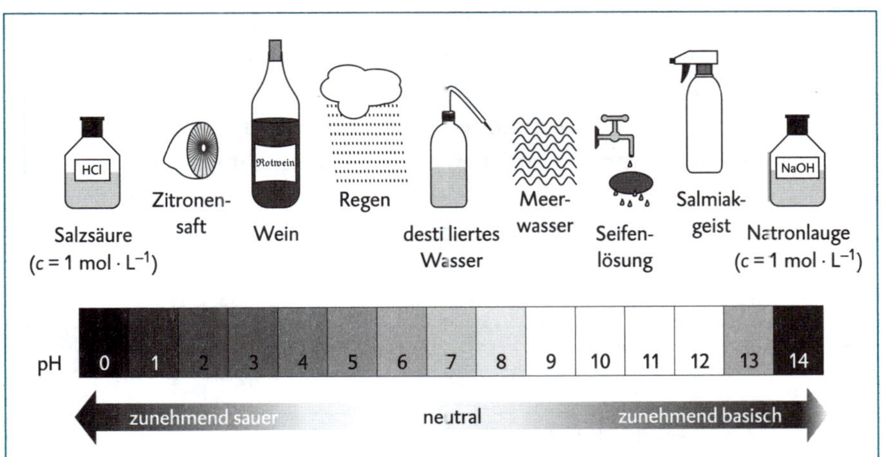

Abb. 1: pH-Skala für eine Reihe bekannter Flüssigkeiten

Die Konzentration von Oxonium-Ionen hängt bei einer wässrigen Lösung des Stoffes HX von zwei Faktoren ab:

- von der Konzentration der Säure:
  $c(H_3O^+)$ ist umso größer, je höher c(HX)
- von der Stärke der Säure:
  $c(H_3O^+)$ ist umso größer, je leichter HX sein Proton abgibt.

Eine grobe Orientierung über den vorliegenden pH-Wert einer Lösung liefert z. B. ein Universalindikatorpapier, das je nach pH-Wert abgestufte Farben zeigt.

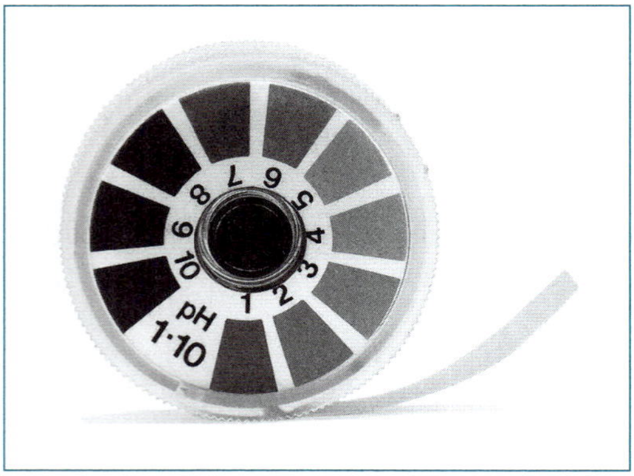

Abb. 2: pH-Indikatorpapier

Mit vielen **Säure-Base-Indikatoren** kann man auf einfache Weise durch Zutropfen zur Lösung feststellen, ob die Lösung sauer (pH < 7) oder basisch (pH > 7) reagiert. Indikatoren (z. B. Bromthymolblau, Phenolphthalein, Lackmus) sind Stoffe, die bei bestimmten pH-Bereichen unterschiedlich gefärbt sind, weil sie selbst Protonen aufnehmen oder abgeben können.

	Farbe des Indikators		
Indikator	**pH < 7**	**pH ≈ 7**	**pH > 7**
Bromthymolblau	gelb	grün	blau
Phenolphthalein	farblos	farblos	rosa
Lackmus	rot	violett	blau

Tab. 3: Farben einiger Säure-Base-Indikatoren in Abhängigkeit vom pH-Bereich

1.5 Neutralisation

Reagiert eine Säure in passender Stoffmenge mit einer Base oder umgekehrt, so entsteht häufig ein neutral reagierendes Salz. Die Wirkung der Säure oder der Base wird aufgehoben. Es läuft eine **Neutralisationsreaktion** ab, die immer (Ausnahme: Ammoniumsalze) mit der folgenden allgemeinen Wortgleichung beschrieben werden kann.

$$\text{Säure} + \text{Base} \longrightarrow \text{Salz} + \text{Wasser}$$

Dabei bilden das **Metall-Ion** der Base und der **Säurerest** der Säure das Salz.

Beispiele

- Salzsäure wird vollständig mit Natronlauge neutralisiert.
  (*Hinweis:* „vollständig" bedeutet hier:
  $n(\text{HCl}) : n(\text{NaOH}) = 1 : 1$)
  Erstelle die Summen- und die Ionengleichung.

  Lösung:
  Summengleichung:

  $$\underset{\text{Säurerest}}{HCl} + \underset{\text{Metall-Ion}}{NaOH} \longrightarrow \underset{\text{Natriumchlorid}}{NaCl} + H_2O$$

  Da in wässrigen Lösungen Ionen vorliegen, kann man diesen Vorgang auch als Ionengleichung formulieren.
  Ionengleichung:

  $$H_3O^+ + Cl^- + Na^+ + OH^- \longrightarrow Na^+ + Cl^- + 2\,H_2O$$

  oder stark vereinfacht:

  $$H_3O^+ + OH^- \longrightarrow 2\,H_2O$$

- Formuliere die Summen- und Ionengleichung für die Neutralisation von Kalilauge mit Schwefelsäure.

  Lösung:
  Summengleichung:

  $$\underset{\text{Säurerest}}{H_2SO_4} + \underset{\text{Metall-Ion}}{2\,KOH} \longrightarrow \underset{\text{Kaliumsulfat}}{K_2SO_4} + 2\,H_2O$$

  Ionengleichung:

  $$2\,H_3O^+ + SO_4^{2-} + 2\,K^+ + 2\,OH^- \longrightarrow 2\,K^+ + SO_4^{2-} + 4\,H_2O$$

  oder stark vereinfacht:

  $$2\,H_3O^+ + 2\,OH^- \longrightarrow 4\,H_2O$$

Der gemeinsame Vorgang aller **Neutralisationsreaktionen** in wässriger Lösung ist ein Protonenübergang von Oxonium-Ionen auf Hydroxid-Ionen unter Bildung von Wasser-Molekülen.

Bei **mehrprotonigen Säuren** (z. B. H_2SO_4, H_3PO_4) können die Protonen auch stufenweise abgegeben werden, sodass bei „unvollständigen Neutralisationen" auch Salze möglich sind, die im Anion (Säurerest) noch gebundene Wasserstoffatome aufweisen.

Beispiel

Schwefelsäure wird im molaren Verhältnis von 1 : 1 mit Natronlauge umgesetzt. Formuliere die Summengleichung.

$$H_2SO_4 + NaOH \longrightarrow Na\mathbf{HSO_4} + H_2O$$

Natrium**hydrogensulfat**

Hier ist der Säurerest also das Hydrogensulfat-Ion HSO_4^-.

Die Tabellen 4–6 enthalten die wichtigsten Säuren, ihre Säurerest-Anionen sowie bekannte Basen.

Säure		Säurerest					
H_3PO_4	Phosphorsäure	PO_4^{3-}	Phosphat	HPO_4^{2-}	Hydrogenphosphat	$H_2PO_4^-$	Dihydrogenphosphat
H_3PO_3	phosphorige Säure	PO_3^{3-}	Phosphit	HPO_3^{2-}	Hydrogenphosphit	$H_2PO_3^-$	Dihydrogenphosphit
H_2SO_4	Schwefelsäure	SO_4^{2-}	Sulfat	HSO_4^-	Hydrogensulfat		
H_2SO_3	schweflige Säure	SO_3^{2-}	Sulfit	HSO_3^-	Hydrogensulfit		
H_2CO_3	Kohlensäure	CO_3^{2-}	Carbonat	HCO_3^-	Hydrogencarbonat		
HNO_3	Salpetersäure	NO_3^-	Nitrat				
HNO_2	salpetrige Säure	NO_2^-	Nitrit				
HCN	Blausäure	CN^-	Cyanid				
HCl (aq)	Salzsäure (Wasserstoffchlorid)	Cl^-	Chlorid				
HF (aq)	Flusssäure (Wasserstofffluorid)	F^-	Fluorid				

Säure		Säurerest	
HBr (aq)	Wasserstoff-bromid	Br^-	Bromid
HI (aq)	Wasserstoff-iodid	I^-	Iodid
HClO	hypochlorige Säure	ClO^-	Hypo-chlorit
$HClO_2$	chlorige Säure	ClO_2^-	Chlorit
$HClO_3$	Chlorsäure	ClO_3^-	Chlorat
$HClO_4$	Perchlor-säure	ClO_4^-	Per-chlorat
H_4SiO_4	Kieselsäure	SiO_4^{4-}	Silicat
H_2S	Diwasser-stoffsulfid	S^{2-}	Sulfid

Tab. 4: Beispiele wichtiger Säuren

Organische Säure		Säurerest	
CH_3-COOH	Essigsäure	CH_3-COO^-	Acetat
H–COOH	Ameisensäure	$H-COO^-$	Formiat
HOOC–COOH	Oxalsäure	$^-OOC-COO^-$	Oxalat
$C_3H_5O(COOH)_3$	Zitronensäure	$C_3H_5O(COO^-)_3$	Citrat

Tab. 5: Beispiele wichtiger organischer Säuren

Base (Hydroxid)		Lauge (wässrige Lösung)	
NaOH (s)	Natrium-hydroxid (Ätznatron)	NaOH (aq)	Natronlauge
KOH (s)	Kaliumhydroxid (Ätzkali)	KOH (aq)	Kalilauge
$Ba(OH)_2$ (s)	Bariumhydroxid	$Ba(OH)_2$ (aq)	Barytlauge
$Ca(OH)_2$ (s)	Calcium-hydroxid	$Ca(OH)_2$ (aq)	Kalklauge
NH_3 (g)	Ammoniak	NH_4OH (aq)	Ammoniak-wasser

Tab. 6: Beispiele wichtiger Basen

1.6 Säure-Base-Titration

Durch Titrationen kann man in der Chemie ganz allgemein **quantitative** Bestimmungen durchführen, d. h. von einem bekannten Stoff dessen vorliegende „Menge" ermitteln (z. B. Stoffmenge, Stoffmengenkonzentration, Masse). Die Frage „wie viel liegt von diesem Stoff vor?" wird dadurch beantwortet.

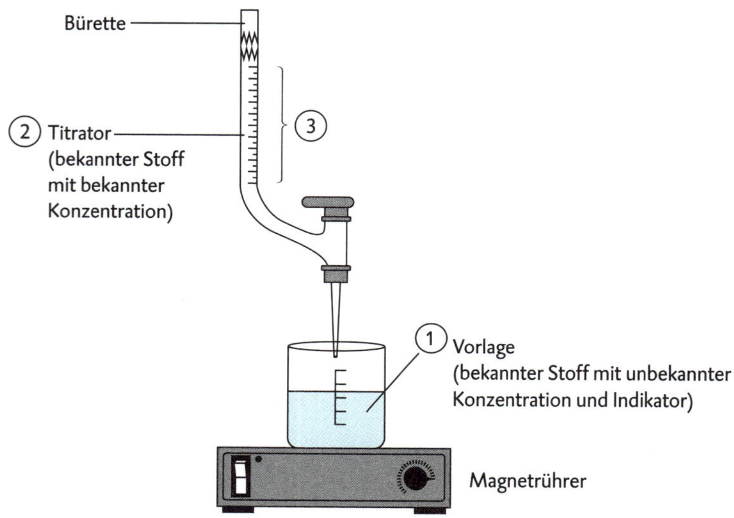

Abb. 3: Versuchsaufbau zur Säure-Base-Titration

Vorgehensweise:

1 In einer Vorlage, etwa einem Becherglas, befindet sich ein bekannter Stoff (z. B. Natronlauge) mit bekanntem Volumen *V*(NaOH), aber unbekannter Konzentration *c*(NaOH).
Bei Säure-Base-Titrationen setzt man der Vorlage einige Tropfen eines geeigneten Säure-Base-Indikators (z. B. Bromthymolblau) zu.

2 Unter ständiger Bewegung der Vorlage tropft man langsam den Titrator aus der Bürette zu. Der Titrator ist ein bekannter Stoff (z. B. Salzsäure) mit bekannter Konzentration *c*(HCl).

3 Am Umschlagspunkt des Indikators (Farbänderung) ist die gesamte Menge des Stoffes in der Vorlage umgesetzt (die vorgelegte Natronlauge ist vollständig von der zugesetzten Salzsäure neutralisiert).
Man liest dann an der Bürette das verbrauchte Volumen des Titrators ab (hier *V*(HCl)).

Nach Ablauf einer Titration sind also *c*(Titrator), *V*(Titrator) und *V*(Vorlage) bekannt. Um *c*(Vorlage) berechnen zu können, benötigt man aus der Reaktionsgleichung noch das Stoffmengenverhältnis *n*(Titrator) zu *n*(Vorlage).

Durch Gleichsetzen erhält man die allgemeine Beziehung

$$\frac{c(\text{Titrator}) \cdot V(\text{Titrator})}{c(\text{Vorlage}) \cdot V(\text{Vorlage})} = \frac{n(\text{Titrator})}{n(\text{Vorlage})}$$

Lediglich *c*(Vorlage) ist nach der Titration nun noch unbekannt und kann berechnet werden.

Beispiel

Bei der Titration von 25 mL Natronlauge mit Salzsäure der Konzentration $c(\text{HCl}) = 0{,}1\ \text{mol} \cdot \text{L}^{-1}$ werden bis zum Umschlagspunkt des Indikators Bromthymolblau von blau nach gelb 50 mL der Säure verbraucht.
Berechne die Stoffmengenkonzentration *c*(NaOH) der Ausgangslösung und die Masse *m*(NaOH) in diesen 25 mL Natronlauge.

Lösung: Zuerst formuliert man die Reaktionsgleichung und ordnet die bekannten Werte zu:

$$\text{HCl} + \text{NaOH} \longrightarrow \text{NaCl} + \text{H}_2\text{O}$$

$c(\text{HCl}) = 0{,}1\,\text{mol} \cdot \text{L}^{-1}$ $\quad c(\text{NaOH}) = ?$

$V(\text{HCl}) = 50\,\text{mL}$ $\quad V(\text{NaOH}) = 25\,\text{mL}$

Aus der Gleichung ergibt sich das Stoffmengenverhältnis

$$\frac{n(\text{HCl})}{n(\text{NaOH})} = \frac{1}{1}$$

Durch Gleichsetzen ergibt sich:

$$\frac{c(\text{HCl}) \cdot V(\text{HCl})}{c(\text{NaOH}) \cdot V(\text{NaOH})} = \frac{n(\text{HCl})}{n(\text{NaOH})}$$

Aufgelöst nach der einzig unbekannten Größe *c*(NaOH):

$$c(\text{NaOH}) = \frac{c(\text{HCl}) \cdot V(\text{HCl}) \cdot n(\text{NaOH})}{V(\text{NaOH}) \cdot n(\text{HCl})} = \frac{0{,}1\,\text{mol} \cdot \text{L}^{-1} \cdot 50\,\text{mL} \cdot 1}{25\,\text{mL} \cdot 1} = \underline{\underline{0{,}2\,\text{mol} \cdot \text{L}^{-1}}}$$

Um *m*(NaOH) in 25 mL berechnen zu können, benötigt man zuerst die Stoffmenge *n*(NaOH), da sonst in der Gleichung $n = \frac{m}{M}$ zwei unbekannte Größen vorliegen würden.

$$\begin{aligned} n(\text{NaOH}) &= c(\text{NaOH}) \cdot V(\text{NaOH}) \\ &= 0{,}2\,\text{mol} \cdot \text{L}^{-1} \cdot 25\,\text{mL} \\ &= 5\,\text{mmol}\ \ (\text{Millimol}) = \underline{\underline{0{,}005\,\text{mol}}} \end{aligned}$$

$$\begin{aligned} m(\text{NaOH}) &= n(\text{NaOH}) \cdot M(\text{NaOH}) \\ &= 5\,\text{mmol} \cdot 40\,\text{g} \cdot \text{mol}^{-1} \\ &= 200\,\text{mg} = \underline{\underline{0{,}2\,\text{g}}} \end{aligned}$$

Zusammenfassung

- BRÖNSTED-Säuren sind Protonendonatoren, BRÖNSTED -Basen sind Protonenakzeptoren.
- Bei Protolysen finden Protonenübertragungen zwischen Säuren und Basen statt.
- Die Stoffmengenkonzentration *c* gibt an, welche Stoffmenge *n* des Stoffes in einem bestimmten Volumen *V* gelöst ist:

  $$c = \frac{n}{V} \left[\frac{\text{mol}}{\text{L}}\right]$$

- Die Oxonium-Ionen-Konzentration $c(H_3O^+)$ gibt in wässrigen Lösungen an, ob eine Lösung sauer, neutral oder basisch reagiert:

  $c(H_3O^+) > 10^{-7}\ \text{mol} \cdot \text{L}^{-1}$ **sauer**

  $c(H_3O^+) = 10^{-7}\ \text{mol} \cdot \text{L}^{-1}$ **neutral**

  $c(H_3O^+) < 10^{-7}\ \text{mol} \cdot \text{L}^{-1}$ **basisch**

- Durch die Verwendung des pH-Werts statt $c(H_3O^+)$ ergibt sich:

  pH < 7 **sauer**

  pH = 7 **neutral**

  pH > 7 **basisch**

- Bei einer Neutralisation reagiert eine Säure mit einer Base zu einem Salz und Wasser.
- Titrationen ermöglichen quantitative Aussagen zu chemischen Reaktionen.

Aufgaben

1 Kreuze die zutreffenden Aussagen an:

- ☐ Eine Säure ist ein Protonendonator.
- ☐ Das Kennzeichen einer Säure ist ein freies Elektronenpaar.
- ☐ Das Kennzeichen einer Base ist ein freies Elektronenpaar.
- ☐ Das Kennzeichen einer Base ist das Hydroxid-Ion.
- ☐ Säuren und Basen sind polare Moleküle.
- ☐ Säure und saure Lösung bezeichnen das Gleiche.
- ☐ Säure und saures Molekül bezeichnen das Gleiche.
- ☐ Eine saure Lösung entsteht, wenn eine Säure mit Wasser reagiert und die Reaktionsprodukte in Wasser gelöst sind.
- ☐ Eine Säure enthält Oxonium-Ionen.
- ☐ Eine saure Lösung enthält Oxonium-Ionen.
- ☐ Säuren müssen mindestens ein polar gebundenes Wasserstoff-Atom enthalten.
- ☐ Basen bilden mit Wasser basische Lösungen.
- ☐ Das Kennzeichen einer basischen Lösung ist das Hydroxid-Ion.

2 Ammoniumbromid reagiert mit Kalilauge ($KOH_{(aq)}$) zu Kaliumbromid, Wasser und einem Gas.
Stelle die Reaktionsgleichung auf und kennzeichne, welche Teilchen dabei als Säure und welche als Base reagieren.

3 Entscheide, welche der folgenden Teilchen als Säure reagieren können. Stelle für diese Fälle die Reaktionsgleichungen auf. Verwende als Base das hypothetische Molekül |B.

CH_4	HI	HCO_3^-	SF_6	H_2S
$NH(CH_3)_2$	H_2O	CO_2	HNO_2	H_3O^+
H_2SO_3	SO_3	$HClO_3$	Cl^-	CH_2O

4 Gibt man zu Ammoniumchlorid ($NH_4Cl_{(s)}$) Kalilauge, so entweicht Ammoniak. Formuliere die Reaktionsgleichung für diese Protolysereaktion mit

a Summenformeln,

b Valenzstrichformeln.

5 Ergänze die Lücken im Text sinnvoll. Verwende dazu einen Teil der Begriffe aus der Tabelle.

saure Lösung	Protonendonator	Protonenakzeptor	Ampholyt
Säure	$H_2SO_{4\,(l)}$	Oxonium-Ionen	Blausäure
Base	$HCl_{(g)}$	Hydroxid-Ionen	Cyanid-Ionen
Neutralisationsreaktion	Redoxreaktion	H_2O-Moleküle	Natronlauge
$H_2SO_{4\,(aq)}$	$HCl_{(aq)}$	Wasser	Protolyse

Die bei Raumtemperatur gasförmige Verbindung HCN trägt den Trivialnamen Blausäure. Das HCN-Molekül (H—C≡N|) ist eine schwache Säure, d. h., es fungiert gegenüber Basen als ______________________. Die korrespondierende ________________, das Cyanid-Ion (CN^-), reagiert dementsprechend als ______________________. Gibt man ein Salz der Blausäure zu einer verdünnten Salzsäure (______________), so reagieren die ______________________ der Lösung mit den Cyanid-Ionen zu ______________ und ______________. Bei dieser Reaktion handelt es sich um eine ______________________.

6 Betrachte die beiden Versuchsanordnungen. Bei welchem dieser beiden Versuche wird die Lampe leuchten? Begründe deine Antwort.

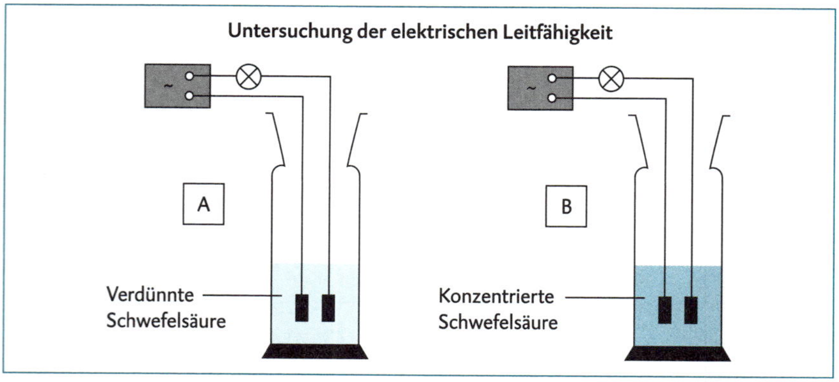

7 Wie lautet der Fachbegriff für die nachfolgenden Reaktionen? Stelle die Reaktionsgleichungen auf und benenne die Produkte.

a Salzsäure + Natronlauge
b Salpetersäure + Ammoniak
c Schweflige Säure + Kalilauge
d Kohlensäure + Calciumhydroxid-Lösung
e Wasserstoffsulfid + Bariumhydroxid-Lösung

8 Entscheide, ob die folgenden Teilchen als Säure und/oder als Base reagieren können. Kreuze in der richtigen Spalte (bzw. den richtigen Spalten) an. (Elektronegativitätswerte: O = 3,5; N = 3,0; Br = 2,9; C = 2,5; S = 2,5; H = 2,1; B = 2,0)

Teilchen	als Säure	als Base
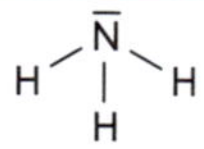		
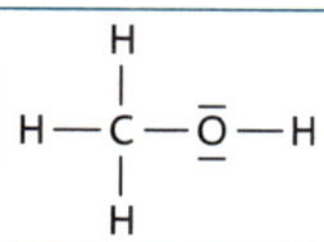		
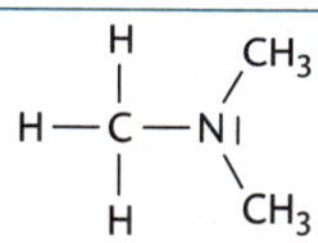		
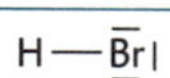		
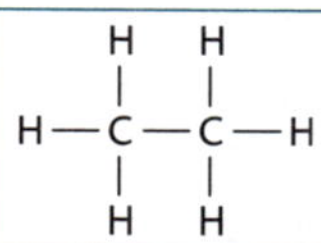		
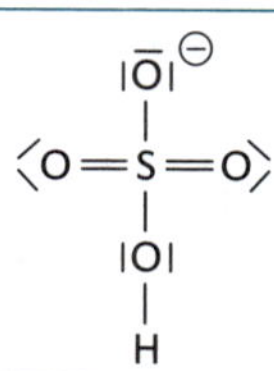		
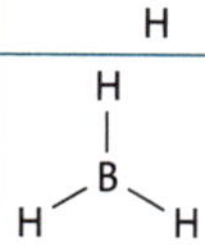		
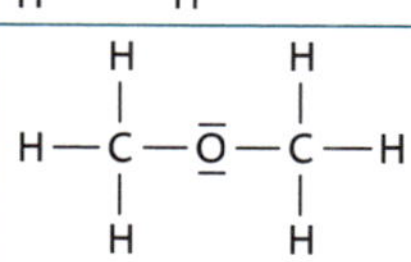		

9 Hier sind Protolysereaktionen dargestellt. Kennzeichne bei den Edukten jeweils die Säure und die Base.

a $H_2O + HF \longrightarrow H_3O^+ + F^-$

b $HCOOH + NH_3 \longrightarrow HCOO^- + NH_4^+$

c $NH_2^- + H_2O \longrightarrow NH_3 + OH^-$

d $H_2O + NH_3 \longrightarrow NH_4^+ + OH^-$

e $H_2O + H_3PO_4 \longrightarrow H_2PO_4^- + H_3O^+$

f $H^- + H_2O \longrightarrow H_2 + OH^-$

10 Max erzählt Paula seine Erlebnisse aus der letzten Chemieübung:
„Du Paula, das war echt super! Erst haben wir gasförmige Salzsäure hergestellt, indem wir konzentrierte Natronlauge auf Kochsalz getropft haben. Mit dem entstehenden Gas, Wasserstoffchlorid, haben wir vier 20 mL Spritzen gefüllt. Zuerst haben wir etwas Gas auf feuchtes Universalindikatorpapier gedüst, das hat sich dann blau gefärbt. Das liegt daran, dass HCl eine Base ist und als Protonendonator reagiert hat. Den Inhalt der 2. Spritze haben wir in Wasser gedüst, das mit Bromthymolblau versetzt und grün gefärbt war. Die Farbe veränderte sich nach blau. Den Inhalt der 3. Spritze haben wir in eine verdünnte Natronlauge eingeleitet, die durch Phenolphthalein pink gefärbt war. Die Farbe dieser Lösung änderte sich von pink nach orange. Den Inhalt der 4. Spritze haben wir in ein mit Wasser gefülltes Becherglas geleitet, in das zwei Leitfähigkeitselektroden ragten. Obwohl wir eine Wechselspannung angelegt hatten, zeigte das Voltmeter keinen Stromfluss an."
Paula antwortet: „Mensch Max, da hast du aber einiges durcheinander gebracht!"

a Finde alle Fehler und stelle sie richtig.

b Stelle die Reaktionsgleichungen aller Reaktionen auf, bei denen Wasserstoffchlorid beteiligt ist.

11 Zwei der drei dargestellten Verbindungen jeder Gruppe unterscheiden sich in einer gemeinsamen Eigenschaft von der dritten. Finde heraus, welche zusammengehören und begründe deine Entscheidung.

a	H_2O	NF_3	HSO_3^-
b	$HCl_{(aq)}$	$HNO_{3\,(aq)}$	$H_2SO_{4\,(aq)}$
c	$NaOH$	$Ca(OH)_2$	KOH

12 Ampholyte sind Teilchen, die sowohl als Säure als auch als Base reagieren können.
Stelle diese Eigenschaft an einem Beispiel mithilfe von Reaktionsgleichungen dar und kennzeichne genau, welche Teilchen als Säure bzw. als Base reagieren.

13 Neben drei unbeschrifteten Kolben findest du drei abgelöste Etiketten.

verd. Ammoniakwasser
(verd. Ammoniak-Lösung)
NH_3 (aq) w = 10 %
R 34 (H 314)
S 26 (P 305, P 351, P 338; P 313),
S 36/37/39 (P 280; P 281), S 45 (P 314)

verd. Schwefelsäure
H_2SO_4
R 36 (H 319), R 38 (H315);
S 26 (P 305, P 351, P 338; P 313)

Wasserstoffbromid (aq)
HBr w = 7 %
R 35 (H 314), R 37 (H 335)
S 7/9 (P 403, P 233),
S 26 (P 305, P 351, P 338; P 313), S 45 (P 314)

Um die Etiketten korrekt zuordnen zu können, stehen dir folgende Reagenzien zur Verfügung:

- Phenolphthalein-Lösung
- Bromthymolblau-Lösung
- Bleinitrat-Lösung ($Pb(NO_3)_2$ (aq))
- Silbernitrat-Lösung ($AgNO_3$ (aq))
- Natriumchlorid-Lösung (NaCl (aq))

Skizziere einen Weg, um mithilfe der Nachweisreagenzien die Etiketten zuordnen zu können.

14 Prüfe folgende Aussagen auf ihre Richtigkeit.
Kreuze die korrekten Aussagen an und stelle die falschen richtig.

- ☐ Das Hydrogensulfat-Ion ist ein Ampholyt.
- ☐ Salzsäure ist eine saure Lösung, Wasserstoffchlorid ist eine Säure.
- ☐ Natronlauge ist eine Base.
- ☐ Phosphorsäure ist eine zweiprotonige Säure.
- ☐ Das Chlorid-Ion kann als Base reagieren.

15 Max sagt: „Salzsäure der Konzentration 1 mol · L^{-1} und Schwefelsäure der Konzentration 1 mol · L^{-1} sind gleich ätzend."
Steffi fragt: „Meinst du mit ätzend, dass beide Lösungen die gleiche Konzentration an Oxonium-Ionen haben?"
Paula meint dazu: „Max hat eh unrecht, denn …"
Vervollständige Paulas Antwort.

16 Der Rundkolben wird vor Versuchsbeginn mit gasförmigem Ammoniak (NH_3) gefüllt. Um den Springbrunnenversuch zu starten, wird etwas Wasser in den Rundkolben hineingespritzt. Die untenstehende Zeichnung zeigt dir, wie das Experiment anschließend abläuft.

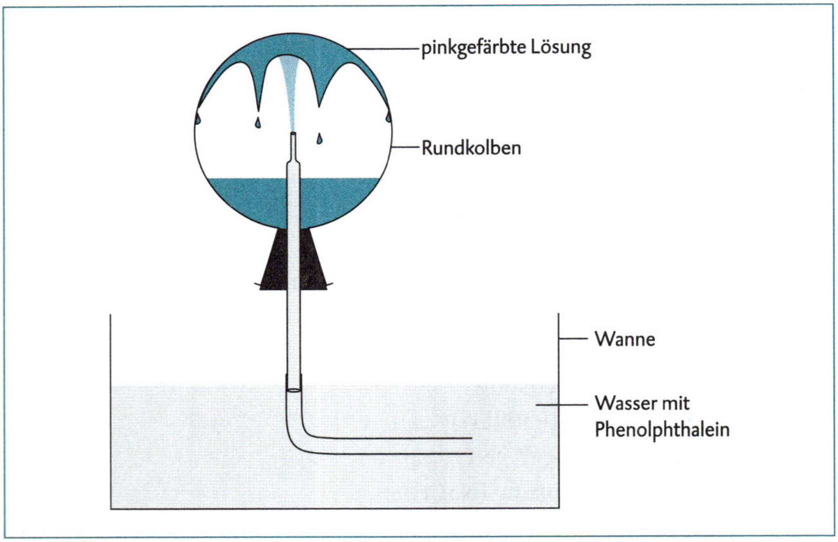

- **a** Erläutere den Ablauf des Springbrunnenversuchs.
- **b** Stelle die Reaktionsgleichung auf, benenne Edukte und Produkte und ordne die Begriffe Säure und Base richtig zu.
- **c** Stelle Edukte und Produkte als Valenzstrichformeln dar.
- **d** Hätte der Rundkolben in diesem Experiment auch mit einem der folgenden Stoffe gefüllt sein können, damit der Versuch trotzdem zum selben Ergebnis geführt hätte?
  HCl (g), SO_2 (g), CH_4 (g), $NaOH$ (s)
  Beantworte diese Frage für jeden einzelnen dieser Stoffe und begründe kurz deine Antwort.

e Welche der folgenden Aussagen trifft auf dieses Springbrunnenexperiment zu?

A Weil Ammoniak als Base reagiert, färbt sich die Phenolphthaleinlösung pink.

B Weil das Gas Ammoniak mit Wasser reagiert, entsteht ein Unterdruck im Rundkolben.

C Mit Natronlauge statt Ammoniak im Kolben würde der Unterdruck auch entstehen.

D Mit Wasserstoffchlorid im Kolben würde der Unterdruck auch entstehen, aber die Phenolphthalein-Lösung würde farblos bleiben.

Kreuze an, nur eine Aussage ist korrekt.

- ☐ Alle sind richtig
- ☐ Nur C ist richtig.
- ☐ Nur A und B sind richtig.
- ☐ Nur A, B und C sind richtig.
- ☐ Nur A, B, und D sind richtig.

17 Um basische Lösungen herzustellen, kann man Metallhydroxide in Wasser lösen. Nenne die Metallhydroxide, die man benötigt, um

a Natronlauge

b Kalilauge

c Kalkwasser

d Barytlauge

herzustellen.

18 Untenstehende Abbildung zeigt eine „Rauchmaschine". Pumpt man mit dem Blasebalg, so werden weiße Rauchwolken am anderen Ende der Apparatur ausgestoßen.

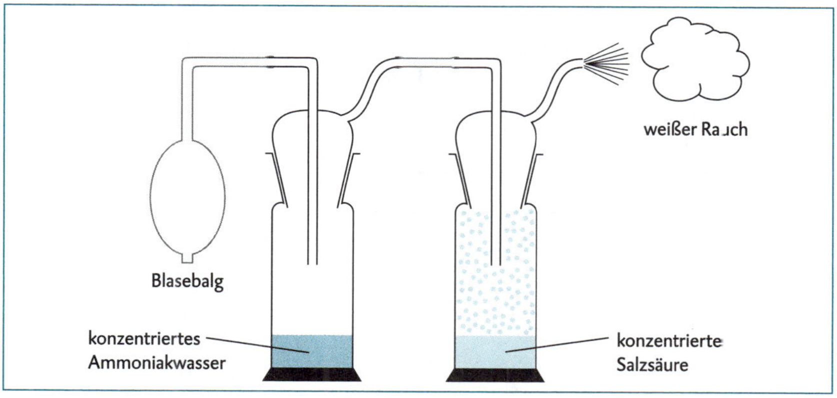

Beantworte folgende Fragen:

a Nenne den Namen und die Formel des Feststoffs, der den weißen Rauch verursacht.

b Beschreibe die Durchführung des Experiments.

c Stelle die Reaktionsgleichung auf.

d Würde der weiße Rauch auch entstehen, wenn das Einleitungsrohr der 2. Waschflasche in die Salzsäure ragte? Begründe deine Antwort.

19 In folgender Abbildung sind die Kärtchen etwas durcheinander geraten. Es gehören jeweils drei Karten zusammen. Stelle die richtige Ordnung wieder her.

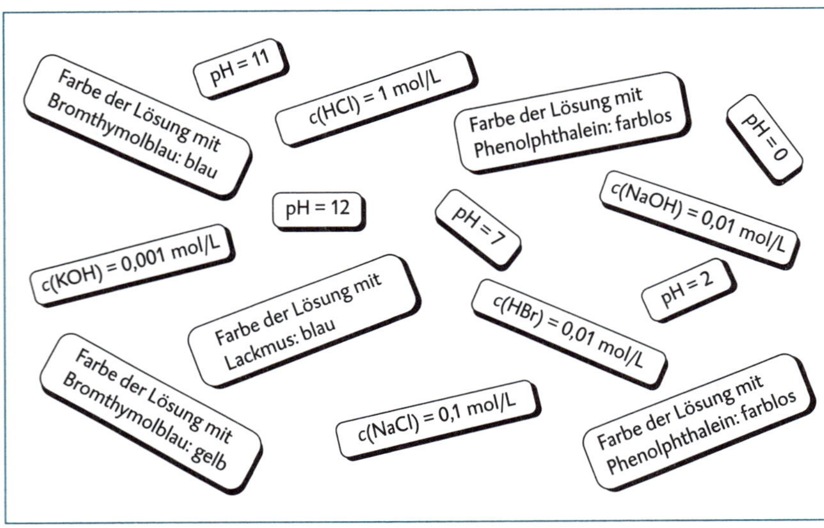

20 Verschiedene Stoffe werden in unterschiedlichen Mengen in Wasser gelöst. Vervollständige die Lücken in der Tabelle.

Stoff X	c(X) [mol · L^{-1}]	pH-Wert der Lösung	n(X) [mol]	V(Lösung) [L]
Beispiel: HCl	1	0	0,5	0,5
NaOH	0,1			2
H_2SO_4			0,1	1
HNO_3		3		0,1
$Ba(OH)_2$			0,2	0,4
HCl	0,1		4	

21 Aus einer Pressemitteilung vom 11. Mai 2009:
[...] gibt der Zustand des Stadtweihers Anlass zur Sorge. Aktuelle Messungen des Wasserwirtschaftsamtes ergaben einen pH-Wert des Wassers von pH = 5. Stadtrat R. Hahn fordert, den pH-Wert des Stadtweihers sofort zu reduzieren. O-Ton Hahn: „Der pH-Wert muss mindestens halbiert werden."
Nehmen Sie zu der Forderung des Stadtrats kritisch Stellung.

22 In der Tiefsee hat eine Expedition seltsame Tiere entdeckt, sogenannte Säurekrabben *(Crustacea acida)*. Ihre Körperflüssigkeit besteht aus Salpetersäure unbekannter Konzentration. Als Expeditionsmitglied sollst du die Konzentration bestimmen. Dazu titrierst du 10 mL Körperflüssigkeit mit 20 mL einer Bariumhydroxidlösung der Konzentration 0,02 $mol \cdot L^{-1}$. Berechne nachvollziehbar die Konzentration der Salpetersäure.

23 Kreuze die korrekten Antworten an und stelle die falschen richtig.

- ☐ 10 mL einer Salzsäure ($c(HCl) = 0{,}1\ mol \cdot L^{-1}$) haben den pH-Wert 1.
- ☐ 20 mL einer Salzsäure ($c(HCl) = 0{,}1\ mol \cdot L^{-1}$) haben den pH-Wert 2.
- ☐ 10 mL einer Salzsäure ($c(HCl) = 0{,}01\ mol \cdot L^{-1}$) haben den pH-Wert 2.
- ☐ 20 mL einer Salzsäure ($c(HCl) = 0{,}1\ mol \cdot L^{-1}$) enthalten genauso viele Oxonium-Ionen wie 10 mL einer Schwefelsäure mit $c(H_2SO_4) = 0{,}1\ mol \cdot L^{-1}$.
- ☐ 10 mL einer Natronlauge ($c(NaOH) = 2\ mol \cdot L^{-1}$) enthalten doppelt so viele Hydroxid-Ionen wie 10 mL einer Natronlauge mit 1 $mol \cdot L^{-1}$.
- ☐ 10 mL einer Natronlauge mit $c(NaOH) = 2\ mol \cdot L^{-1}$ enthalten doppelt so viele Hydroxid-Ionen wie 10 mL einer Calciumhydroxidlösung mit 2 $mol \cdot L^{-1}$.

24 In unserem Magen befindet sich die Magensäure als Verdauungssaft und als Bakterienabwehr. Tatsächlich ist Magensäure mit Salzsäure identisch. Man sagt, der Magensaft hat pH 1.

a Welche Konzentration müsste die Salzsäure im Magensaft dann haben?

b Um die Konzentration genau zu bestimmen, titrierst du 10 mL Magensaft mit Bariumhydroxidlösung der Konzentration 0,03 $mol \cdot L^{-1}$. Das benötigte Volumen an Bariumhydroxidlösung beträgt 15 mL. Berechne nachvollziehbar die Konzentration der Salzsäure im Magensaft.

25 Im Labor stehen 3 Büretten, mit denen titriert wurde. Hier hat soeben ein Laborant eine praktische Prüfung abgelegt. Aufgabe war die Konzentrationsbestimmung einer Natronlauge unbekannter Konzentration (Wir wissen: $c(NaOH) = 0{,}2\ mol \cdot L^{-1}$). Der Laborant hat jeweils 10 mL Aliquote (Portionen) der Natronlauge titriert. Hat der Laborant exakt gearbeitet? Überprüfe seine drei Titrationen nachvollziehbar.

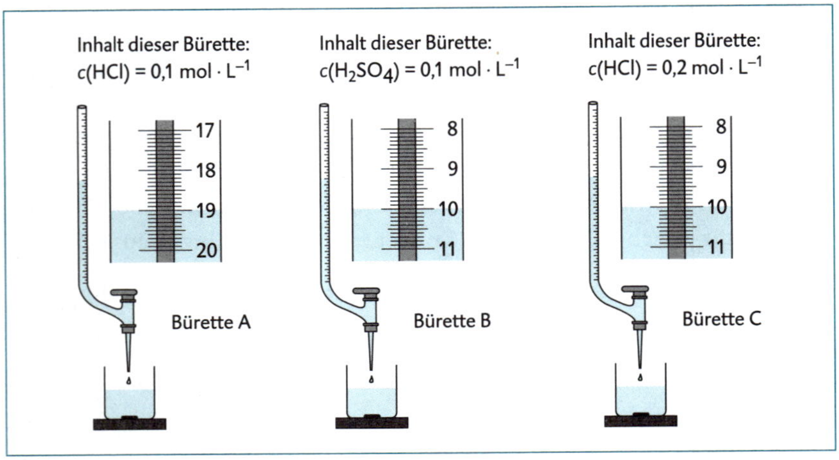

2 Redoxreaktionen: Reaktionen mit Elektronenübergängen

Neben den Säure-Base-Reaktionen, die durch Protonenübergänge gekennzeichnet sind, gibt es eine zweite große Gruppe chemischer Reaktionen, deren Gemeinsamkeit Elektronenübergänge sind. Sowohl Protonen- wie Elektronenübergänge folgen dem **Donator-Akzeptor-Prinzip**, bei dem die Teilchen eines Stoffes Protonen oder Elektronen abgeben, die von den Teilchen eines anderen Stoffes aufgenommen werden.

2.1 Reduktion und Oxidation gehören zusammen

Wie dir bereits aus der Bildung von Salzen durch die Reaktion eines Metalls mit einem Nichtmetall bekannt ist (Band 1, Seite 111 f.), bilden die Metallatome durch Elektronenabgabe Kationen, die Atome oder Moleküle des Nichtmetalls durch Elektronenaufnahme Anionen. Die Gesamtgleichung der Übertragung von Elektronen kann man deshalb in zwei Teilgleichungen zerlegen, die **Elektronenabgabe (Oxidation)** und die **Elektronenaufnahme (Reduktion)**.

Beispiel

Magnesium reagiert mit Sauerstoff zu Magnesiumoxid.
Die Reaktionsgleichung dafür lautet:

$$2\,Mg + O_2 \longrightarrow 2\,MgO$$

$2 \cdot 2\,e^-$

Oxidation:	Mg	$\longrightarrow$	$Mg^{2+} + 2\,e^-$	$\mid \cdot 2$
Reduktion:	$O_2 + 4\,e^-$	$\longrightarrow$	$2\,O^{2-}$	$\mid \cdot 1$
Redoxreaktion:	$2\,Mg + O_2$	$\longrightarrow$	$2\,Mg^{2+} + 2\,O^{2-}$	
oder als Summengleichung:	$2\,Mg + O_2$	$\longrightarrow$	$2\,MgO$	

Elektronen können immer nur vollständig übertragen werden; die Anzahl der abgegebenen Elektronen muss mit der Anzahl der aufgenommenen Elektronen übereinstimmen. Die Teilgleichung der Oxidation wird deshalb in diesem Beispiel vor der Erstellung der Gesamtgleichung mit dem Faktor 2 multipliziert, damit diese Bedingung erfüllt ist.

- **Oxidation** = Elektronenabgabe
- **Reduktion** = Elektronenaufnahme
- **Redoxreaktion** = Elektronenübertragung

Ferner kann man bei Redoxreaktionen noch die Begriffe Oxidations- und Reduktionsmittel verwenden.

- Ein **Reduktionsmittel** gibt Elektronen ab (im Beispiel: Mg) und wird selbst oxidiert (im Beispiel: zu Mg^{2+}).
- Ein **Oxidationsmittel** nimmt Elektronen auf (im Beispiel: O_2) und wird selbst reduziert (im Beispiel: zu 2 O^{2-}).

Die durch Elektronenaufnahme bzw. -abgabe zusammengehörenden Teilchen bilden **korrespondierende Redoxpaare**.

Beispiel

Reduktionsmittel/Oxidationsmittel
1. Paar Mg / Mg^{2+}
2. Paar 2 O^{2-}/O_2

- **Wichtige Reduktionsmittel** sind z. B. Wasserstoff (H_2), Kohlenstoff (C) und viele Metalle wie Natrium (Na), Magnesium (Mg), Aluminium (Al) und Eisen (Fe).
- **Wichtige Oxidationsmittel** sind z. B. Sauerstoff (O_2), die Halogene Fluor (F_2) und Chlor (Cl_2), konzentrierte Salpetersäure (HNO_3) sowie viele Salze wie Kaliumnitrat (KNO_3), Kaliumpermanganat ($KMnO_4$) und Kaliumdichromat ($K_2Cr_2O_7$).

Ebenso sind manche Salze von Nebengruppenmetallen (z. B. $FeCl_3$) schwache Oxidationsmittel.
Beachte: Bei Salzen wirkt häufig das Anion als Oxidationsmittel, nur bei den Salzen der Nebengruppenmetalle kann auch das Kation betroffen sein. In den genannten Beispielen sind also die Nitrat-Ionen (NO_3^-), die Permanganat-Ionen (MnO_4^-) und die Dichromat-Ionen ($Cr_2O_7^{2-}$) sowie dreiwertige Eisen-Ionen (Fe^{3+}) die Oxidationsmittel. Nur diese reagierenden Ionen werden in den Teilgleichungen angeschrieben.

Bei vielen der hier genannten Stoffe und ihren reagierenden Teilchen ist es viel schwieriger als im oben ausführlich besprochenen Beispiel (hier reicht die Anwendung der Oktettregel aus), die Zahl der abgegebenen oder aufgenommenen Elektronen in den Teilgleichungen zu ermitteln. Um auch solche Gleichungen lösen und erstellen zu können, benötigt man eine formale Hilfsgröße, die **Oxidationszahl**.

2.2 Die Oxidationszahl

Um den verschiedenen Teilchen bzw. den in ihnen vorkommenden Atomen **Oxidationszahlen** (Oxidationsstufen) zuordnen zu können, sind einige Regeln notwendig. Die zugeordneten bzw. berechneten Zahlen werden mit römischen Ziffern über die Atome geschrieben.

Regeln zur Ermittlung von Oxidationszahlen

Regel	Beispiele
1. Elemente besitzen immer die Oxidationszahl 0.	$\overset{0}{Mg}, \overset{0}{O}_2, \overset{0}{P}_4, \overset{0}{C}, \overset{0}{Fe}$
2. Die Summe aller Oxidationszahlen in ungeladenen Molekülen ist 0.	$\overset{+I}{H}_2\overset{-II}{O}, \overset{+IV}{N}\overset{-II}{O}_2, \overset{-III}{N}\overset{+I}{H}_3$
3. Alle Metalle haben in ihren Verbindungen positive Oxidationszahlen.	$\overset{+II}{Fe}\overset{-II}{O}, \overset{+I}{K}_2\overset{-II}{S}, \overset{+III}{Al}_2\overset{-II}{O}_3$
4. Wasserstoff hat in Verbindungen immer die Oxidationszahl +I (Ausnahme: in Metallhydriden –I), Sauerstoff hat in Verbindungen immer die Oxidationszahl –II (Ausnahmen: in Peroxiden –I, in Sauerstofffluoriden +II oder +I).	$\overset{+I}{H}\overset{-I}{Cl}, \overset{+I}{H}\overset{+V}{N}\overset{-II}{O}_3, \overset{+I}{H}_2\overset{+VI}{S}\overset{-II}{O}_4$ $\overset{+I}{Na}\overset{-I}{H}, \overset{+I}{H}_2\overset{-I}{O}_2, \overset{+II}{O}\overset{-I}{F}_2, \overset{+I}{O}_2\overset{-I}{F}_2$
5. Die Oxidationszahl von einfachen Ionen bzw. die Summe der Oxidationszahlen von Molekül-Ionen entspricht der Ladungszahl des Ions bzw. Molekül-Ions	$\overset{+I}{Na}^+, \overset{+III}{Fe}^{3+}, \overset{-II}{O}^{2-}, \overset{-III}{N}^{3-}$ $\overset{+VI}{S}\overset{-II}{O}_4^{2-}, \overset{-II}{O}\overset{+I}{H}^-, \overset{-III}{N}\overset{+I}{H}_4^+$

Die Oxidationszahlen verändern sich bei chemischen Reaktionen mit Elektronenübergängen.

Bei einer Redoxreaktion erhöht sich in der Teilgleichung der Oxidation die Oxidationszahl eines Elements durch Elektronenabgabe, sie verringert sich in der Teilgleichung der Reduktion durch Elektronenaufnahme.

Die Unterschiede zwischen den Oxidationszahlen geben die Anzahl der abgegebenen bzw. aufgenommenen Elektronen an (manchmal muss zusätzlich die Anzahl der reagierenden Atome berücksichtigt werden, z. B. $O_2/2\,O^{2-}$).

Beispiele

- Ermittle die Oxidationszahl von Stickstoff im Nitrat-Ion und im Ammoniak-Molekül.

  Lösung:
  Das Nitrat-Ion ist ein einfach negativ geladenes Molekül-Ion: NO_3^-
  Durch Anwendung der Regeln 4 und 5 ergibt sich für das N-Atom die Oxidationszahl +V, weil jedes der drei O-Atome die Oxidationszahl –II besitzt (im Molekül-Ion: 3 · –II = –VI) und das Ion einfach negativ geladen ist. Für das N-Atom errechnet sich also: –VI + V = –I

  Ammoniak: NH_3
  Die Anwendung der Regeln 2 und 4 führt bei diesem ungeladenen Molekül zur Oxidationsstufe –III für das N-Atom, da jedes der drei H-Atome die Oxidationsstufe +I hat.

- Erläutere die Aussage eines Chemikers, dass Ammoniak zu Nitraten oxidiert werden kann.

  Lösung:
  Die Oxidationsstufe des Stickstoff-Atoms verändert sich von –III im Ammoniak-Molekül zu +V im Nitrat-Ion. Dies entspricht einer Elektronenabgabe von 8 Elektronen, also einer Oxidation.

  Hinweis: Das Oxidationsmittel, das die Elektronen aufnimmt, ist hier nicht genannt. Bei Redoxreaktionen können Elektronen nur auf einen anderen Reaktionspartner übertragen werden.

- Zeige unter Verwendung von Oxidationszahlen, dass elementares Natrium ein Reduktionsmittel ist.

  Lösung:
  Elementares Natrium besteht aus Natrium-Atomen Na mit der Oxidationszahl 0 (Regel 1). Bei chemischen Reaktionen bilden sich einfach positiv geladene Natrium-Ionen Na^+ mit der Oxidationszahl +I (Regel 5). Da bei Natrium also die Oxidationszahl bei chemischen Reaktionen durch Elektronenabgabe erhöht wird, wirkt es als Reduktionsmittel.

2.3 Das Erstellen von Redoxgleichungen

Hat man eine Gleichung erstellt (Summengleichung oder Ionengleichung), so kann man mithilfe der Oxidationszahlen leicht feststellen, ob die ablaufende Reaktion eine Redoxreaktion ist. **Verändern sich Oxidationszahlen**, so liegt eine Elektronenübertragung und damit eine Redoxreaktion vor.

Beispiel

Entscheide, ob es sich bei den gegebenen Reaktionen um Redoxreaktionen handelt.

$$H_2O + Mg \longrightarrow H_2 + MgO$$
$$2\,C + O_2 \longrightarrow 2\,CO$$
$$HCl + NaOH \longrightarrow NaCl + H_2O$$

Lösung:

Bei Redoxreaktionen müssen sich Oxidationszahlen verändern. Man schreibt deshalb über alle Atome in der Gleichung die Oxidationszahlen.

$$\overset{+I}{H_2}\overset{-II}{O} + \overset{0}{Mg} \longrightarrow \overset{0}{H_2} + \overset{+II}{Mg}\overset{-II}{O}$$

Es liegt eine Redoxreaktion vor.

$$2\,\overset{0}{C} + \overset{0}{O_2} \longrightarrow 2\,\overset{+II}{C}\overset{-II}{O}$$

Es liegt eine Redoxreaktion vor.

$$\overset{+I}{H}\overset{-I}{Cl} + \overset{+I}{Na}\overset{-II}{O}\overset{+I}{H} \longrightarrow \overset{+I}{Na}\overset{-I}{Cl} + \overset{+I}{H_2}\overset{-II}{O}$$

Es liegt keine Redoxreaktion vor.

Um schwierige Redoxgleichungen (unter Berücksichtigung der Koeffizienten der Teilchen) erstellen zu können, muss man sich strikt an die Reihenfolge der notwendigen Schritte halten.

Allgemeine Vorgehensweise

1 Erstellen der **Teilgleichungen** von Oxidation und Reduktion:

1.1 Anschreiben der korrespondierenden Redoxpaare, evtl. mit Koeffizienten.

1.2 Ermitteln der wesentlichen Oxidationszahlen.
(In jeder Teilgleichung verändert sich nur eine Oxidationszahl)

1.3 Notieren der abgegebenen bzw. aufgenommenen Anzahl von Elektronen.
(Die Anzahl ist aus den veränderten Oxidationszahlen ableitbar)

1.4 Ladungsausgleich in jeder Teilgleichung durch Einfügen
- einer bestimmten Anzahl von **Oxonium-Ionen H_3O^+ im sauren Milieu**
- einer bestimmten Anzahl von **Hydroxid-Ionen OH^- im basischen Milieu**

auf der richtigen Seite der Reaktionspfeile, sodass die Ladungssumme, einschließlich der Vorzeichen, jeweils auf beiden Seiten der Teilgleichungen identisch ist.

1.5 Ermitteln und Anschreiben einer bestimmten Anzahl von Wasser-Molekülen auf der jeweils anderen Seite der Teilgleichungen.
(Zum Stoffausgleich der H- und O-Atome)

2 Erstellen der **Gesamtgleichung** durch:

2.1 Multiplikation der Teilgleichungen mit geeigneten Faktoren, sodass die Zahl der aufgenommenen und abgegebenen Elektronen gleich groß wird.

2.2 Addition aller Teilchen auf der linken und der rechten Seite der beiden Teilgleichungen. Elektronen fallen dabei weg.

2.3 Zusammenfassung gleicher Teilchen, die in der Gesamtgleichung links und rechts des Reaktionspfeils stehen (H_3O^+ oder OH^- und H_2O)

Bei einfach gestalteten Teilgleichungen entfallen die Punkte 1.4 und 1.5 sowie der Punkt 2.3 bei der Erstellung der Gesamtgleichung.

Beispiele

- Lässt man konzentrierte Salpetersäure auf Kupfer einwirken, so entsteht eine blaue Lösung, die Cu^{2+}-Ionen enthält, und es entweicht das braune Gas Stickstoffdioxid.
  Erstelle die Teilgleichungen und die Gesamtgleichung dieser Redoxreaktion. Orientiere dich dabei an der allgemeinen Vorgehensweise.

  Lösung:

1.1		HNO_3	$\longrightarrow$	NO_2	
		Cu	$\longrightarrow$	Cu^{2+}	
1.2	Reduktion:	$H\overset{+V}{N}O_3$	$\longrightarrow$	$\overset{+IV}{N}O_2$	
	Oxidation:	$\overset{0}{Cu}$	$\longrightarrow$	$\overset{+II}{Cu}{}^{2+}$	
1.3	Reduktion:	$H\overset{+V}{N}O_3 + e^-$	$\longrightarrow$	$\overset{+IV}{N}O_2$	
	Oxidation:	$\overset{0}{Cu}$	$\longrightarrow$	$\overset{+II}{Cu}{}^{2+} + 2\,e^-$	
1.4	Reduktion:	$HNO_3 + e^- + H_3O^+$	$\longrightarrow$	NO_2	
	Oxidation:	Cu	$\longrightarrow$	$Cu^{2+} + 2\,e^-$	
1.5	Reduktion:	$HNO_3 + e^- + H_3O^+$	$\longrightarrow$	$NO_2 + 2\,H_2O$	
	Oxidation:	Cu	$\longrightarrow$	$Cu^{2+} + 2\,e^-$	
2.1	Reduktion:	$HNO_3 + e^- + H_3O^+$	$\longrightarrow$	$NO_2 + 2\,H_2O$	$\mid \cdot 2$
	Oxidation:	Cu	$\longrightarrow$	$Cu^{2+} + 2\,e^-$	$\mid \cdot 1$
2.2	Redoxreaktion:	$2\,HNO_3 + 2\,H_3O^+ + Cu$	$\longrightarrow$	$2\,NO_2 + 4\,H_2O + Cu^{2+}$	
2.3	entfällt				

- Mit dem starken Oxidationsmittel Kaliumpermanganat ($KMnO_4$) kann man in basischem Milieu Natriumsulfit (Na_2SO_3) zu Natriumsulfat oxidieren, während gleichzeitig der schwarz-braune Feststoff Mangandioxid ausfällt.
  Formuliere die Teilgleichungen und die Gesamtgleichung. Orientiere dich dabei an der allgemeinen Vorgehensweise.

  Lösung:

1.1		MnO_4^-	$\longrightarrow$	MnO_2	
		SO_3^{2-}	$\longrightarrow$	SO_4^{2-}	
1.2	Reduktion:	$\overset{+VII}{Mn}O_4^-$	$\longrightarrow$	$\overset{+IV}{Mn}O_2$	
	Oxidation:	$\overset{+IV}{S}O_3^{2-}$	$\longrightarrow$	$\overset{+VI}{S}O_4^{2-}$	
1.3	Reduktion:	$\overset{+VII}{Mn}O_4^- + 3\,e^-$	$\longrightarrow$	$\overset{+IV}{Mn}O_2$	
	Oxidation:	$\overset{+IV}{S}O_3^{2-}$	$\longrightarrow$	$\overset{+VI}{S}O_4^{2-} + 2\,e^-$	
1.4	Reduktion:	$MnO_4^- + 3\,e^-$	$\longrightarrow$	$MnO_2 + 4\,OH^-$	
	Oxidation:	$SO_3^{2-} + 2\,OH^-$	$\longrightarrow$	$SO_4^{2-} + 2\,e^-$	
1.5	Reduktion:	$MnO_4^- + 3\,e^- + 2\,H_2O$	$\longrightarrow$	$MnO_2 + 4\,OH^-$	
	Oxidation:	$SO_3^{2-} + 2\,OH^-$	$\longrightarrow$	$SO_4^{2-} + 2\,e^- + H_2O$	
2.1	Reduktion:	$MnO_4^- + 3\,e^- + 2\,H_2O$	$\longrightarrow$	$MnO_2 + 4\,OH^-$	$\mid \cdot 2$
	Oxidation:	$SO_3^{2-} + 2\,OH^-$	$\longrightarrow$	$SO_4^{2-} + 2\,e^- + H_2O$	$\mid \cdot 3$

2.2 Redoxreaktion:
$$2\,MnO_4^- + 4\,H_2O + 3\,SO_3^{2-} + 6\,OH^- \longrightarrow 2\,MnO_2 + 8\,OH^- + 3\,SO_4^{2-} + 3\,H_2O$$

2.3 Redoxreaktion:
$$2\,MnO_4^- + H_2O + 3\,SO_3^{2-} \longrightarrow 2\,MnO_2 + 2\,OH^- + 3\,SO_4^{2-}$$

2.4 Die Bedeutung von Redoxreaktionen

Sehr viele **energieliefernde Reaktionen** wie etwa alle Verbrennungen sind Redoxreaktionen. Auch die meisten Lebewesen erzeugen durch Redoxreaktionen ihre zum Leben benötigte Energie.

- Verbrennung von Methan (CH_4), dem Hauptbestandteil des Erdgases:

$$\overset{-IV}{C}H_4 + 2\,\overset{0}{O}_2 \longrightarrow \overset{+IV}{C}\overset{-II}{O}_2 + 2\,H_2\overset{-II}{O}$$

- Biochemischer Abbau von Traubenzucker ($C_6H_{12}O_6$):

$$\overset{0}{C}_6H_{12}\overset{-II}{O}_6 + 6\,\overset{0}{O}_2 \longrightarrow 6\,\overset{+IV}{C}\overset{-II}{O}_2 + 6\,H_2\overset{-II}{O}$$

Ferner gelingt die **elektrochemische Stromerzeugung** in Batterien und Akkus durch räumliche Trennung von Redoxpaaren, wodurch sich eine Spannung aufbaut. Wird der Stromkreis über einen Verbraucher geschlossen, so fließen Elektronen; das System liefert Strom. Auch die Brennstoffzelle, bei der an getrennten Elektroden Wasserstoff oxidiert und Sauerstoff reduziert wird, liefert auf diese Weise elektrische Energie.

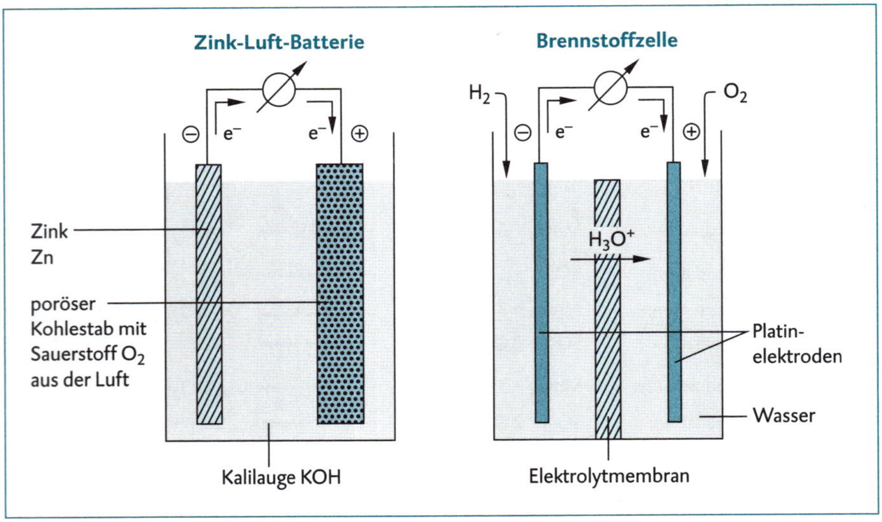

Abb.4: Zink-Luft-Batterie (links), Brennstoffzelle (rechts)

Zink-Luft-Batterie

⊖ Anode: $\overset{0}{Zn} \longrightarrow \overset{+II}{Zn}{}^{2+} + 2\,e^- \quad | \cdot 2$

⊕ Kathode: $\overset{0}{O}_2 + 4\,e^- + 2\,H_2O \longrightarrow 2\,\overset{-II}{O}H^- + 2\,OH^- \quad | \cdot 1$

Redoxreaktion: $2\,Zn + O_2 + 2\,H_2O \longrightarrow 2\,Zn^{2+} + 4\,OH^-$

Brennstoffzelle

⊖ Anode: $\overset{0}{H}_2 + 2\,\overset{+I}{H}_2O \longrightarrow 2\,\overset{+I}{H}_3O^+ + 2\,e^- \quad | \cdot 2$

⊕ Kathode: $\overset{0}{O}_2 + 4\,e^- \longrightarrow 2\,\overset{-II}{O}{}^{2-} \quad | \cdot 1$

Redoxreaktion: $2\,H_2 + 4\,H_2O + O_2 \longrightarrow \underbrace{4\,H_3O^+ + 2\,O^{2-}}_{6\,H_2O}$

$2\,H_2 + O_2 \longrightarrow 2\,H_2O$

Durch Anlegen einer genügend großen Spannung kann man elektrochemische Vorgänge unter Energieaufwand auch umdrehen und **Elektrolysen** durchführen. Auf diese Weise wird z. B. aus einer Aluminiumoxidschmelze unter hohem Energieverbrauch Aluminium hergestellt.

Bei einer **Elektrolyse** werden Stoffe durch Einwirkung elektrischer Energie zersetzt.

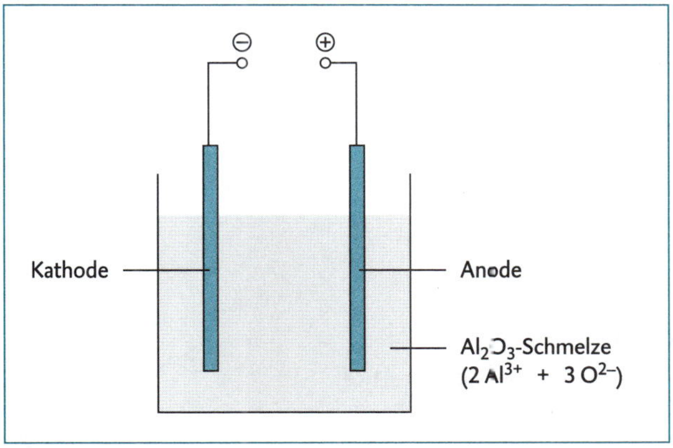

Abb. 5: Elektrolysezelle

Vorgang an der Kathode:	$\overset{+III}{Al^{3+}} + 3\,e^-$	$\longrightarrow \overset{0}{Al}$	$\mid \cdot 4$
Vorgang an der Anode:	$2\,\overset{-II}{O^{2-}}$	$\longrightarrow \overset{0}{O_2} + 4\,e^-$	$\mid \cdot 3$
Redoxreaktion: (erzwungen)	$4\,Al^{3+} + 6\,O^{2-}$	$\longrightarrow 4\,Al + 3\,O_2$	

Zusammenfassung

- **Redoxreaktionen** sind Elektronenübertragungsreaktionen, bei denen das **Reduktionsmittel** Elektronen abgibt und das **Oxidationsmittel** diese Elektronen aufnimmt.
- Anhand von **Oxidationszahlen** lässt sich die Anzahl der übertragenen Elektronen ermitteln.
- Die in Batterien und Akkus ablaufenden Redoxreaktionen liefern elektrische Energie.
- Bei einer **Elektrolyse** werden Stoffe durch die Einwirkung elektrischer Energie zersetzt.

Aufgaben

26 Erstelle mit den nachfolgenden Begriffen, Stoffen, Teilchen und Reaktionen eine Mindmap. Verwende dazu die gegebene Grundstruktur und ergänze sie sinnvoll.

Begriffe und Stoffe:

- Elektronenabgabe
- Chlor
- Elektronenakzeptor
- Kohlenstoff
- Elektronendonator
- Sulfit-Ion
- Permanganat-Ion
- konzentrierte Salpetersäure
- Sauerstoff
- Wasserstoff
- Elektronenaufnahme

Teilchen und Reaktionen:

$2\,Cu^{2+} + 2\,e^- + 2\,OH^- \longrightarrow Cu_2O + H_2O$

$Co^{2+} \longrightarrow Co^{3+} + 1\,e^-$

$HCOOH$ reagiert zu CH_2O

$2\,Cl^-$ reagiert zu Cl_2

$CuO + 2\,e^- + 2\,H_3O^+ \longrightarrow Cu + 3\,H_2O$

$HNO_3 + 3\,e^- + 3\,H_3O^+ \longrightarrow NO + 5\,H_2O$

MnO_4^-

HNO_3

SO_3^{2-}

Grundstruktur:

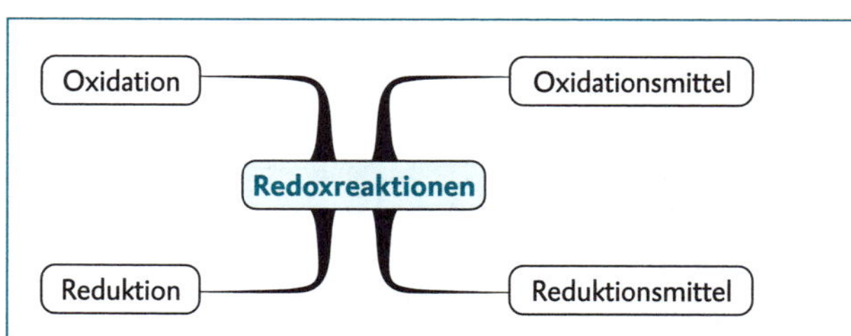

27 Bestimme die Oxidationszahlen der gekennzeichneten Bindungspartner in den Molekülen oder Molekül-Ionen a–l.

a	SO_3	b	P_4O_6	c	HCN	d	MnO_4^-
e	C_2H_6	f	MnO_4^{2-}	g	$S_2O_3^{2-}$	h	H_2S
i	SiO_2	j	H_2SO_3	k	NaH	l	Na_2O_2

28 Hier sind 11 verschiedene Redoxpaare durcheinander geraten.

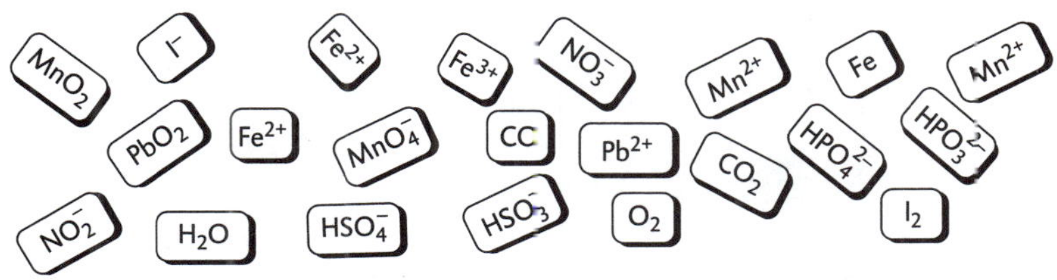

Finde diese Redoxpaare heraus und ordne sie nach folgendem Muster an.

Reduzierte Form	Oxidierte Form
Na	Na^+
Cl^-	Cl_2

29 Eine Oxidation oder Reduktion läuft nie alleine ab, sondern es findet stets eine Redoxreaktion statt.
Überprüfe mithilfe der Oxidationszahlen die Reaktionen a–h. Bei welchen Umwandlungen handelt es sich um eine Oxidation, bei welchen um eine Reduktion.

a	H_2O_2	zu	OH^-
b	H_2O_2	zu	H_2O
c	H_2O_2	zu	O_2
d	CrO_4^{2-}	zu	$Cr_2O_7^{2-}$
e	SO_3	zu	H_2SO_4
f	N_2O_4	zu	HNO_3
g	N_2O	zu	N_2
h	N_2O_3	zu	NO_2^-

30 Du untersuchst die gegebenen sechs Stoffe, indem du sie zu angesäuerter Kaliumpermanganatlösung gibst. Entweder beobachtest du dabei Resultat A oder B.
Welche Resultate erwartest du für die einzelnen Stoffe? Schreibe den Buchstaben in das entsprechende Kästchen und begründe deine Antwort gegebenenfalls durch eine Reaktionsgleichung.

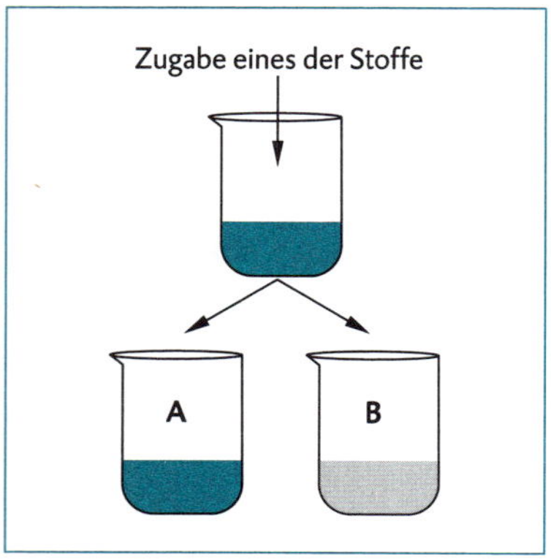

$MgSO_4$ (s)	☐
KCl (s)	☐
$NaNO_2$ (s)	☐
$FeSO_4$ (s)	☐
$NaHCO_3$ (s)	☐
SO_2 (g)	☐

31 Betrachte die beiden Experimente zur Darstellung von Kupfer aus Kupferoxid CuO(s).
Stelle für die ablaufenden Redoxreaktionen die Reaktionsgleichungen auf. Kennzeichne mit Pfeilen die Reduktion und die Oxidation und benenne jeweils das Reduktionsmittel und das Oxidationsmittel.

a

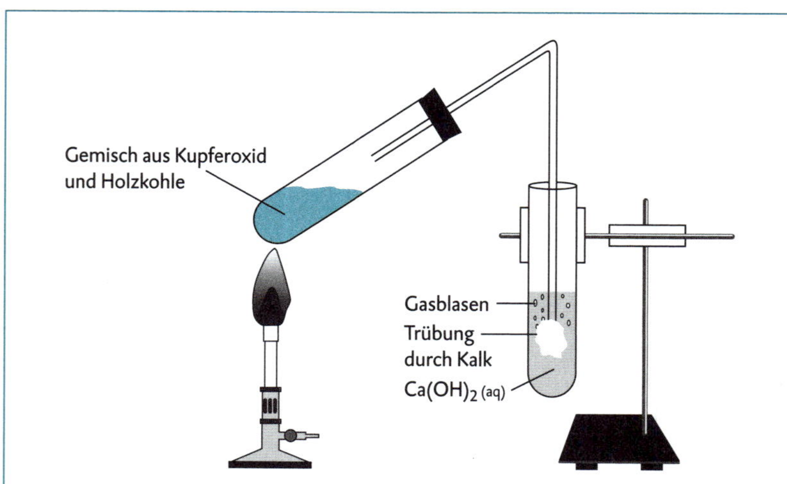

b

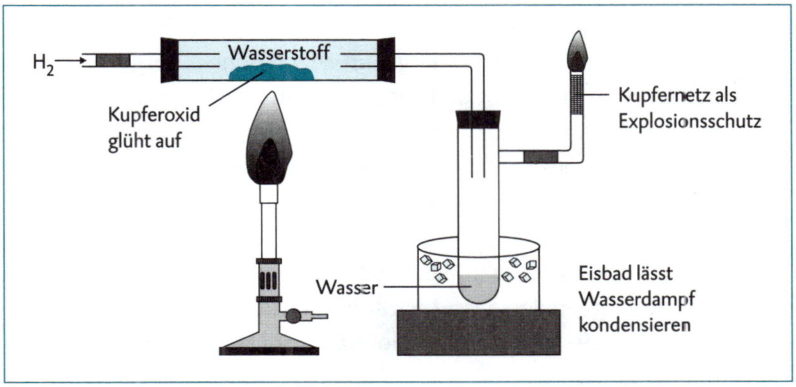

32 Im folgenden Text werden die Donator-Akzeptor-Konzepte von Säure-Base- und Redoxreaktionen miteinander verglichen. Ergänze die Lücken sinnvoll.

Das Donator-Akzeptor-Basiskonzept beschreibt chemische Reaktionen, bei denen ein Reaktionspartner, der __________________, bestimmte Teilchen abgibt, die der ____________________ dann aufnimmt. Es handelt sich bei den Donator-Akzeptor-Reaktionen also um Übertragungsreaktionen. Bei Säure-Base-Reaktionen wird ein (oder auch mehrere) ______________ von der _______________ auf die ___________________ übertragen. Bei Redoxreaktionen werden ________________ vom ______________________ auf das ______________________________ übertragen. Somit wird das ___________________________ auch als Elektronendonator und das _______________________ als Elektronenakzeptor bezeichnet. Bei Säure-Base-Reaktionen ist das ähnlich; hier wird die _____________ als Protonendonator und die _________________ als ______________________ bezeichnet.

33 Stelle für die in den folgenden Texten beschriebenen Experimente jeweils die Redoxteilgleichungen und die Gesamtgleichung auf.

a Gibt man zu einer wässrigen Wasserstoffperoxidlösung etwas Braunstein ($MnO_{2(s)}$), so setzt eine lebhafte Gasentwicklung ein. Nach Beendigung der Reaktion liegt Braunstein unverändert vor. Bei dem Gas verläuft die Glimmspanprobe positiv.

b Chlor reagiert mit Natronlauge zu Chlorid-Ionen und Hypochlorit-Ionen (OCl^-).

c Ammoniumchlorid-Lösung reagiert mit saurer Natriumnitrit-Lösung. Es entsteht Stickstoff.

34 Viele Hausbesitzer betreiben auf ihrem Hausdach eine Photovoltaikanlage („Solarzellen"), die Lichtenergie in elektrische Energie umwandelt. Bis jetzt gibt es keine praktikable Möglichkeit, diese elektrische Energie so zu speichern, dass sie einem auch dann zur Verfügung steht, wenn kein Licht die Solarzellen bestrahlt, z. B. nachts oder an dunklen Wintertagen. Denkbar wäre eine technische Lösung, bei der die elektrische Energie in chemische Energie umgewandelt und in dieser Form gespeichert wird. Bei Bedarf kann diese wieder in elektrische Energie umgewandelt werden. Diese Umwandlungsprozesse sind natürlich Redoxreaktionen. In der Zeichnung ist diese technische Lösung modellhaft mit Labormaterialien dargestellt.
Stelle die genannten Energie-Umwandlungsprozesse als Redoxreaktionen mit den entsprechenden Teilgleichungen dar und gib an, in welchem Teil der Apparatur sie stattfinden. Welches Gas bildet sich im Hofmannschen Zersetzungsapparat an der Anode, welches an der Kathode?

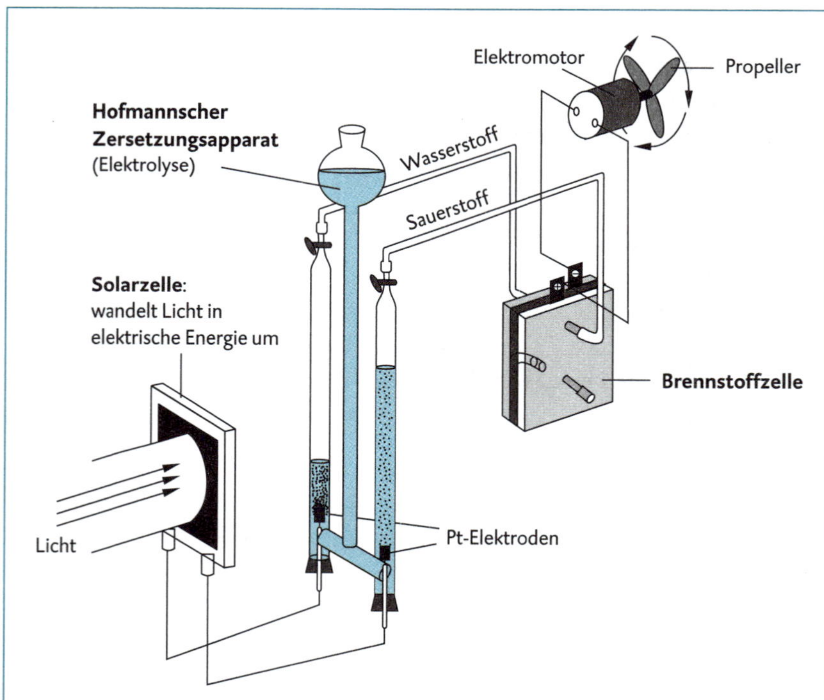

35 Eine wässrige Lösung von Zinkbromid $ZnBr_2$ (aq) wird elektrolysiert. Dabei entstehen Brom und Zink.

a Stelle für beide Elektrodenvorgänge die Reaktionsgleichungen auf und beschreibe jeweils die Vorgänge unter Verwendung folgender Fachbegriffe: Oxidation, Reduktion, Pluspol, Minuspol, Kathode, Anode, Zink-Ionen, Bromid-Ionen.

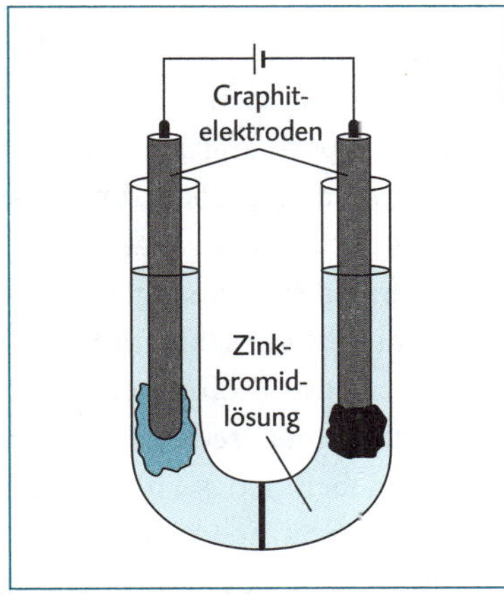

b Vervollständige die Skizze, indem du die Elektrodenvorgänge auf der Teilchenebene einzeichnest. Benutze dazu die unten angegebenen Symbole.

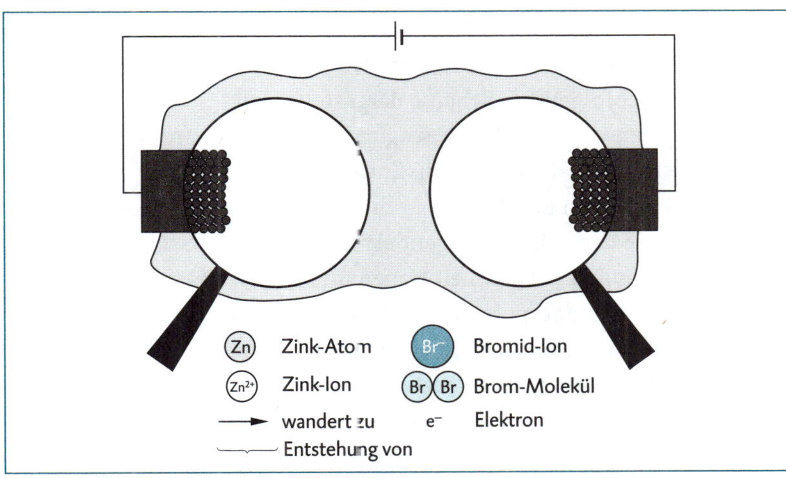

c Entwirf aus dem dir zur Verfügung stehenden Material eine Apparatur, um die Elektrolyse einer Zinkbromidlösung im Mikromaßstab durchführen zu können.
Material: Objektträger aus Glas (für die Mikroskopie), Bleistiftminen für Druckbleistifte, Tesafilm, Kabel mit Krokodilklemmen, Flachbatterie 4,5 V, Zinkbromidlösung $ZnBr_2$ (aq).
Zeichne und beschrifte deinen Versuchsaufbau.

36 Diesmal erzählt Paula ihrem Klassenkameraden Max von der letzten Chemiestunde.

„Max, du glaubst ja gar nicht, was du letzte Chemiestunde alles verpasst hast. Wir haben nämlich Redoxreaktionen durchgeführt. Das sind Reaktionen, bei denen Protonen übertragen werden. Zuerst haben wir gelbe Kaliumpermanganatlösung mit Schwefelsäure versetzt und dann Kaliumnitrat dazugegeben. Die Lösung hat sich dann entfärbt. Das liegt daran, dass das Permanganat-Ion ein starkes Reduktionsmittel ist. In der Reaktion nimmt das Permanganat-Ion 7 Elektronen auf, weil das Mangan im Permanganat die Oxidationszahl VII hat. In einem anderen Experiment haben wir zu der Kaliumpermanganatlösung Sulfit-Ionen gegeben, die sind zu Nitrat-Ionen reduziert worden, d. h., die Sulfit-Ionen haben Elektronen abgegeben. Jedes Sulfit-Ion gibt 4 Elektronen an das Permanganat-Ion ab, d. h. das Sulfit-Ion wird oxidiert, deshalb heißt das Sulfit-Ion auch Oxidationsmittel oder Protonendonator. Und dann …"

„Halt, halt", fällt ihr Max ins Wort, „da kann ja so einiges nicht stimmen!"

- **a** Finde alle Fehler und stelle sie richtig.
- **b** Stelle die Teilgleichungen und die Gesamtgleichung für die zweite von Paula beschriebene Redoxreaktion auf.

37 In einem Bleiakkumulator (Autobatterie) laufen Redoxreaktionen ab, die in dem nachfolgenden Schema dargestellt sind.

Beim Laden dieser Batterie reagieren Blei(II)-Ionen zu elementarem Blei und festem Bleidioxid. Beim Entladen reagieren Blei und Bleidioxid zu Blei(II)-Ionen. In der Batterie befindet sich zudem 30 %-ige Schwefelsäure.

- **a** Ergänze das Schema folgendermaßen: In die Lücken musst du die entsprechenden Formeln eintragen und die Pfeile entweder mit dem Fachbegriff „Oxidation" oder „Reduktion" beschriften.
- **b** Stelle jeweils für den Lade- und den Entladevorgang die Redoxteilgleichungen und die Gesamtgleichung auf.

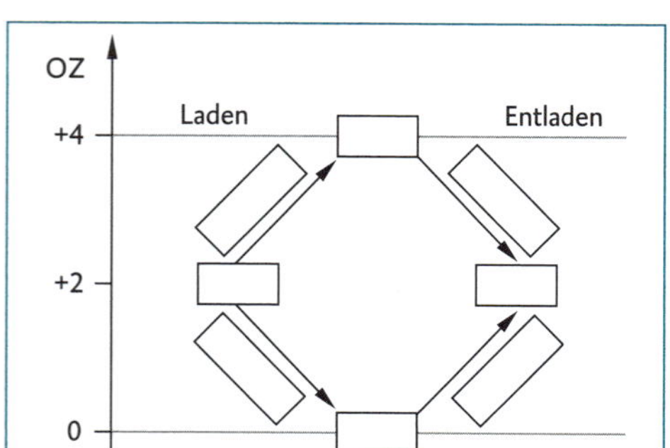

38 Kaliumpermanganat reagiert in saurer Lösung mit Nitrit-Ionen zu Nitrat-Ionen.

- a Nitrit-Ionen werden oxidiert.
- b Permanganat-Ionen werden oxidiert.
- c Permanganat-Ionen werden reduziert.
- d Nach Beendigung der Reaktion ist die Lösung farblos.
- e Nitrit-Ionen sind hier ein Reduktionsmittel.

Kreuze an, nur eine Aussage ist korrekt.

- ☐ Nur c ist richtig.
- ☐ Nur a und c sind richtig.
- ☐ Nur a, c und d sind richtig.
- ☐ Nur a, c, d und e sind richtig.
- ☐ Nur b, d und e sind richtig.

39 Wasserstoffperoxid reagiert in basischer Lösung mit Cu^{2+}-Ionen zu Sauerstoff und Cu^{+}-Ionen.

- a Zweifach positiv geladene Kupfer-Ionen werden oxidiert.
- b Während der Reaktion kann man eine Gasentwicklung beobachten.
- c Wasserstoffperoxid reagiert hier als Oxidationsmittel.
- d Zweifach positiv geladene Kupfer-Ionen sind das Reduktionsmittel.
- e Wasserstoffperoxid wird oxidiert.

Kreuze an, nur eine Aussage ist korrekt.

- ☐ Alle sind richtig.
- ☐ Nur a, b und c sind richtig.
- ☐ Nur b, c und d sind richtig.
- ☐ Nur b und e sind richtig.
- ☐ Nur b, d und e sind richtig.

40 Maximilian und Moritz unterhalten sich über ihre Chemie-Hausaufgabe. Es geht um die Reaktion unedler Metalle mit verdünnten sauren Lösungen unter Bildung von Wasserstoff. Maximilian vertritt die Meinung, dass eine Säure-Base-Reaktion abläuft, Moritz hingegen besteht auf einer Redoxreaktion. Wer hat recht? Begründe deine Antwort unter Verwendung geeigneter Reaktionsgleichungen.

41 **a** Oxidationszahlen helfen zu erkennen, ob ein Teilchen in einer Redoxreaktion oxidiert wird.

b Oxidationszahlen helfen zu erkennen, ob ein Teilchen in einer Redoxreaktion reduziert wird.

c Anhand der Veränderung der Oxidationszahlen kann man eine Redoxreaktion von einer Säure-Base-Reaktion unterscheiden.

d Redoxreaktionen zählen zu den Donator-Akzeptor-Reaktionen.

e Die Oxidationszahl erhöht sich bei einer Elektronenabgabe.

Kreuze an, nur eine Aussage ist korrekt.

- ☐ Alle sind richtig.
- ☐ Nur a, b und c sind richtig.
- ☐ Nur c, d und e sind richtig.
- ☐ Nur a, b, c und e sind richtig.
- ☐ Nur c und d sind richtig.

42 Erstelle die Redoxteilgleichungen und die Gesamtgleichung für die Reaktion, auf die sich die Nachrichtensprecherin bezieht.
Tipp: Es entstehen auch Cr^{3+}-Ionen.

43 In folgender Abbildung hat der Fehlerteufel sein Unwesen getrieben. Es sind 7 Fehler in der Abbildung „versteckt".

Tipp 1: Sollten Pfeilrichtungen falsch sein, gelten alle gleichartigen Pfeile als ein Fehler.

Tipp 2: Die Pole der Stromquelle sind korrekt angegeben!

- **a** Finde diese Fehler und erstelle eine korrigierte Skizze.
- **b** Stelle die Redoxgleichungen auf.
- **c** Finde eine passende Überschrift für dieses Experiment.

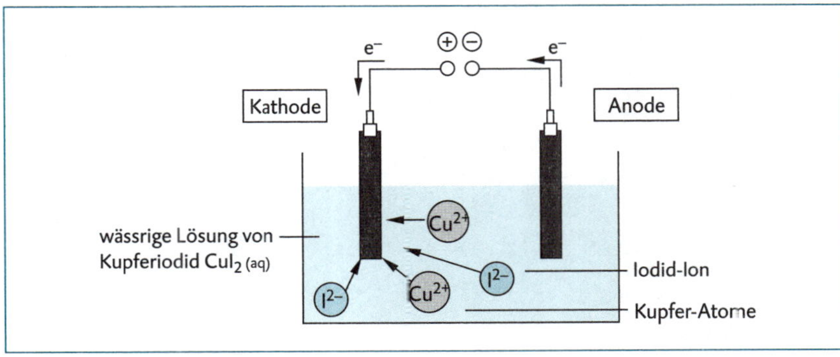

Organische Chemie

Tiefpumpen werden zur Förderung von Erdöl eingesetzt, wenn der Druck des Rohstoffes nicht ausreicht, um eigenständig an die Oberfläche zu gelangen.

Die organische Chemie ist die **Chemie der Kohlenstoffverbindungen** mit Ausnahme von Kohlenstoffmonooxid CO, Kohlenstoffdioxid CO_2 und allen Carbonaten mit dem Anion CO_3^{2-}, die der anorganischen Chemie zugerechnet werden.

Die **Vielfalt organischer Verbindungen** zeigt ein Zahlenvergleich. Während von allen Elementen des Periodensystems insgesamt ca. 400 000 Verbindungen bekannt sind, gibt es derzeit ca. **20 Millionen** verschiedenste Kohlenstoffverbindungen. Bekannte Gruppen mit zahlreichen Vertretern bilden z. B. die Kohlenwasserstoffe (in Erdgas, Erdöl), die Alkohole, organische Säuren (Essigsäure, Zitronensäure etc.) sowie die Nährstoffe Kohlenhydrate, Eiweiße und Fette. Die Chemie des Kohlenstoffs ist für ein grundlegendes Verständnis der Existenz von Lebewesen auf der Erde unerlässlich.

Die Vielfalt an Kohlenstoffverbindungen liegt vor allem in den **Eigenschaften des Kohlenstoff-Atoms** begründet:

- Es besitzt vier Valenzelektronen und kann **vier Atombindungen** u. a. auch zu anderen C-Atomen ausbilden.
- Die **Atomgröße** ermöglicht stabile Atombindungen zu vielen anderen Atomen (v. a. zu H-, O-, N- und Halogen-Atomen).
- Die **mittlere Elektronegativität** des Kohlenstoffs führt zur bevorzugten Ausbildung von Atombindungen. In Abhängigkeit vom Bindungspartner können diese unpolar oder polar sein.

Organische Stoffe besitzen neben dem Gerüst aus Kohlenstoffatomen noch charakteristische **funktionelle Gruppen**, die eine übersichtliche Einteilung dieser Stoffe erlauben und für ihre physikalischen und chemischen Eigenschaften verantwortlich sind.

Allgemeine Eigenschaften vieler organischer Stoffe sind:

- Die Stoffe **zersetzen** sich bei höherer Temperatur unter Schwarzfärbung. Es entsteht elementarer Kohlenstoff.
- Sie sind **brennbar** (häufig unter Bildung von CO_2 und H_2O).
- Sie besitzen **niedrige Schmelz- und Siedetemperaturen** oder haben charakteristische **Gerüche**.

Einen Überblick über wichtige Stoffgruppen gibt Tabelle 7. Die Vertreter der verschiedenen Stoffgruppen werden auf den folgenden Seiten im Einzelnen besprochen.

Organische Stoffklasse	Untergruppe	Strukturmerkmal/ funktionelle Gruppe	Beispiel
Kohlenwasserstoffe (im Molekül kommen nur C- und H-Atome vor)	Alkane	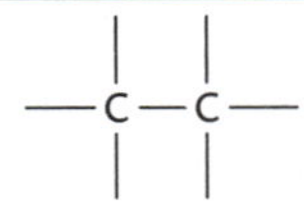 (nur C – C-Einfachbindungen)	Ethan 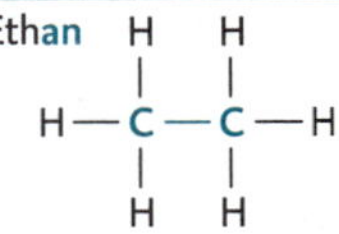
	Alkene	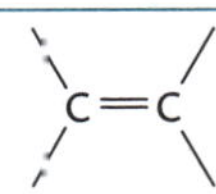 (C = C-Doppelbindung)	Ethen 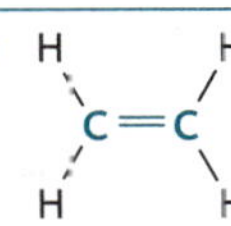
	Alkine	—C≡C— (C≡C-Dreifachbindung)	Ethin H—C≡C—H
Alkanole (Alkohole)		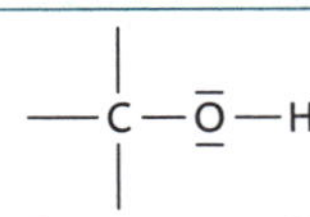 (Hydroxygruppe -OH)	Ethanol 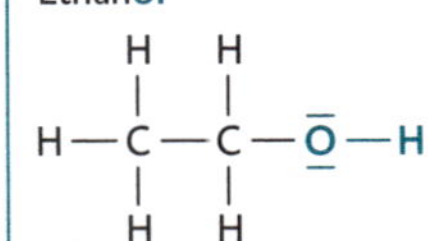
Carbonylverbindungen	Alkanale (Aldehyde)	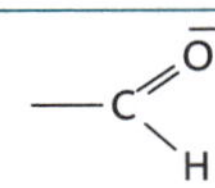 (Carbonylgruppe CO, H-Atom)	Ethanal 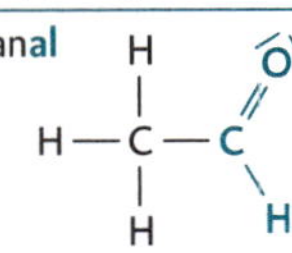
	Alkanone (Ketone)	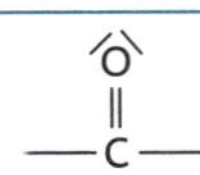 (Carbonylgruppe >C=O)	Propanon 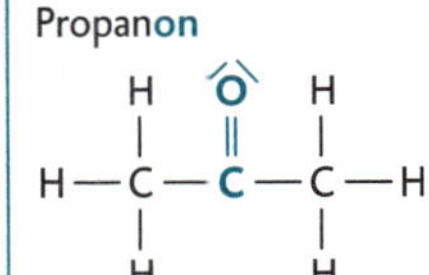
Carbonsäuren		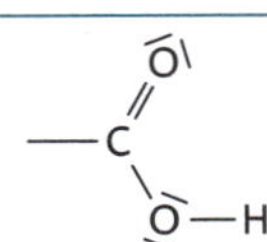 (Carboxygruppe –COOH)	Ethansäure 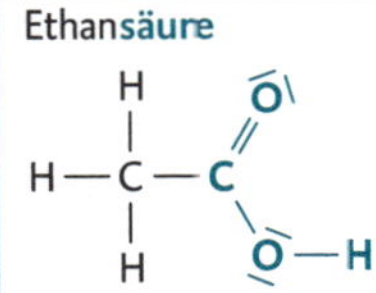
Amine		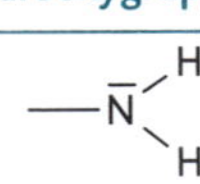 (Aminogruppe $-NH_2$)	Ethanamin 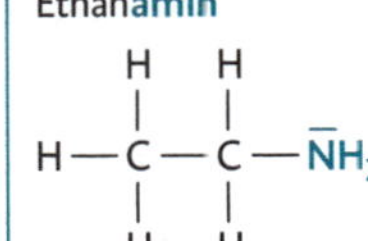
Verbindungen mit verschiedenen funktionellen Gruppen	z. B. Aminocarbonsäuren	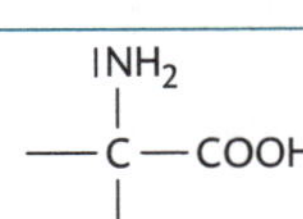 (Carboxy- und Aminogruppe)	Aminoethansäure 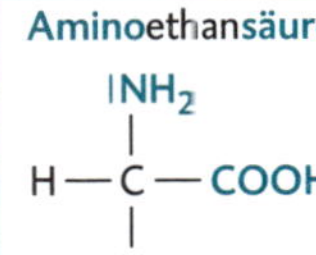

Tab. 7: organische Stoffklassen

1 Kohlenwasserstoffe

Die Moleküle, die dieser Gruppe organischer Verbindungen zugeordnet werden, enthalten ausschließlich C- und H-Atome. Existieren zwischen den C-Atomen nur Einfachbindungen, spricht man von **gesättigten Kohlenwasserstoffen (Alkane)**, treten auch ein oder mehrere Doppel- und/oder Dreifachbindungen zwischen den C-Atomen auf, liegen **ungesättigte Kohlenwasserstoffe (Alkene und Alkine)** vor. Eine Gruppe ungesättigter Kohlenwasserstoffe mit besonderen Eigenschaften stellen die **Aromaten** dar (z. B. **Benzen (Benzol)** mit der Summenformel C_6H_6).

1.1 Alkane (gesättigte Kohlenwasserstoffe)

Der Name der gesättigten Kohlenwasserstoffe setzt sich aus der Anzahl ihrer Kohlenstoffatome und der Endung **-an** zusammen. Die Namen und die zugeordnete Anzahl an C-Atomen nach Tabelle 8 müssen auswendig gelernt werden, da sich die Namen aller anderen Stoffe davon ableiten.

Name	Molekülformel
Methan	CH_4
Ethan	C_2H_6
Propan	C_3H_8
Butan	C_4H_{10}
Pentan	C_5H_{12}
Hexan	C_6H_{14}

Name	Molekülformel
Heptan	C_7H_{16}
Octan	C_8H_{18}
Nonan	C_9H_{20}
Decan	$C_{10}H_{22}$
Hexadecan	$C_{16}H_{34}$
Octadecan	$C_{18}H_{38}$

Tab. 8: Wichtige Alkane

Seine übrigen freien Bindungen bildet jedes C-Atom zu H-Atomen aus.

Allgemeine Summenformel der Alkane: C_nH_{2n+2}.

Man nennt eine Gruppe chemisch verwandter Verbindungen mit einer allgemeingültigen Summenformel eine **homologe Reihe**.

Beispiel

Welche Summenformel besitzt ein Alkan mit 8 C-Atomen?

Lösung:

Mit n = 8 ergibt sich für die allgemeine Summenformel der Alkane:

$C_8H_{2\cdot 8+2}$, also C_8H_{18}

Der räumliche Bau

Nach dem **Elektronenpaarabstoßungsmodell** (**VSEPR**-Modell = **V**alence **s**hell **e**lectron **p**air **r**epulsion) ordnen sich die vier gleichwertigen bindenden Elektronenpaare um jedes C-Atom in der Art an, dass sie durch die wirkenden Abstoßungskräfte so weit wie möglich voneinander entfernt sind. Dies ist der energieärmste Zustand. Bei vier unabhängigen Elektronenpaaren ergibt sich eine Anordnung mit einem Bindungswinkel von 109°; die vier Bindungen weisen in die Ecken eines Tetraeders. Beim Methan CH_4 befinden sich also das C-Atom im Zentrum und die vier H-Atome an den Ecken eines Tetraeders.

Tetraederstruktur des Methan-Moleküls:

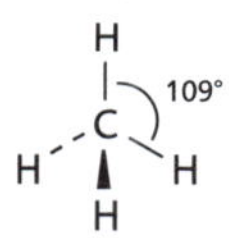

(alle HCH-Winkel entsprechen 109°)

vereinfachte Darstellung in der Zeichenebene:

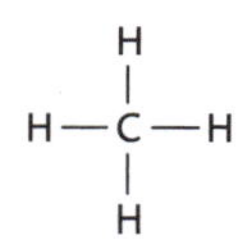

(die HCH-Winkel entsprechen hier nicht den tatsächlichen Verhältnissen)

Zum Zeichnen erweist es sich als günstig, die vier Elektronenpaare lediglich in der Zeichenebene so weit wie möglich voneinander zu entfernen. Man muss sich aber immer bewusst machen, dass es sich dabei in Wirklichkeit um eine räumliche Anordnung mit Tetraederwinkeln handelt. Die Strukturformeln können noch weiter vereinfacht werden, indem man nur noch die C-C-Bindungen angibt und die den C-Atomen zugeordneten H-Atome zusammenfasst.

Beispiel

Zeichne die vollständige (unter Berücksichtigung aller Bindungswinkel) und die beiden vereinfachten Strukturformeln von Propan.

Lösung:

Strukturformeln von Propan (C_3H_3)

vollständig:

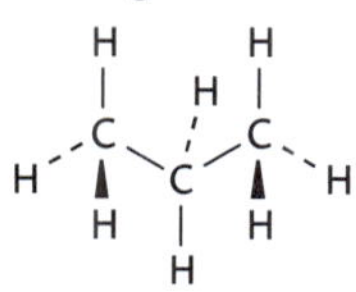

alle Winkel 109°

vereinfacht:

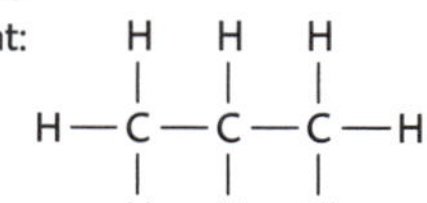

stark vereinfacht: $H_3C—CH_2—CH_3$
(Halbstrukturformel)

Isomere Verbindungen

Besitzen Alkane mehr als drei C-Atome, so können sie nicht nur **unverzweigte**, sondern auch **verzweigte** Ketten bilden. Bei einem Kohlenwasserstoff mit vier C-Atomen und der Summenformel C_4H_{10} lassen sich zwei verschiedene Strukturformeln ermitteln. Die beiden Moleküle gehören auch zu zwei unterschiedlichen Stoffen.

C_4H_{10} unverzweigt:

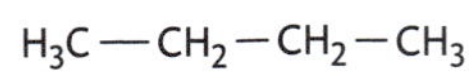

Butan

C_4H_{10} verzweigt:

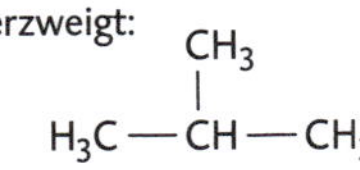

Methylpropan

Mit der Summenformel C_4H_{10} existiert also neben dem Butan noch ein zweiter Stoff mit dem Namen Methylpropan, der andere physikalische und chemische Eigenschaften aufweist.

> Verbindungen mit gleicher Summenformel, aber unterschiedlicher Strukturformel nennt man **Isomere**. Bei einer unterschiedlichen Reihenfolge der Atome spricht man von Strukturisomeren **(Konstitutionsisomerie)**.

Beispiel

Zeichne die vereinfachten Strukturformeln aller Isomere mit der Summenformel C_5H_{12}.

Lösung:
Man zeichnet zunächst alle möglichen Anordnungen der 5 C-Atome zueinander und ergänzt dann erst die H-Atome.
(*Hinweis:* Denke dabei an die Tetraederstruktur. Die vier Ecken eines Tetraeders sind nicht voneinander zu unterscheiden.)

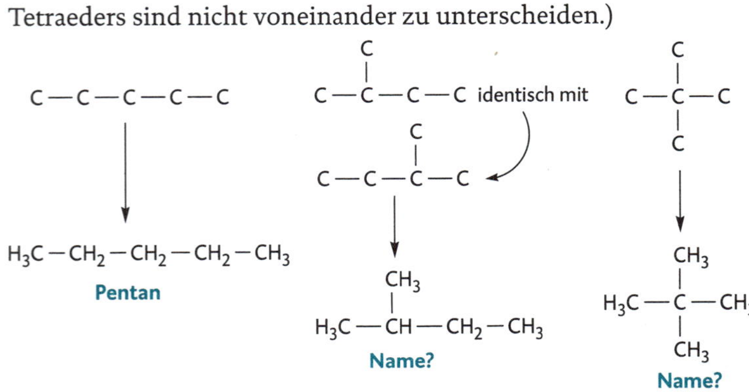

Zwei der drei gezeichneten Isomere können wir im Augenblick noch nicht benennen.

Benennung der Alkane

Weltweit gilt in der Chemie eine gemeinsame Sprache für die systematische Benennung (Nomenklatur) organischer Verbindungen, die **IUPAC-Regeln** („**I**nternational **U**nion of **P**ure and **A**pplied **C**hemistry“). Sie sollen am Beispiel zweier Alkane eingeführt und später kontinuierlich ausgebaut werden.

Regel	Beispiel 1	Beispiel 2
	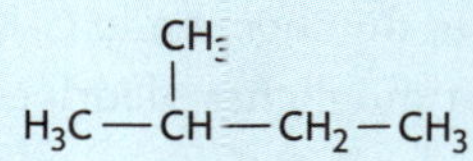	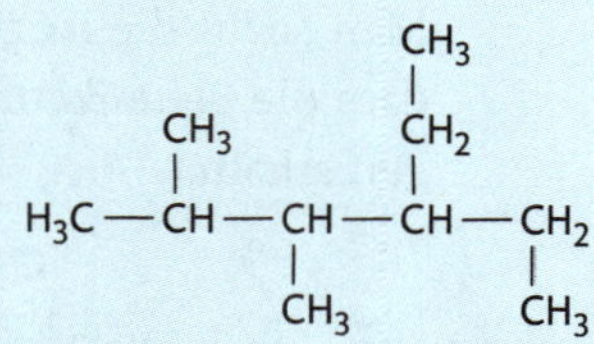
1. Zuerst wird die längste durchgehende Kette an C-Atomen ermittelt. Dieses **Stammalkan** legt die Endung des Namens fest.	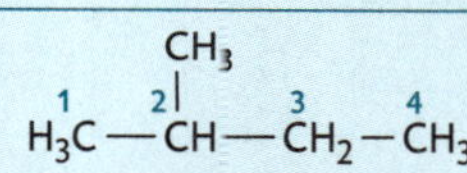 **Endung: -butan** (die längste C-Kette besteht aus 4 C-Atomen)	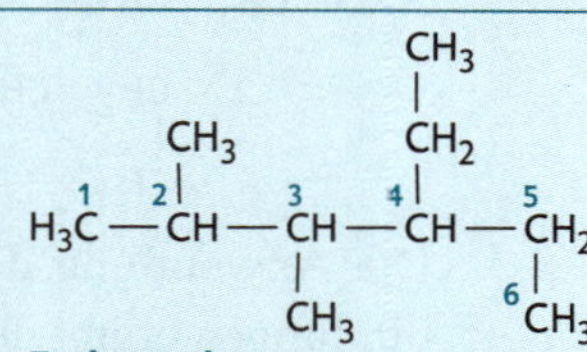 **Endung: -hexan**
2. Die Seitenketten werden ermittelt. Sie erhalten **die Endung -yl** unter Berücksichtigung der Anzahl der C-Atome **(Alkylgruppen)**.	Eine Seitenkette mit einem C-Atom (Methylgruppe)	Zwei Seitenketten mit einem C-Atom (Methylgruppen) und eine Seitenkette mit zwei C-Atomen (Ethylgruppe).
3. Den Seitenketten werden die kleinstmöglichen **Zahlen** ihrer Abzweigung vom Stammalkan vorangestellt. Sie werden **alphabetisch geordnet** und gleiche Alkylgruppen werden durch bekannte **Zählvorsilben zusammengefasst**.	Die Seitenkette (Methylgruppe) befindet sich am 2. C-Atom der Hauptkette: **2-Methylbutan**	Die Ethylgruppe befindet sich am 4. C-Atom der Hauptkette, die Methylgruppen am 2. und 3. C-Atom. Die Ethylgruppe kommt alphabetisch vor der Methylgruppe und wird daher zuerst genannt. Da die Methylgruppe zweimal vorhanden ist, erhält sie die Zählvorsilbe di-. **4-Ethyl-2,3-dimethylhexan**
4. Schreibweise beachten: • Nur der 1. Buchstabe des Namens wird groß geschrieben • Zahlen werden von Buchstaben durch Bindestriche getrennt • Zahlen gleicher Gruppen werden durch Komata getrennt.	**2-Methylbutan**	**4-Ethyl-2,3-dimethylhexan**

Beispiele

1. Benenne den Stoff mit dieser Strukturformel.

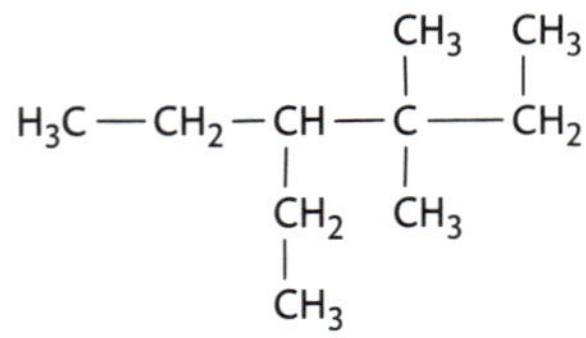

Lösung:

Man sucht die längste durchgehende C-Kette und nummeriert sie so, dass die Seitenketten möglichst niedrige Zahlen für ihre Abzweigungen erhalten.

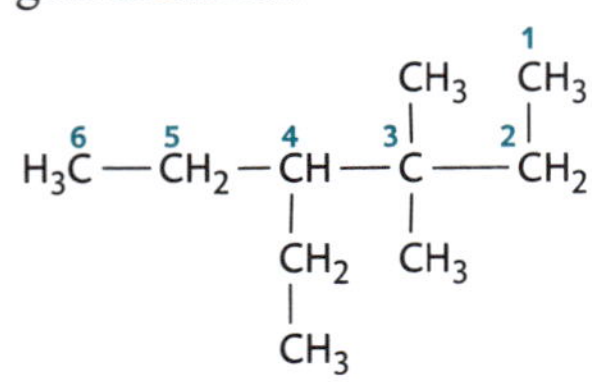

Die Anwendung der IUPAC-Regel zur Benennung organischer Verbindungen ergibt den Namen:

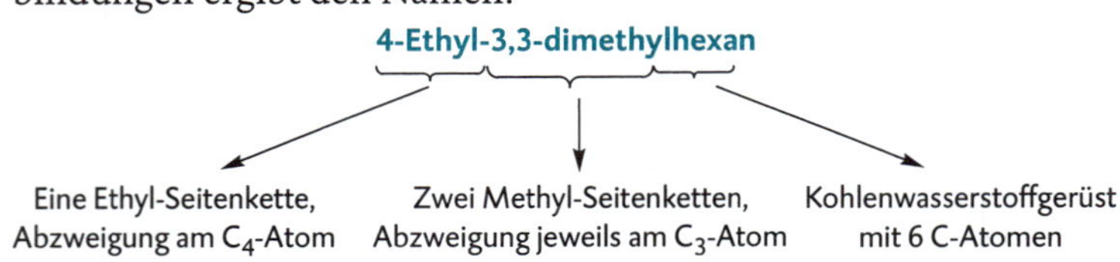

2. Zeichne die (vereinfachte) Strukturformel von 3-Ethyl-2,2,3-trimethylpentan. Gib die Summenformel für das unverzweigte Isomer an.

Lösung:

Strukturformel:

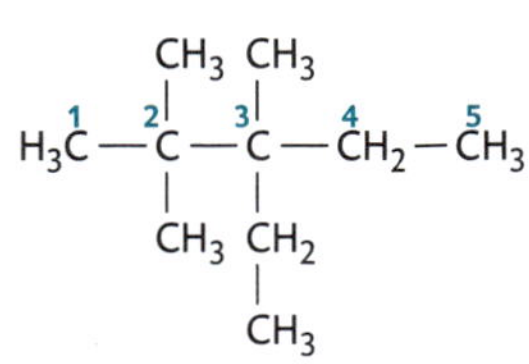

Der Kohlenwasserstoff besitzt insgesamt 10 C-Atome, weshalb jedes Isomer die Summenformel $C_{10}H_{22}$ besitzt. Der Name des unverzweigten Isomers lautet Decan.

Eigenschaften von Alkanen

- Alkane besitzen wie alle Kohlenwasserstoffe niedrige Schmelz- und Siedetemperaturen.

Name	Molekülformel	Schmelztemperatur	Siedetemperatur
Methan	CH_4	–182 °C	–161 °C
Ethan	C_2H_6	–183 °C	–88 °C
Propan	C_3H_8	–186 °C	–42 °C
Butan	C_4H_{10}	–135 °C	–1 °C
Pentan	C_5H_{12}	–129 °C	36 °C
Hexan	C_6H_{14}	–94 °C	68 °C
Heptan	C_7H_{16}	–90 °C	98 °C
Octan	C_8H_{18}	–56 °C	126 °C
Nonan	C_9H_{20}	–53 °C	150 °C
Decan	$C_{10}H_{22}$	–30 °C	174 °C
Hexadecan	$C_{16}H_{34}$	18 °C	287 °C

Tab. 9: Schmelz- und Siedetemperaturen einiger Alkane

Mit zunehmender Kettenlänge steigen die Schmelz- und Siedepunkte der Alkane.

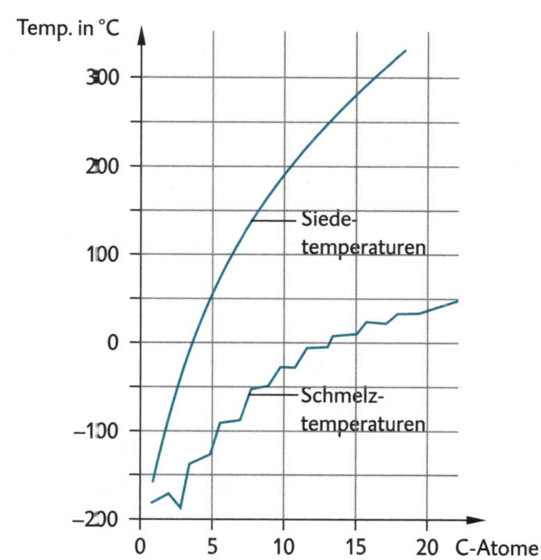

Abb. 6: Verlauf der Schmelz- und Siedetemperaturen bei Alkanen in Abhängigkeit von der Kettenlänge

Alkane sind **flüchtige** Verbindungen. Sie treten als Flüssigkeiten – auch bei Raumtemperatur – leicht in die Gasphase über. Zwischen den Molekülen der Alkane wirken nur die vergleichsweise schwachen **Van-der-Waals-Kräfte**. Je größer die Oberfläche der Alkane, umso stärker sind diese Anziehungskräfte, umso höher sind also auch die Schmelz- bzw. Siedetemperaturen der entsprechenden Alkane.

- Alkane sind in Wasser sehr schwer löslich.
  Die Moleküle der Alkane sind **unpolar**, weil es sich bei den C–C- bzw. den C–H-Bindungen um unpolare bzw. nur gering polare Atombindungen handelt. Aus diesem Grund gehen die Moleküle kaum Wechselwirkungen mit den polaren Wasser-Molekülen ein. Man kann auch sagen, dass unpolare Moleküle einen **hydrophoben** („wasserabweisenden"), polare Teilchen einen **hydrophilen** („wasseranziehenden") Charakter besitzen.

> Stoffe mit polaren Teilchen lösen sich gut in polaren Lösungsmitteln, Stoffe mit unpolaren Teilchen lösen sich gut in unpolaren Lösungsmitteln.
> **Ähnliches löst sich gut in Ähnlichem.**

- Alkane besitzen geringe Dichten.
  Hexan (C_6H_{14}), ein wesentlicher Bestandteil von Benzin, hat bei 20 °C eine Dichte von 0,66 $g \cdot cm^{-3}$ (vgl. Dichte (Wasser): 0,99 $g \cdot cm^{-3}$). Flüssige Kohlenwasserstoffe schwimmen aufgrund ihrer geringen Dichte auf dem Wasser (z. B. Mineralöl).

- Alkane sind brennbar und liefern Energie.
  Alle Kohlenwasserstoffe verbrennen mit Sauerstoff zu den Hauptprodukten Kohlenstoffdioxid und Wasser unter Energiefreisetzung. Erdgas (Hauptbestandteil: Methan (CH_4)), Benzin (Gemisch aus Kohlenwasserstoffen mit 5, 6, 7 und 8 C-Atomen) sowie Heizöl (Hauptbestandteile: Gemisch aus Kohlenwasserstoffen zwischen 9 und 22 C-Atomen) werden als fossile Energieträger vom Menschen genutzt.

Beispiel

Erstelle die Reaktionsgleichung für die Verbrennung von Hexan.

Lösung:

Man schreibt zuerst die Summenformeln aller Edukte und Produkte an. Mit geeigneten Koeffizienten wird die Gleichung ausgeglichen:

$$C_6H_{14} + O_2 \longrightarrow CO_2 + H_2O$$

$$2\,C_6H_{14} + 19\,O_2 \longrightarrow 12\,CO_2 + 14\,H_2O$$

Typische Reaktion der Alkane: die radikalische Substitution

Bei der radikalischen Substitution werden andere Atome, v. a. die Halogen-Atome F, Cl und Br, in das Kohlenstoff-Gerüst eingebaut. Die Halogen-Atome ersetzen dabei ein oder mehrere H-Atome.
Bei der radikalischen Substitution wird jeweils ein Alkan mit einem Halogen umgesetzt, wobei neben dem halogenierten Produkt immer noch das entsprechende Wasserstoffhalogenid entsteht.

Beispiel

Monochlorierung von Methan:

$$CH_4 + Cl_2 \longrightarrow CH_3Cl + HCl$$

Strukturformel von Monochlormethan (CH_3Cl):

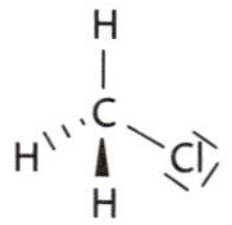

Monochlormethan ist ein Beispiel für einen **teilhalogenierten Kohlenwasserstoff**. Man kann aber auch durch die Reaktion mit einem Halogenüberschuss alle H-Atome durch Halogen-Atome ersetzen. Als Reaktionsprodukt erhält man dann einen **vollständig halogenierten Kohlenwasserstoff**.

Beispiel

Vollständige Chlorierung von Methan:

$$CH_4 + 4\,Cl_2 \longrightarrow CCl_4 + 4\,HCl$$

Strukturformel von Tetrachlormethan (CCl_4):

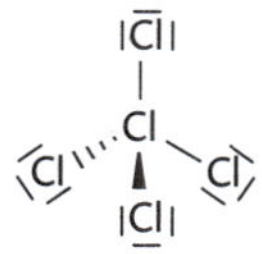

Um verstehen zu können, warum diese typische Reaktion der Alkane als radikalische Substitution bezeichnet wird, muss man den zugrunde liegenden **Reaktionsmechanismus** näher betrachten. Ein Reaktionsmechanismus liefert eine genaue Beschreibung der bei einer Reaktion ablaufenden Teilvorgänge.
Die hier beschriebene Reaktion beginnt mit der Bildung von **Radikalen**, die z. B. bei der Belichtung von Chlor aus Chlor-Molekülen durch eine homolytische Trennung des bindenden Elektronenpaares entstehen.

1) Startreaktion:

$$|\overline{\underline{Cl}}-\overline{\underline{Cl}}| \longrightarrow 2\ |\overline{\underline{Cl}}\cdot$$

Definition: Radikale sind sehr reaktive Teilchen mit ungepaartem Elektron. (Die Oktettregel ist daher nicht erfüllt.)

Mithilfe dieser Radikale wird eine Kettenreaktion in Gang gesetzt, bei der ein Chlor-Radikal ein Kohlenwasserstoff-Molekül angreift und dabei ein Wasserstoff-Atom abstrahiert. Es entstehen Wasserstoffchlorid und das reaktive Alkyl-Radikal, das in einem zweiten Schritt Chlor-Moleküle unter Bildung von Chlor-Radikalen angreift.

2) Kettenreaktion:

$$|\overline{\underline{Cl}}\cdot + CH_4 \longrightarrow H_3C\cdot + H-\overline{\underline{Cl}}|$$

$$H_3C\cdot + |\overline{\underline{Cl}}-\overline{\underline{Cl}}| \longrightarrow H_3C-\overline{\underline{Cl}}| + |\overline{\underline{Cl}}\cdot$$

Die Konzentrationen des chlorierten Kohlenwasserstoffs und des Wasserstoffchlorids steigen, wobei die Konzentrationen von Chlor und Alkan abnehmen. Die Kettenreaktion endet, wenn zwei Radikale aufeinandertreffen.

3) mögliche Abbruchreaktion:

$$H_3C\cdot + \cdot\overline{\underline{Cl}}| \longrightarrow H_3C-Cl$$

Schließlich liegen bei dem gewählten molaren Verhältnis $n(CH_4) : n(Cl_2) = 1 : 1$ als Hauptprodukte CH_3Cl und HCl, wie in der Summengleichung angegeben, vor.

Beispiel

Formuliere für die Umsetzung von Ethan mit Brom im molaren Verhältnis 1 : 1 die Reaktionsgleichung.
Gib ferner die Strukturformeln und die Namen aller Radikale an, die während der Reaktion auftreten.

Lösung:
Bei gleichmolaren Ausgangskonzentrationen entsteht vor allem das Monosubstitutionsprodukt Monobromethan.
Reaktionsgleichung:

$$H_3C-CH_3 + Br_2 \longrightarrow H_3C-CH_2Br + HBr$$

Da es sich bei der Bromierung von Ethan um eine radikalische Substitution handelt, treten als Radikale auf:

$|\overline{\underline{Br}}\cdot$ (Brom-Radikal), $H_3C-\dot{C}H_2$ (Ethyl-Radikal)

1.2 Alkene und Alkine (ungesättigte Kohlenwasserstoffe)

Alkene besitzen in ihren Molekülen mindestens eine **C–C-Doppelbindung**, Alkine mindestens eine **C–C-Dreifachbindung**. Der Name der ungesättigten Kohlenwasserstoffe setzt sich aus dem Stammnamen des Kohlenwasserstoffs und den Endungen **-en** bzw. **-in** zusammen. Bei längeren Ketten wird die Zahl des C-Atoms, bei dem die Doppel- oder Dreifachbindung beginnt, der Endung vorangestellt.

Allgemeine Summenformel der Alkene: C_nH_{2n}
Allgemeine Summenformel der Alkine: C_nH_{2n-2}

Der räumliche Bau

Das einfachste Alken ist **Ethen**, das einfachste Alkin **Ethin**. Sie bestehen jeweils aus zwei C-Atomen. Bei Anwendung des Elektronenpaarabstoßungsmodells ergeben sich folgende Strukturformeln:

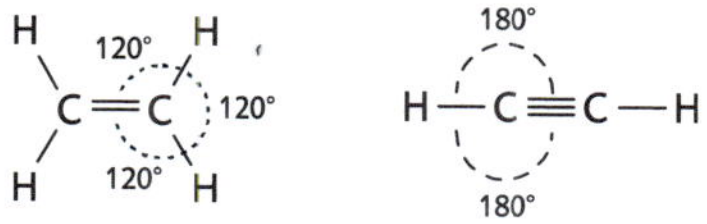

Ethen **Ethin**

Zur Erinnerung: Alle Elektronenpaare werden um jedes C-Atom so weit wie möglich voneinander entfernt angeordnet, wobei Doppel- und Dreifachbindungen den gleichen Raum wie eine Einfachbindung beanspruchen.

Im Ethen (C_2H_4) liegen alle 6 Atome (2 C-Atome und 4 H-Atome) in einer Ebene; die Bindungswinkel zwischen den Atomen betragen 120 °. Im Ethin (C_2H_2) sind die 4 Atome linear zueinander angeordnet, mit einem Bindungswinkel von 180 °.
Diese räumliche Anordnung gilt für alle Doppel- und Dreifachbindungen.

Während es vom Propen (C_3H_6) nur eine sinnvolle Strukturformel gibt, existieren zwei zueinander **isomere Butene** (C_4H_8), die sich in der Lage der Doppelbindung unterscheiden:

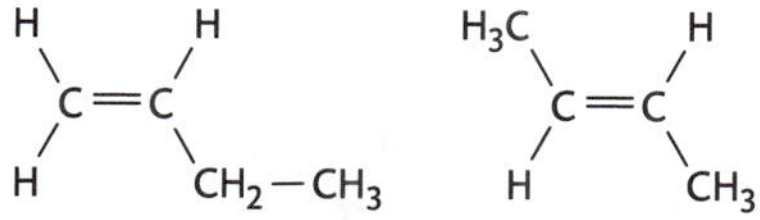

But-1-en **But-2-en**

Hier muss die Lage der Doppelbindung durch das Voranstellen einer Zahl, die den Beginn der Doppelbindung angibt, charakterisiert werden: But-1-en und But-2-en. Befindet sich die Doppelbindung im Buten-Molekül noch ein C-Atom weiter „rechts", so muss die Reihenfolge der Nummerierung der C-Atome umgestellt werden, man erhält wieder But-1-en. Die Nummerierung der C-Atome erfolgt in ungesättigten Kohlenwasserstoffen stets so, dass sich die Doppel- bzw. die Dreifachbindung an einem Kohlenstoffatom mit einer möglichst niedrigen Zahl befindet.

E/Z-Isomerie

Beim But-2-en tritt eine neue Form der Isomerie auf, die allgemein bei Alkenen berücksichtigt werden muss: die **E/Z-Isomerie** (früher cis/trans-Isomerie). Durch die Doppelbindung ist die freie Drehbarkeit um die C–C-Achse, wie sie für Einfachbindungen gegeben ist, aufgehoben. Dadurch ist die räumliche Lage der an der Doppelbindung sitzenden Atome oder Alkylgruppen festgelegt. Befinden sich im But-2-en beide Wasserstoffatome (und damit auch beide Methylgruppen) auf der gleichen Seite der C–C-Doppelbindung, so liegt das **Z-Isomer** vor **(Z = zusammen)**. Befinden sie sich aber auf gegenüberliegenden Seiten, liegt das **E-Isomer** vor **(E = entgegen)**.

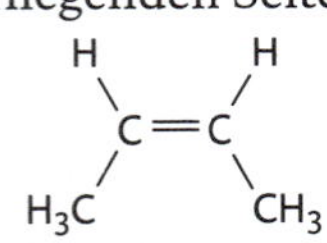

(Z)-But-2-en
(früher: cis-But-2-en)

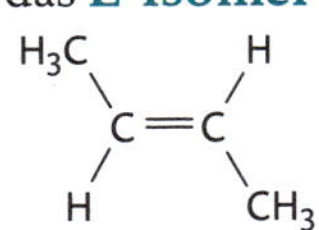

(E)-But-2-en
(früher: trans-But-2-en)

E/Z-Isomerie kann nur auftreten, wenn **zwei Bedingungen** erfüllt sind:

- Es muss eine Doppelbindung vorliegen.
- An jedem der beiden C-Atome der Doppelbindung befinden sich je zwei verschiedene Atome oder Atomgruppen.

Da beim But-1-en nur die erste Bedingung erfüllt ist, die zweite Bedingung hingegen nicht (am ersten C-Atom sitzen zwei H-Atome) gibt es hier keine E/Z-Isomere.

Beispiel

Zeichne die Strukturformeln aller Isomere mit der Summenformel $C_2H_2Cl_2$ und benenne sie.

Lösung:

Die Anzahl der Atome am Kohlenstoff-Gerüst (2 H- und 2 Cl-Atome) zeigt, dass eine Doppelbindung zwischen den C-Atomen vorhanden sein muss.

Die Cl-Atome können entweder beide an einem C-Atom oder an zwei unterschiedlichen C-Atomen gebunden sein. Im zweiten Fall tritt E/Z-Isomerie auf. Es ergeben sich also drei verschiedene Isomere:

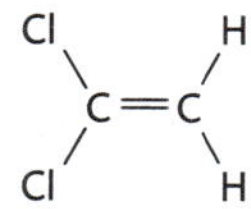

1,1-Dichlorethen

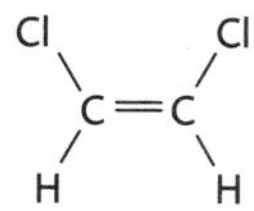

(Z)-1,2-Dichlorethen

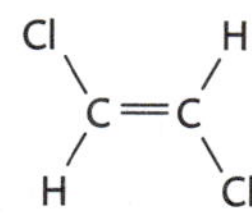

(E)-1,2-Dichlorethen

Eigenschaften von ungesättigten Verbindungen

Viele physikalische und chemische Eigenschaften der Alkene und Alkine sind den Eigenschaften der Alkane sehr ähnlich. Da aber durch die Doppel- und die Dreifachbindung die Elektronendichte zwischen den C-Atomen deutlich erhöht ist, reagieren die ungesättigten Kohlenwasserstoffe mit elektronensuchenden (elektrophilen) Teilchen unter Aufhebung der Mehrfachbindung. Diese typische Reaktion bezeichnet man als **elektrophile Addition**. Als Beispiel soll die Addition von Brom an die Doppelbindung des Ethen-Moleküls besprochen werden.

Strukturformelgleichung:

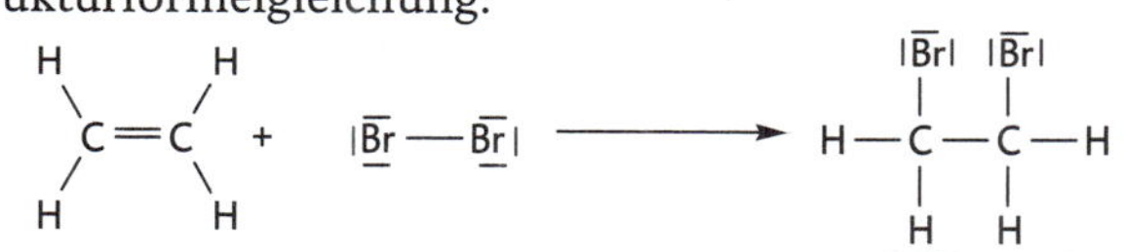

1,2-Dibromethan

Wie bei der radikalischen Substitution von Alkanen kann ein schrittweiser Reaktionsmechanismus für die elektrophile Addition formuliert werden.

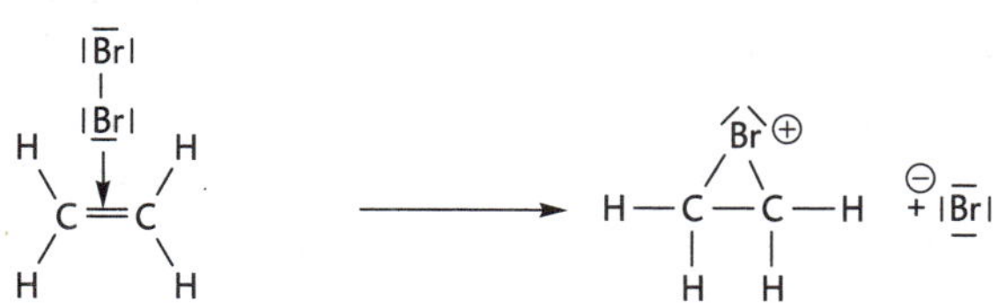

π-Komplex

σ-Komplex

1) elektrophiler Angriff des Brom-Moleküls an die Doppelbindung

2) Bindung eines Brom-Kations an das C-Gerüst unter heterolytischer Spaltung der Br – Br-Bindung.

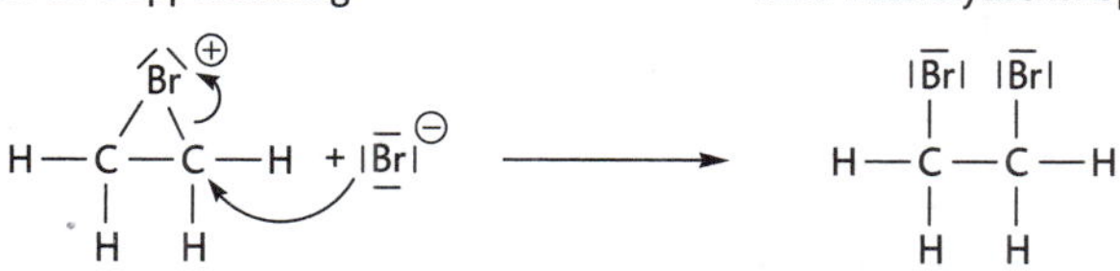

3) Der σ-Komplex ist elektronenarm und wird daher vom Bromid-Ion nukleophil (elektronenliefernd) angegriffen. Es kommt dabei zur Öffnung des Dreirings.

4) Das Produkt **1,2-Dibromethan** entsteht

Beispiel

Erläutere die Herstellung von 1,2,3-Trichlorpropan aus den Ausgangsstoffen Propen und Chlor unter Mitverwendung von Strukturformelgleichungen.

Lösung:
Da Propen eine Doppelbindung enthält, kann man Chlor elektrophil addieren. Das entstandene Dichlorpropan kann als Alkan radikalisch substituiert werden.

a) elektrophile Addition

b) radikalische Substitution

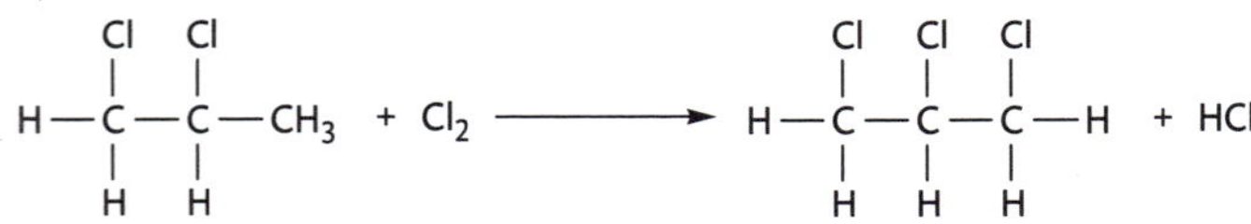

Hinweis: Bei der Durchführung der radikalischen Substitution entstehen verschiedene Trichlorpropane, wobei es sich nur bei einem dieser Isomere um das Gesuchte handelt.

Herstellung von Kunststoffen: Polymerisation von Alkenen

Die reaktive Doppelbindung der Alkene kann auch dazu genutzt werden, um viele **Einzelmoleküle (Monomere)** zu **Makromolekülen (Polymeren)** zusammenzuschließen. Bei einer solchen Polymerisationsreaktion brechen die Doppelbindungen der Monomere auf und diese werden über Einfachbindungen zu einem Polymer verknüpft. Da die Makromoleküle aus mehreren tausend Monomeren zusammengesetzt sind, werden sie nur durch den sich wiederholenden Strukturformelausschnitt gekennzeichnet.

Beispiel

Polymerisation von Ethen zum Kunststoff Polyethen (PE)

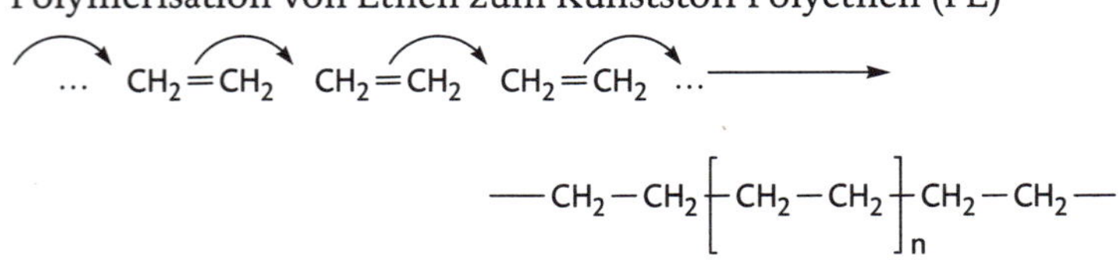

[...] = charakteristischer Strukturformelausschnitt

Ökologische Zusammenhänge

Kohlenwasserstoffe sind die wichtigsten Bestandteile fossiler Energieträger wie Erdgas und Erdöl. Die daraus gewonnenen Produkte werden zu ca. 90 % verbrannt, wobei große Mengen CO_2 freigesetzt werden. Etwa 10 % benötigt die chemische Industrie, um daraus eine große Anzahl weiterer Produkte zu synthetisieren, z. B. Kunststoffe wie Polyethen (PE) und Polypropen (PP).

- Das freigesetzte CO_2 hat dazu geführt, dass in den letzten 50 Jahren der CO_2-Anteil in der Luft von 0,028 Vol. % auf 0,038 Vol. % angestiegen ist. Da CO_2-Moleküle die Eigenschaft haben, **Wärmestrahlung zu absorbieren**, trägt eine erhöhte CO_2-Konzentration zur steigenden Erwärmung der Erdatmosphäre bei **(Treibhauseffekt)**. Neben technischen Verbesserungen kann jeder persönlich einen Beitrag dazu leisten, die CO_2-Konzentration so gering wie möglich zu halten, beispielsweise durch spritsparendes Autofahren oder durch verbesserte Wärmedämmung von Wohnungen und Häusern.
- Die **sehr reaktionsträgen**, vollhalogenierten Kohlenwasserstoffe, die früher z. B. als Kühlmittel von Kühlschränken eingesetzt wurden, bleiben sehr lange in der Atmosphäre und beschleunigen beim Erreichen der Stratosphäre den Abbau der Ozonschicht. Dieses Ozon (O_3) ist eine Modifikation des Sauerstoffs (O_2) und verringert durch die Absorption von UV-Strahlung deren Intensität. Um dieses entstandene **Ozonloch** nicht zu vergrößern, werden vollhalogenierte Kohlenwasserstoffe wie Dichlordifluormethan (CCl_2F_2, Beispiel aus der Gruppe der Fluorchlorkohlenwasserstoffe FCKW) nicht mehr produziert und eingesetzt.

Zusammenfassung

- Kohlenwasserstoffe enthalten in ihren Molekülen v. a. Kohlenstoff- und Wasserstoffatome.
- Sie können als **Alkane** (gesättigte Kohlenwasserstoffe) ausschließlich C–C-Einfachbindungen oder als **Alkene** und **Alkine** (ungesättigte Kohlenwasserstoffe) auch C–C-Doppel- bzw. C–C-Dreifachbindungen enthalten.
- Alkane reagieren unter **radikalischer Substitution**, wobei H-Atome am C-Gerüst z. B. durch Halogenatome (Cl, Br) ersetzt werden.
- Alkene und Alkine reagieren unter **elektrophiler Addition**, wobei unter Auflösung einer Mehrfachbindung z. B. Halogenatome zusätzlich am C-Gerüst gebunden werden.

Aufgaben

44 Du findest im Labor eine Chemikalienflasche mit folgendem Etikett.

a Zeichne alle möglichen Inhaltsstoffe in der Halbstrukturformelschreibweise und benenne diese nach der IUPAC-Nomenklatur.

b Welches dieser Isomere siedet bei 50 °C, welches bei 69 °C?
Begründe deine Zuordnung.

45 Zeichne von allen Verbindungen die räumlichen Strukturformeln und gib die Bindungswinkel an.

a Ethen
b Propen
c Propadien
d Butatrien
e Ethin
f But-1-en-3-in

46 Erdgas ist ein wichtiger Primärenergieträger und besteht überwiegend aus Methan. Normalerweise werden die Gasbrenner in der Schule mit Erdgas betrieben, manchmal auch mit Propan. Je nach Brenner-Einstellung erhält man unterschiedliche Flammen. Betrachte dazu die beiden dargestellten aktiven Gasbrenner.

a Beschreibe die Brennerflamme und erläutere die unterschiedlichen Brenner-Einstellungen.

b Benenne jeweils die bei Gasbrenner A und B ablaufenden Verbrennungsreaktionen und stelle für die Brennstoffe Erdgas und Propan denkbare Reaktionsgleichungen auf.

47 Benenne folgende Moleküle:

A

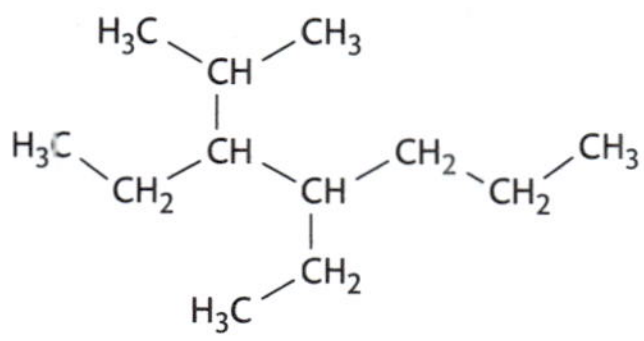

B

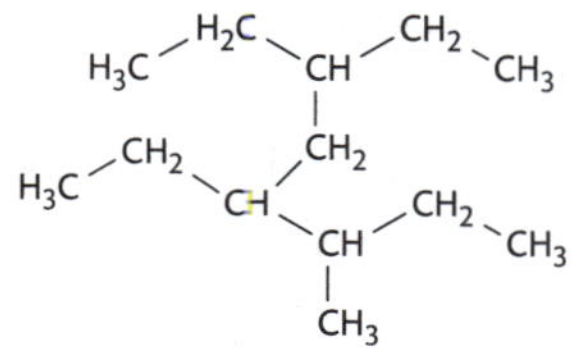

C

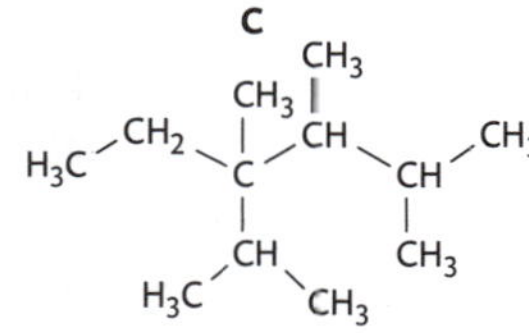

48 Kohlenwasserstoff-Moleküle können auf verschiedene Art und Weise dargestellt werden. Gängige Darstellungsformen sind die **Strukturformel**, die **Halbstrukturformel** und die **Skelettformel**. Bei der Skelettformel werden die Wasserstoffatome weggelassen, man zeichnet nur (meist winkelgetreu) die Bindungen zwischen den Kohlenstoffatomen. Stellt man bei der Skelettformel die C-Atome als dicken Punkt oder als Symbol C dar, dann spricht man von der **Gerüstformel**.

Beispiel:

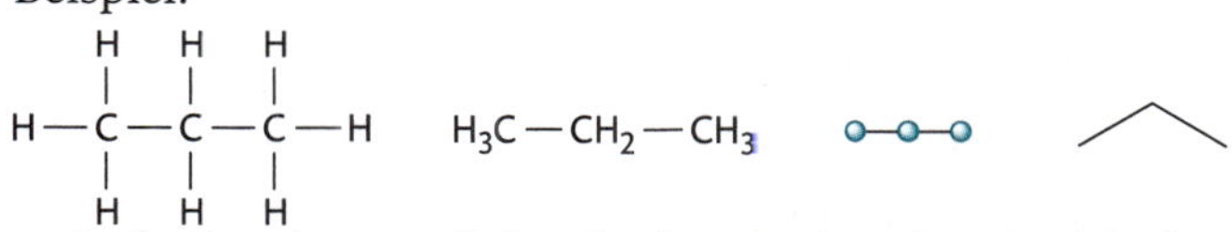

Strukturformel Halbstrukturformel Gerüstformel Skelettformel

Übersetze die folgenden Formeln in die jeweils fehlenden Darstellungsformen. Ergänze die Summenformel und den IUPAC-Namen.

a

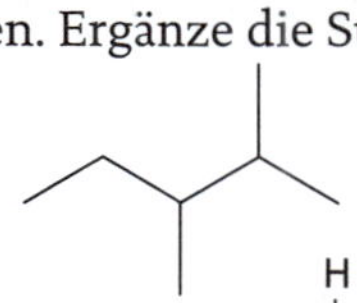

b

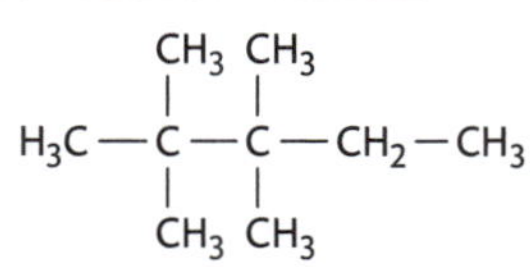

c

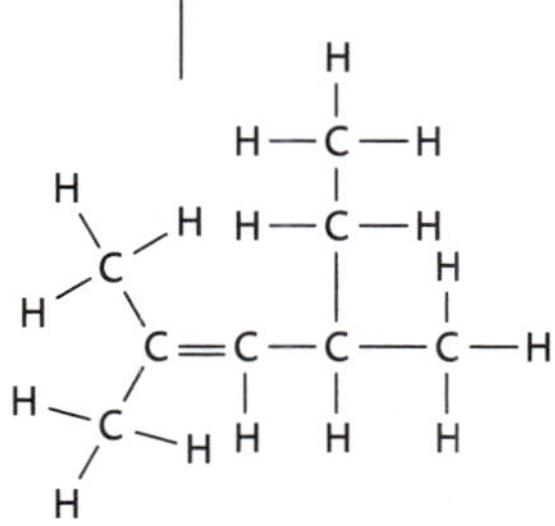

d

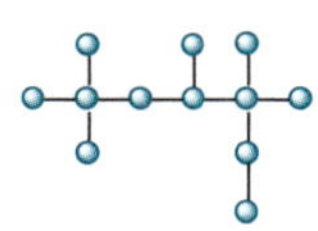

49 Lies dir folgende Aussagen durch und bewerte dann, welche von ihnen korrekt sind.

- **a** Zwischen Alkan-Molekülen wirken Van-der-Waals-Kräfte, aber keine Dipol-Dipol-Kräfte.
- **b** Die Van-der-Waals-Kräfte zwischen Butan-Molekülen sind stärker als die zwischen Hexan-Molekülen.
- **c** Die Van-der-Waals-Kräfte zwischen Butan-Molekülen sind stärker als die zwischen Propan-Molekülen.
- **d** Zwischen Isoalkan-Molekülen der molaren Masse $M = 100\ \text{g} \cdot \text{mol}^{-1}$ wirken schwächere zwischenmolekulare Kräfte als zwischen n-Heptan-Molekülen.
- **e** Aufgrund der fehlenden polaren Atombindungen sind Alkane hydrophob.

Kreuze an, nur eine Auswahl ist richtig.

- ☐ Alle Aussagen sind richtig.
- ☐ Aussagen a, b und e sind richtig.
- ☐ Aussagen a, c und e sind richtig.
- ☐ Aussagen a, c, d und e sind richtig.
- ☐ Aussagen c, d und e sind richtig.

50 Gib die Halbstrukturformel und den IUPAC-Namen des hier beschriebenen Alkans an.

- Die längste Kette ist 7 C-Atome lang.
- Das Molekül enthält 14 Kohlenstoff-Atome.
- Am zweiten Kohlenstoff-Atom trifft man auf einen Rest mit drei Wasserstoff-Atomen.
- Man erkennt insgesamt 6 Substituenten (Alkylreste), tatsächlich sind es nur zwei verschiedene.
- Am vorletzten C-Atom gibt es keine Verzweigung, doch am 3. C-Atom hängt ein Rest der Masse 29 u.
- An zwei anderen C-Atomen im Molekül findet sich der gleiche Substituent je zweimal.

51 Zeichne folgende Moleküle in der Halbstrukturschreibweise und berichtige – falls nötig – den Namen.

- **a** 2,2,4-Trimethyl-3-ethyloctan
- **b** 2,3-Diethyl-4-methylpentan
- **c** 4-Propyl-1,1-dimethylheptan

52 Max erzählt Paula aus der letzten Chemiestunde: „... und dann stellte er den Kolben mit Pentan und Brom auf die Fensterbank in das Sonnenlicht. Erst wurde der Kolbeninhalt gelb und schließlich farblos ...“.
Stelle die Reaktionsgleichung für die von Max beschriebene Reaktion in der Strukturformelschreibweise dar, gib die Namen der Produkte nach der IUPAC-Nomenklatur an und benenne den Reaktionsmechanismus.

53 Lies dir folgende Aussagen durch und bewerte dann, welche von ihnen korrekt sind.

a Bei But-2-en existiert E/Z-Isomerie.
b Bei 2-Methylbut-2-en existiert E/Z-Isomerie.
c Bei 2-Methylpent-2-en existiert E/Z-Isomerie.
d Bei 3-Methylpent-2-en existiert E/Z-Isomerie.
e Bei 4-Methylpent-2-en existiert E/Z-Isomerie.

Kreuze an, nur eine Auswahl ist richtig.

- ☐ Alle Aussagen sind richtig.
- ☐ Aussagen a, b und e sind richtig.
- ☐ Aussagen a, d und e sind richtig
- ☐ Aussagen b und c sind richtig.
- ☐ Aussagen a, c, d und e sind richtig.

54 Deine japanische Freundin, mit der du fast täglich chattest, möchte Chemie studieren und trainiert für die Aufnahmeprüfung an der renommierten Universität von Osaka. Sie hat mit folgender Aufgabe Probleme. Kannst du ihr helfen? Netterweise hat sie die Aufgabe aus dem Japanischen ins Englische übersetzt.

Look at this Chemicals:

A 3-Ethylhexane
B n-Octane
C n-Butane
D 2,2,4-Trimethylpentane
E n-Hexane
F 2,2-Dimethylbutane

a Write down the correct formulas.
b Mark the formulas which are isomers.
c The six chemicals have different boiling-temperatures (ϑ_b). Put them in the right order and explain your decision. Put the compound with the highest boiling-temperature on top. (You can answer in german.)

55 Mit der Bromwasserprobe lassen sich ungesättigte Verbindungen nachweisen. In der Zeichnung ist die Bromwasserprobe dargestellt, ebenso die beiden möglichen beobachtbaren Versuchsergebnisse.

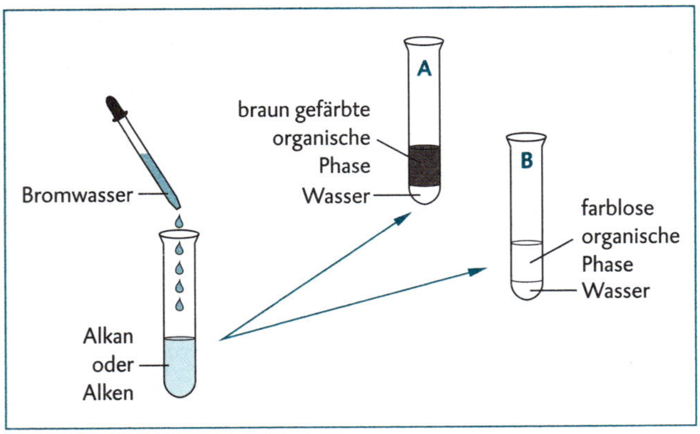

a Deute die beiden Ergebnisse und gib jeweils genau die Zusammensetzung der organischen Phase an.

b Da man dieses Experiment nicht im Dunkeln durchführt, wird der Inhalt des Reagenzglases A nur kurz der oben gezeigten Abbildung A entsprechen.
Beschreibe und erläutere die zu erwartenden Veränderungen.

56 Die hier gezeigten Moleküle sind durch die Reaktion von Brom mit n-Heptan entstanden.

a Benenne die Moleküle A bis I.

b Stelle für die Moleküle A, E und H die Synthesereaktionsgleichung auf.

c Halogenalkane können durch Substitution aus Alkanen oder durch Addition aus Alkenen synthetisiert werden. Nenne die Halogenalkane, die hier durch Addition von Brom entstanden sein könnten und stelle die Synthesereaktionsgleichungen auf.

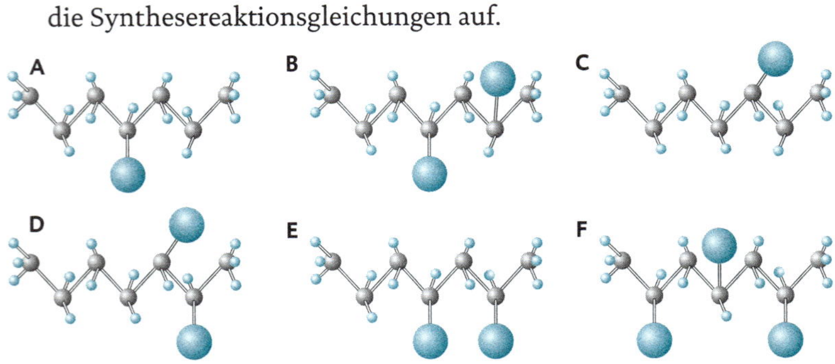

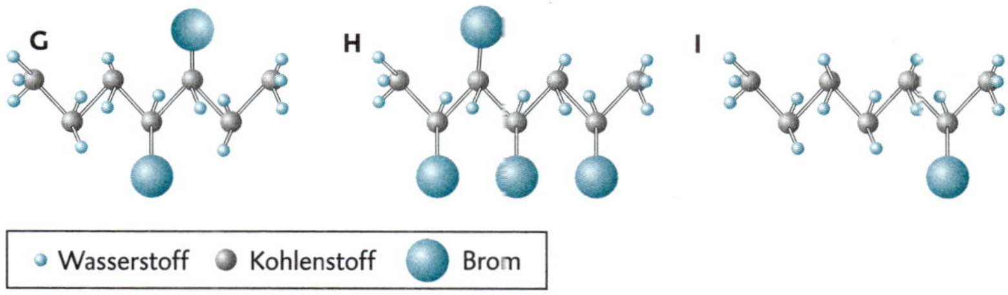

57 In der Debatte um den Klimaschutz wird stets behauptet, Kraftwerke, die Erdgas verbrennen, wären klimafreundlicher als Kohlekraftwerke. Du findest dazu folgende Grafik in einer Tageszeitung:

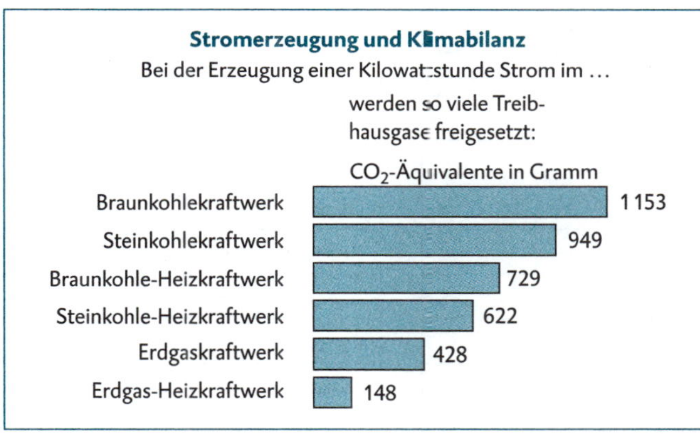

a Benutze diese Grafik, um folgenden Satz zu vervollständigen:
Ein Erdgaskraftwerk setzt pro „erzeugter" Kilowattstunde Strom
______________________________ an Kohlenstoffdioxid frei als ein Steinkohlekraftwerk.

b Überprüfe diese Aussage. Stelle dazu die Reaktionsgleichungen für die Verbrennung von Erdgas und Kohle auf und verwende folgende Informationen:
Vollständige Verbrennung von Methan: $\Delta E \sim -800 \text{ kJ} \cdot \text{mol}^{-1}$
Vollständige Verbrennung von Kohlenstoff: $\Delta E \sim -400 \text{ kJ} \cdot \text{mol}^{-1}$

58 Diese drei Schalen sind mit verschiedenen Alkanen gefüllt. Man nähert sich nun jedem Schälchen mit einem brennenden Holzspan und misst den Abstand zwischen Flamme und Flüssigkeitsoberfläche, wenn das Alkan zu brennen beginnt.

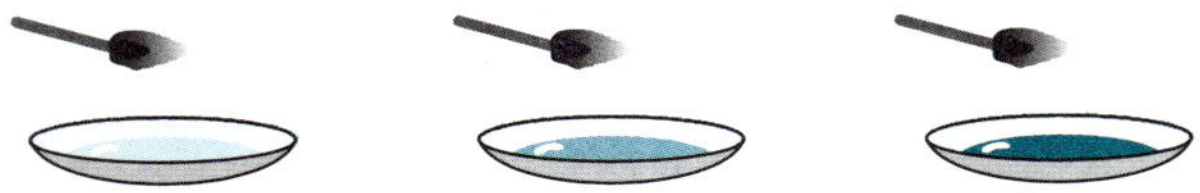

Was kann beobachtet werden? Begründe deine Antwort unter Mitverwendung der Daten in der Tabelle.

Stoff	Siede-temperatur [°C]
Methan	–162
Ethan	–89
Propan	–42
Butan	–1
Pentan	36
2-Methylbutan	28
Hexan	69
Heptan	98
2,3-Dimethylpentan	88
Octan	126

Stoff	Siede-temperatur [°C]
2-Methylheptan	118
2,2,4-Trimethylpentan	99
Nonan	151
Decan	174
Dodecan	216
Eicosan	343
Cyclopentan	49
Cyclohexan	81
Cyclohexen	83

59 Kreuze an, welche der folgenden Aussagen richtig bzw. falsch sind und stelle die falschen Aussagen richtig.

	richtig	falsch
Pentan hat eine höhere Siedetemperatur als Heptan.	☐	☐
2,2-Dimethylbutan ist ein Isomer von n-Hexan.	☐	☐
Zu Propan gib es ein Isomer.	☐	☐
Butan und 2-Methylpropan sind Isomere.	☐	☐
Ein Alkan ist hydrophob.	☐	☐
Octan ist lipophil.	☐	☐
2,3-Dimethylbutan hat eine höhere Siedetemperatur als 2-Methylpentan.	☐	☐
2,3-Dimethylbutan hat eine höhere Siedetemperatur als 2-Methylbutan.	☐	☐
Mischt man Hexan mit Wasser, so enthält die obere Phase Hexan.	☐	☐

60 Betrachte folgende Abbildung. In welchen Ländern wird das „wertvollste“ Erdöl gefördert? Begründe deine Antwort.

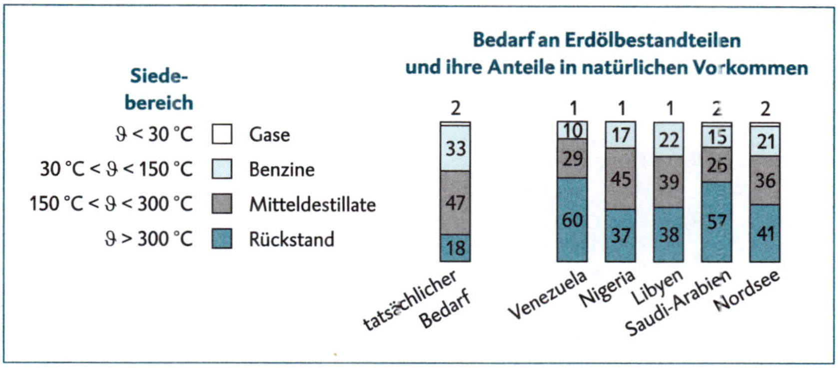

61 Benzin ist nicht gleich Benzin. An der Tankstelle wird die Benzinqualität in **Oktanzahlen** gemessen. Je höher die Oktanzahl, desto „hochwertiger“ ist das Benzin. Mit hochwertig ist hier die Klopffestigkeit gemeint. Klopffest ist ein Benzin, wenn es im Motor erst dann zündet, wenn es soll und gleichmäßig verbrennt. Vorteilhaft sind verzweigte Alkane und ungesättigte Verbindungen. Um nun „klopffestes“ Benzin herzustellen, müssen aus unverzweigten Alkanen verzweigte und ungesättigte Verbindungen hergestellt werden. Diese „Benzinveredelung“ wird **Reforming** genannt. Dabei können je nach Reaktionsbedingungen drei Verfahren ablaufen:

Isomerisierung: unverzweigtes Alkan $\xrightarrow[\text{am Platinkatalysator}]{\text{Umlagerung}}$ verzweigtes Alkan

Dehydrierung: Alkan oder Cycloalkan ⟶ Alken oder Cycloalken + Wasserstoff

Dehydrocyclisierung: unverzweigtes Alkan ⟶ Cycloalkan oder Cycloalken + Wasserstoff

Folgende Benzine stehen dir zum Reforming zur Verfügung:

Diese Reaktionsprodukte können dabei entstehen:

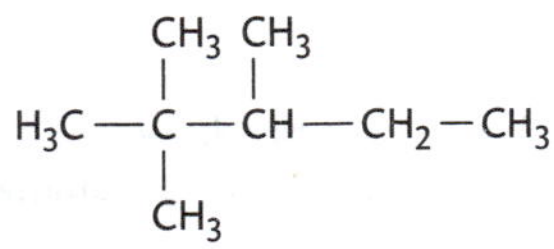

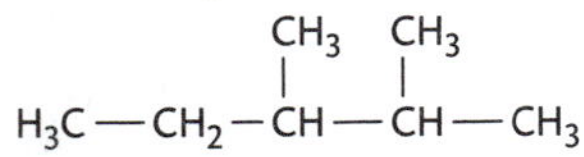

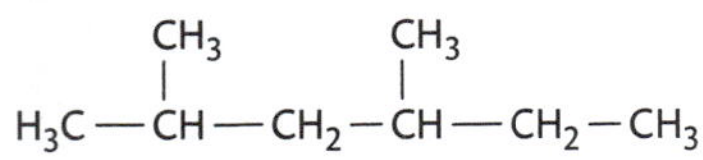

$H_2C{=}CH{-}CH{=}CH{-}CH_2{-}CH_3$

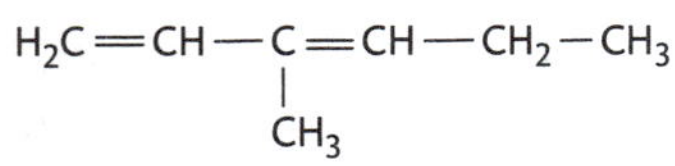

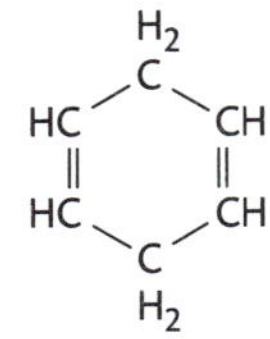

Cyclohexa-1,4-dien

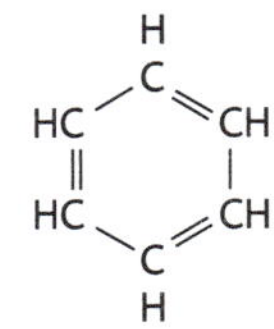

Benzol (Benzen)

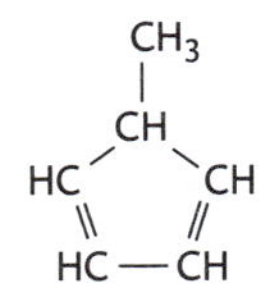

5-Methylcyclopenta-1,3-dien

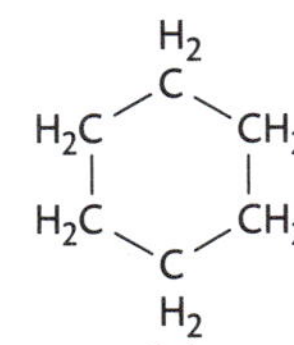

Cyclohexan

Ordne die Produkte den jeweiligen Edukten zu und stelle die Reaktionsgleichungen auf. Benenne die Produkte und den Reformingprozess für jede Reaktion.

62 Für ein Experiment benötigst du unbedingt Hexan. Auf dem verschmutzten Etikett einer Chemikalienflasche kann man noch HEX✱N erkennen. Um herauszufinden, welche Substanz sich in dem Gefäß befindet, gibst du zu einer Probe des Stoffes wenige Tropfen Bromwasser. Nach dem Schütteln ist die organische Phase braun gefärbt. Diese Lösung entfärbt sich im Licht in wenigen Minuten.
Deute diese Versuchsbeobachtungen. Begründe deine Aussage unter Verwendung von Fachbegriffen.

63 Auf der Suche nach But-1-en findest du im Schullabor eine passende Chemikalienflasche, auf der aber dummerweise nicht mehr der Name, sondern nur noch die Summenformel zu erkennen ist.

- **a** Stelle die Halbstrukturformeln der möglichen Inhaltsstoffe dieser Flasche auf und benenne diese nach IUPAC.
- **b** Mit einer chemischen Reaktion könnte man herausfinden, ob sich überhaupt eine ungesättigte Verbindung in dieser Flasche befindet. Stelle die Summenformelgleichung dieser Reaktion auf und benenne das zu verwendende Reagenz.

64 In der nachfolgenden Abbildung sind zwei Reaktionsmechanismen durcheinander geraten, die bei der Synthese von Halogenalkanen eine Rolle spielen. Bringe die Abschnitte in die richtige Reihenfolge und ordne die richtigen Fachbegriffe den passenden Abschnitten zu. Es stehen dir diese Fachbegriffe zur Verfügung:

Elektrophiler Angriff	Lichtinduziert	Startreaktion	Heterolyse des Brom-Moleküls
Rückseitenangriff	1,2-Dibromethan	Kettenreaktion	Polarisierung des Brom-Moleküls
Homolyse des Brom-Moleküls	Elektrophile Addition	Abbruchreaktion	Brom-Radikale reagieren mit Ethan zu Wasserstoffbromid und einem Ethyl-Radikal
Ethyl-Radikale reagieren mit Brom zu Bromethan und einem Brom-Radikal	Radikalische Substitution	Zwei Radikale reagieren miteinander	

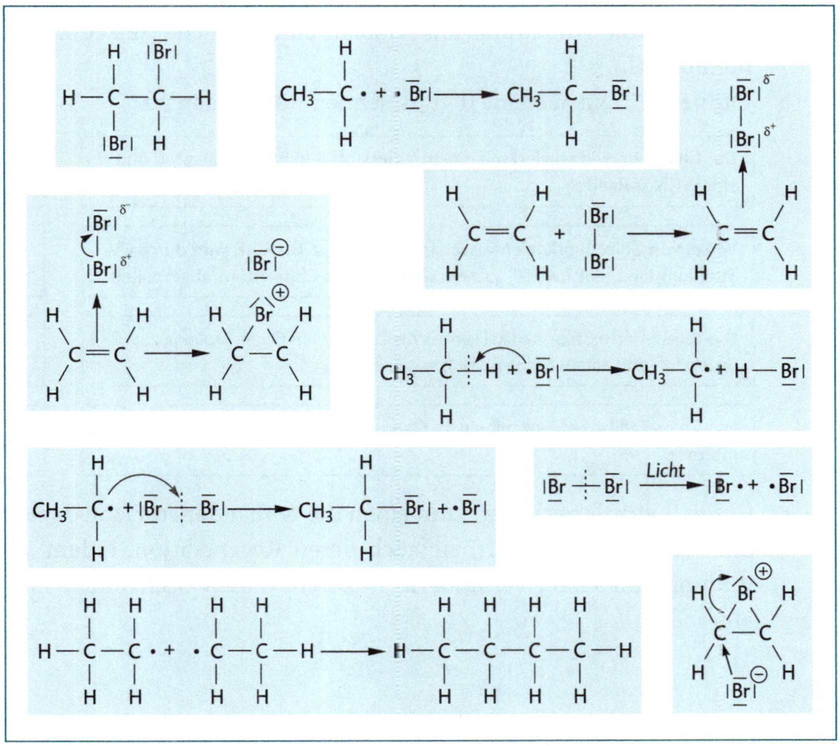

65 CFKW-Moleküle (Chlorfluorkohlenwasserstoffe) können aufgrund ihrer Reaktionsträgheit bis in die Stratosphäre aufsteigen. Erst dort können sie durch hochenergetische UV-Strahlung gespalten werden. Die entstehenden Radikale sind verantwortlich für die Abnahme der Ozonkonzentration der Ozonschicht. Am folgenden Beispiel soll der Wirkmechanismus dieser Ozonzerstörung gezeigt werden.

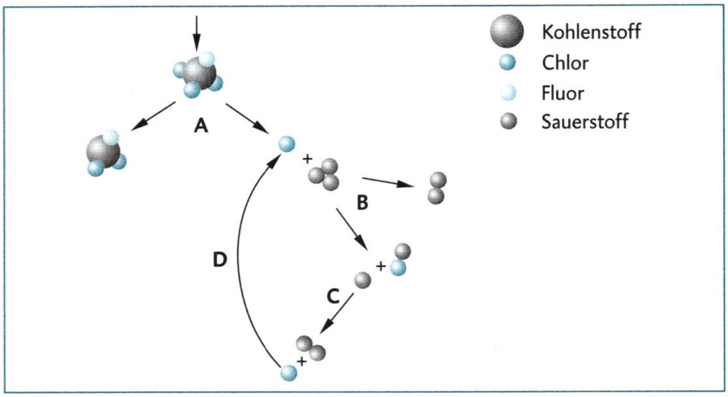

a Betrachte die Abbildung und erstelle eine ähnliche Skizze mit Summenformeln.

b Ordne die Textbausteine den passenden Reaktionen zu.

Das Chlormonoxid reagiert mit einem Sauerstoff-Radikal zu Sauerstoff und einem Chlor-Radikal.	
Von einem Chlorfluorkohlenwasserstoff-Molekül, z. B. CCl_3F, wird durch UV-Strahlung ein Chlor-Radikal, also ein sehr reaktives Chlor-Atom, abgespalten.	
Das regenerierte Chlor-Radikal kann erneut mit einem Ozon-Molekül zu Sauerstoff und einem Chlor-Radikal reagieren.	
Das Chlor-Radikal reagiert mit einem Ozon-Molekül zu Sauerstoff und Chlormonoxid.	

c Chlor-Radikale zerstören zum einen die vorhandenen Ozon-Moleküle, zum anderen verhindern sie auch deren Regeneration, indem sie die Bildung von Ozon verhindern. Erläutere diesen Sachverhalt mithilfe einer Skizze.

66 Es gibt zwei verschiedene Dichlorethanmoleküle, aber drei unterschiedliche Dichlorethenmoleküle.

a Stelle die Strukturformeln auf und benenne die Verbindungen.

b Ordne die Dichlorethen-Moleküle nach steigender Siedetemperatur und begründe deine Zuordnung.

67 Betrachte folgende Grafik.

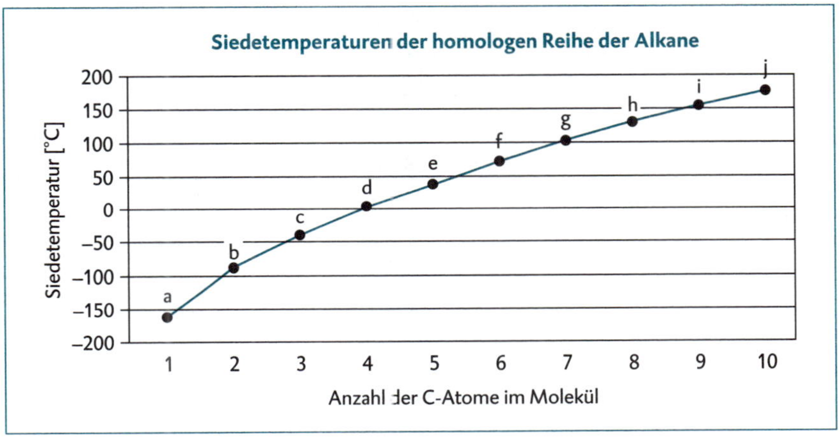

a Ordne den folgenden Stoffen jeweils die korrekte Siedetemperatur (a–j) zu.

n-Pentan ☐

Ethan ☐

n-Octan ☐

n-Butan ☐

n-Heptan ☐

b Begründe den in der Grafik dargestellten Anstieg der Siedetemperaturen.

c Welche Siedetemperaturen haben wohl die folgenden Stoffe?

2-Methylpropan **A**

2-Methylhexan **B**

2,2-Dimethylpentan **C**

Zeichne die Kürzel dieser Verbindungen – A, B, C – an der richtigen Stelle in der obigen Grafik ein und begründe kurz deine Zuordnung.

68 Kreuze an, welche der folgenden Aussagen richtig bzw. falsch sind und stelle die falschen Aussagen richtig.

	richtig	falsch
Benzin besteht aus kleineren Kohlenwasserstoff-Molekülen als Diesel.		
Physikalisch gelöstes Kohlenstoffdioxid reagiert in der Lithosphäre zu Carbonat-Ionen und Oxonium-Ionen.		
Das Cracken von Erdöl ist ein physikalischer Vorgang.		
Der hochsiedende Rückstand ist Abfall.		
Rohöl wird durch fraktionierte Destillation aufgetrennt.		
Beim Cracken entstehen auch ungesättigte Verbindungen.		
Beim Cracken von Erdöl entstehen verzweigte Moleküle.		
Erdöl ist aus abgestorbenen Pflanzen und Tieren durch bakteriellen Abbau entstanden.		
Die Oktanzahl gibt die Klopffestigkeit eines Kraftstoffgemisches an.		
Durch die Verbrennung fossiler Energieträger kann die Fotosyntheserate der Pflanzen erhöht werden.		
Das Verbrennen von Alkanen ist problematisch, denn sie sind als Rohstoff für die Chemieindustrie extrem wichtig.		

69 In diesem Cartoon ist ein Problem dargestellt, für das die petrochemische Industrie Lösungen gefunden hat. Nenne das Problem und seine Lösungen.

70 Der Rückstand der Erdöldestillation besteht hauptsächlich aus langkettigen Alkanen wie z. B. Octadecan $C_{18}H_{38}$ oder Eicosan $C_{20}H_{42}$. Um den Anteil an Benzinen und Dieselkraftstoffen zu erhöhen, wird dieser Rückstand in einer Konversionsanlage weiterverarbeitet. Da dabei große Moleküle in kleinere „zerbrochen" werden, spricht man vom sogenannten „cracken". Man unterscheidet dabei zwei verschiedene Verfahren:

- **Thermisches Cracken:** unter hohem Druck (bis 70 000 hPa), bei hoher Temperatur (bis 900 °C).
- **Katalytisches Cracken:** bei niedrigerer Temperatur (etwa 500 °C) unter Verwendung eines Katalysators.

Ein Crackprozess könnte folgendermaßen ablaufen

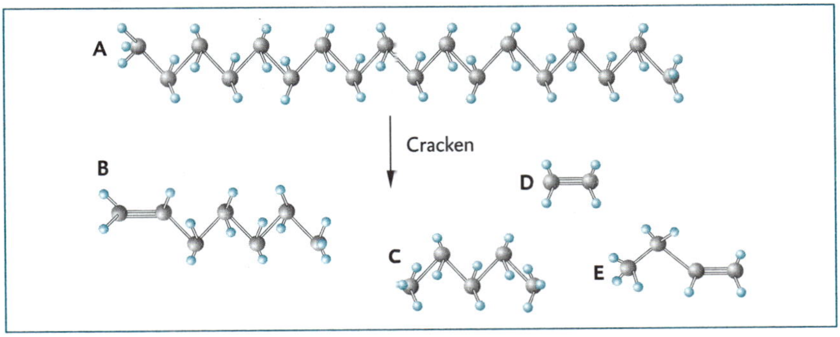

a Benenne die abgebildeten Moleküle A bis E nach der IUPAC-Nomenklatur.

b Kennzeichne bei Molekül A die „Bruchstellen" und zeichne die entstehenden „Bruchstücke" in der Strukturformelschreibweise.

c Beim sogenannten Hydrocracken gibt man von Anfang an Wasserstoff hinzu. Welche Auswirkungen hat das auf die Reaktionsprodukte? Nenne die Produkte, die bei obigem Crackprozess bei Anwesenheit von Wasserstoff entstanden wären.

71 Vervollständige den Lückentext mit den folgenden Begriffen:
Kohlenwasserstoffe, Vakuum, Natur, Destillation, unter, über, Rohöl, fraktionierten (2x), Siedebereichen, Kohlenwasserstoffen

In Raffinerien werden aus ____________ verkaufsfertige Mineralölprodukte wie die Ottokraftstoffe Benzin, Super und Super-Plus sowie Dieselkraftstoffe, Heizöl, Flugbenzin etc. hergestellt. Rohöl ist ein Gemisch aus verschiedenen ______________________________.
Ausgangspunkt der Rohölverarbeitung ist die ________________, bei der die ____________________ in Fraktionen nach ______________________ getrennt werden. Hierbei wird mit zwei verschiedenen Destillations-Verfahren, der ________________________ Destillation und der _______________-Destillation gearbeitet. Bei der ______________________ Destillation werden die Kohlenwasserstoffe voneinander getrennt, deren Zersetzungstemperatur deutlich ____________ ihrer Siedetemperatur liegt.

Durch die Vakuum-Destillation können hoch siedende Kohlenwasserstoffgemische des Rückstandes bei Temperaturen getrennt werden, die deutlich ________ der Zersetzungstemperatur liegen. Bei der Destillation fallen zunächst alle Produkte so an, wie sie von ____________ aus im Rohöl vorhanden sind.

72 Chlor und Methan lösen sich in geringen Mengen in Wasser, aber nicht in gesättigter NaCl-Lösung. Mischt man diese beiden Gase im Verhältnis 1 : 1 in einem Standzylinder, der kopfüber in einer mit gesättigter NaCl-Lösung gefüllten Wanne hängt, und belichtet vorsichtig mit Tageslicht, so erhält man folgendes Versuchsergebnis:

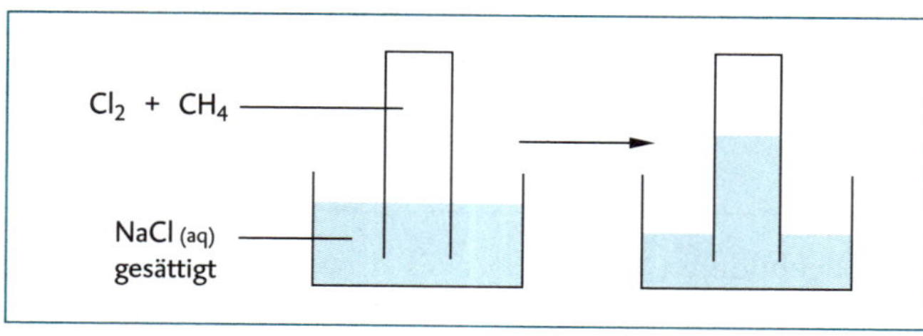

Taucht man ein Universalindikatorpapier vor dem Experiment in die Kochsalzlösung, so zeigt es eine neutrale Lösung an; nach dem Experiment färbt es sich rot.

a Deute die Versuchsbeobachtungen (Anstieg der Lösung und Verfärbung des Indikatorpapiers) und gib die dazugehörigen Reaktionsgleichungen an.

b Begründe, warum hier der Einsatz einer Silbernitratlösung als Nachweisreagenz nicht sinnvoll erscheint.

c In dieser Filmleiste ist der Reaktionsverlauf auf der Teilchenebene dargestellt. Ergänze zu den Einzelbildern Reaktionsgleichungen und Textbeschreibungen.

73 Hier sind jeweils drei Kohlenwasserstoffe dargestellt. Zwei davon gehören zusammen, einer passt nicht dazu. Finde die passenden Stoffe heraus und begründe deine Antwort.

a n-Butan 2-Methylpropan 2,2-Dimethylpropan

b n-Hexan 2-Methylpentan 3-Methylpentan

c

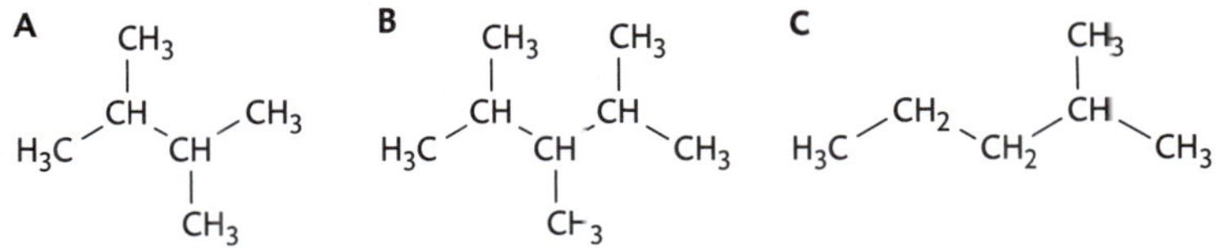

d (E)-But-2-en (Z)-But-2-en (Z)-Pent-2-en

e

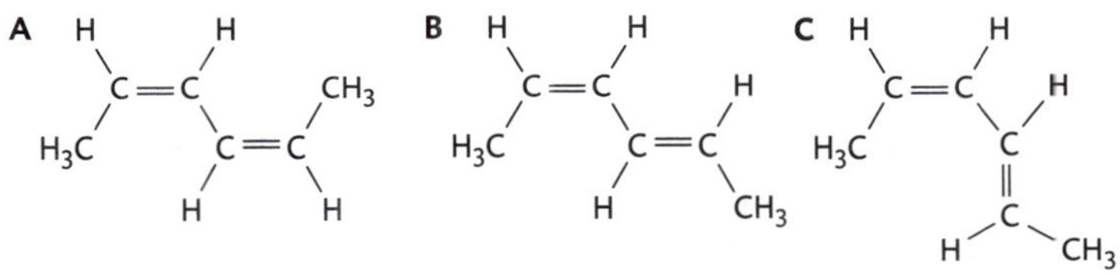

74 Du untersuchst die folgenden Stoffe, indem du sie zu Bromwasser gibst. Welches Resultat (A oder B) erwartest du für die einzelnen Substanzen?

$H_3C-CH=CH_2$ ☐

Ethan ☐

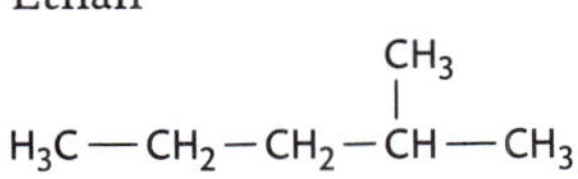 ☐

Ethen ☐

(Z)-But-2-en ☐

(E)-But-2-en ☐

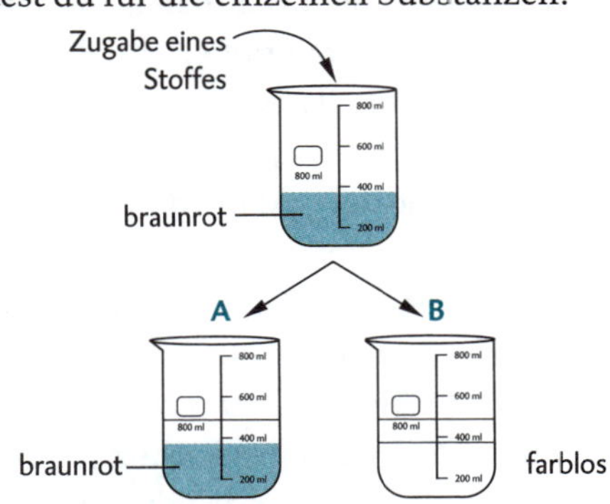

Zeichne die Strukturformeln der Reaktionsprodukte, die bei Entfärbung des Bromwassers entstanden sind und benenne sie nach der IUPAC-Nomenklatur.

75 In den gezeigten Reaktionsgleichungen und Reaktionsschemata von Crackprozessen hat der Fehlerteufel sein Unwesen getrieben. Überprüfe die dargestellten Crackprozesse und stelle sie gegebenenfalls richtig.

a $C_{20}H_{42} \longrightarrow C_{10}H_{18} + C_6H_{12} + C_4H_{10}$

b Hexadecan ⟶ Octen + Hexan + Ethen

c

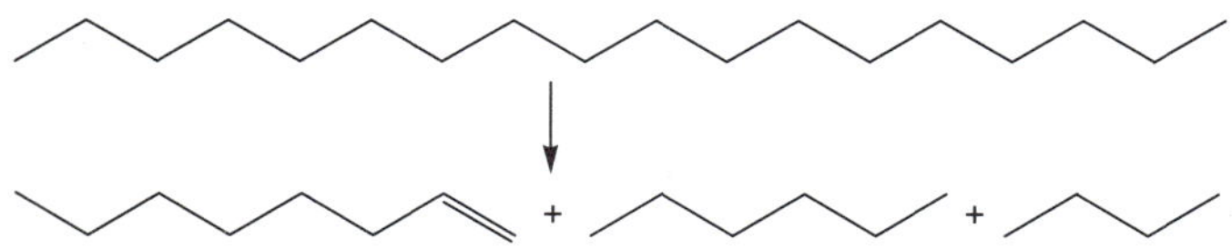

d $H_3C-\!\!\left[CH_2\right]_{20}\!\!-CH_3 \longrightarrow H_2C{=}CH-\!\!\left[CH_2\right]_9\!\!-CH_3 + 4\ H_2C{=}CH_2$

76 Halogenalkane lassen sich sowohl ausgehend von Alkanen als auch ausgehend von Alkenen synthetisieren.
Stelle die Reaktionsgleichungen mit Strukturformeln auf (ohne Reaktionsmechanismus) und benenne den entsprechenden Reaktionsmechanismus.

a Synthese von Chlorethan aus Ethan

b Synthese von Chlorethan aus Ethen

77 Bei einem Urlaub an Irlands Westküste beobachtest du, dass viele Iren ihre Häuser ganz traditionell mit Torf heizen. Weniger begeistert bist du, dass die Iren auch Plastikflaschen, Joghurtbecher und Ähnliches verheizen.
Daheim sprichst du mit deinem Chemielehrer darüber.
Der antwortet: „Man kann nicht sagen, dass das Verbrennen von Kunststoffen im Ofen allgemein schlecht ist, es kommt auf den Kunststoff an. So verbrennt etwa Polyethylen (PE) nahezu rußfrei und sein Brennverhalten gleicht dem eines Alkans."
Hat der Chemielehrer recht?
Stelle die Reaktionsgleichungen für die vollständige Verbrennung von PE und den ersten drei Mitgliedern der homologen Reihe der Alkane auf und bewerte die Aussage des Chemielehrers.

78 Wenn wir Brom und n-Butan zusammengeben und belichten, werden wir eine Entfärbung beobachten können, sonst nur wenig. Hätten wir aber eine Superlupe, so könnten wir den Teilchen bei der Reaktion zusehen. Dummerweise ist die nebenstehende Superlupe noch nicht ausgereift und zeigt auch Unsinn.

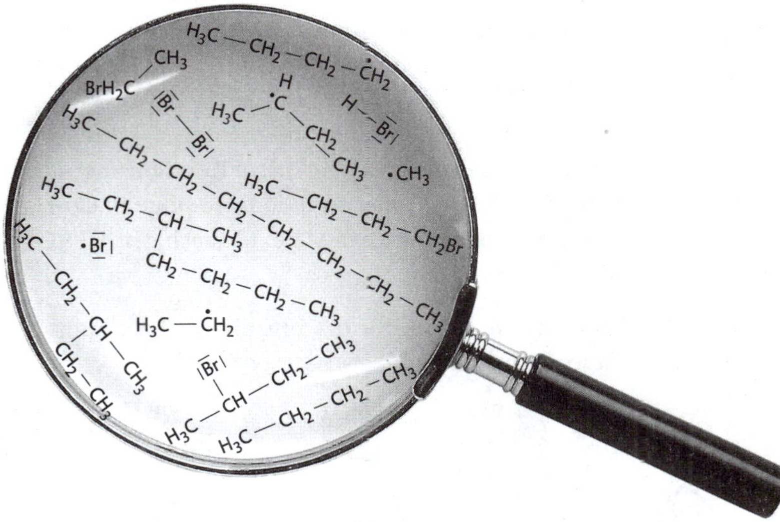

a Kennzeichne alle Teilchen, die man auf gar keinen Fall während des Reaktionsverlaufs der Bromierung von n-Butan sehen kann.

b An welcher Stelle des Reaktionsmechanismus treten die tatsächlich vorhandenen Teilchen auf? Beschreibe dies für jedes Teilchen genau.

79 In diesen Reaktionsgleichungen und Reaktionsschemata sind viele Lücken. Vervollständige die dargestellten Crackprozesse.

Hexadecan		⟶		+	Hexen	+		+	
		⟶	C_4H_8	+		+	C_2H_4	+	
Octadecan		⟶	Decen	+		+	Ethen	+	
		⟶		+	C_3H_8	+		+	
		⟶		+	Kohlenstoff	+		+	
$C_{20}H_{42}$		⟶	C_9H_{20}	+		+	C_6H_{14}	+	
	+	Wasserstoff ⟶	Heptan	+	Propan	+			
$C_{14}H_{30}$	+		⟶		+		+	C_4H_{10}	

80 Ein Gemisch aus isomeren Kohlenwasserstoffen mit der molaren Masse $M = 72\ g \cdot mol^{-1}$ wird mit einer äquimolaren Menge Brom versetzt und bis zur Entfärbung belichtet. Man erhält ein Gemisch von Reaktionsprodukten.

- **a** Erstelle die Reaktionsgleichungen in Summenformelschreibweise.
- **b** Welcher Reaktionsmechanismus liegt dieser Reaktion zugrunde?
- **c** Erstelle die Strukturformeln aller Reaktionsprodukte in der Halbstrukturschreibweise und benenne diese Moleküle nach der IUPAC-Nomenklatur.

81 Im Labor sollst du als Assistent für das organische Praktikum diese fünf Chemikalienflaschen auffüllen.

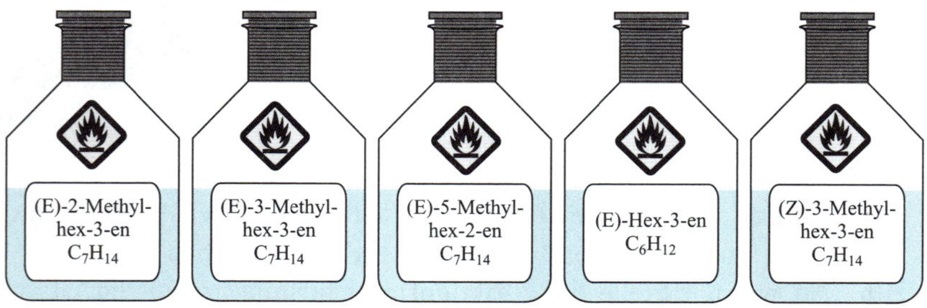

Welche der folgenden Substanzen gehören in die Flaschen? Ordne die passenden Formeln der richtigen Flasche zu.

A

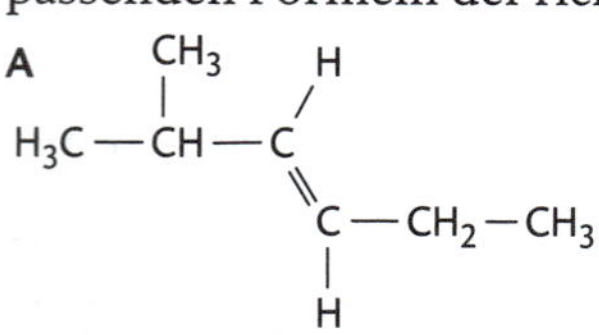

B

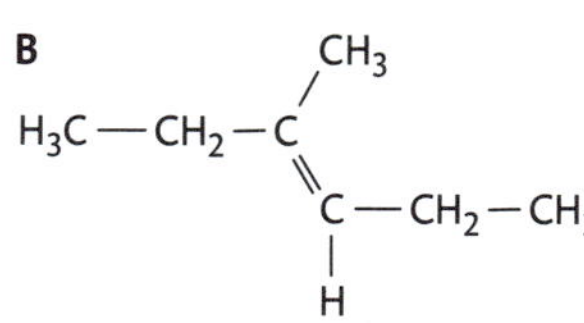

C

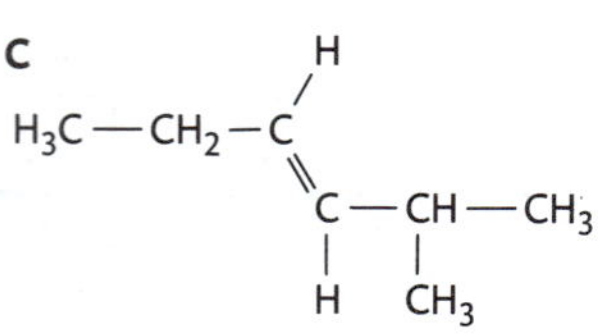

D

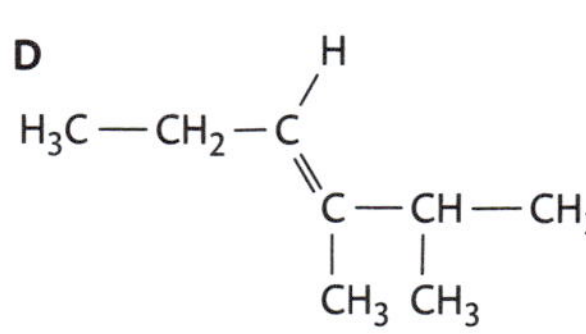

E

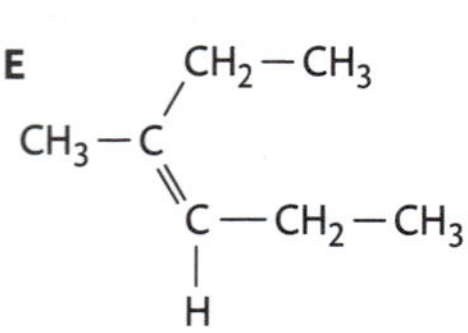

F

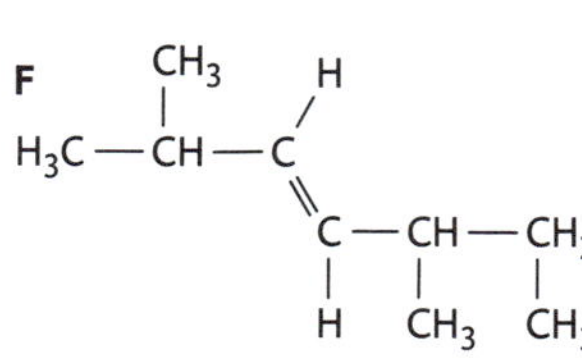

G

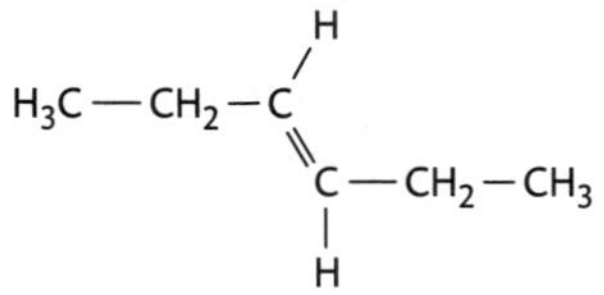

H

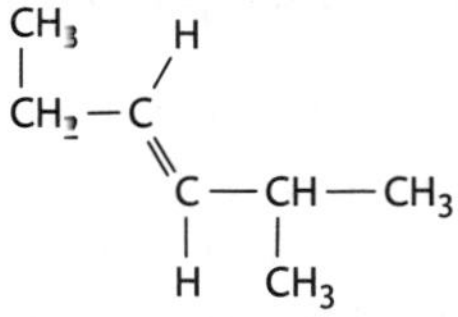

I

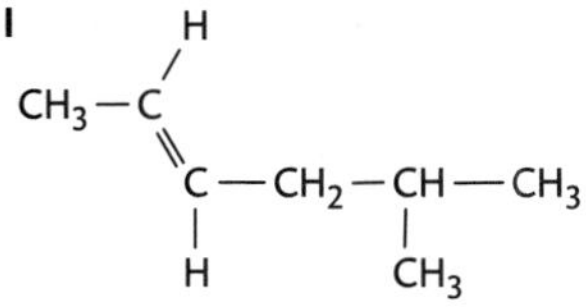

J

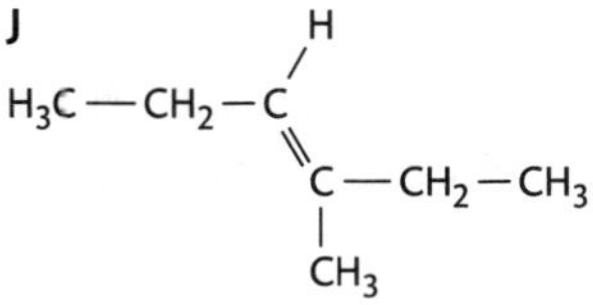

2 Sauerstoffhaltige organische Verbindungen

Alkanole (Alkohole), Alkanale, Alkanone (Aldehyde und Ketone) und Alkansäuren (Carbonsäuren) enthalten neben Kohlenstoff- und Wasserstoff- noch Sauerstoff-Atome. Ausgehend von den Kohlenwasserstoffen sind diese Gruppen durch **fortgesetzte Oxidationen** miteinander verknüpft. Im Folgenden sei dies am Beispiel der Verbindungen mit zwei C-Atomen erläutert. Die Oxidationszahl der C-Atome lässt sich nach den bekannten Regeln (siehe Seite 29) ermitteln. Eine weitere, hier benötigte Regel für die Ermittlung der Oxidationszahl besagt:

> Der dem betrachteten C-Atom benachbarte, **unveränderte** Alkylrest wird bei der Berechnung der Oxidationszahl nicht berücksichtigt.

Ethan, ein Kohlenwasserstoff mit niedriger Oxidationszahl:

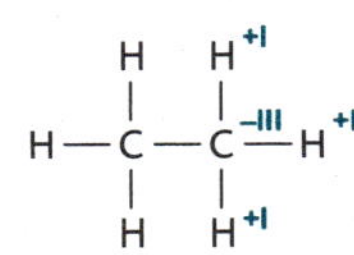

Ethanol, ein Alkanol:

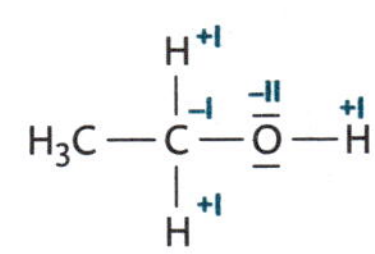

Ethanal, ein Alkanal:

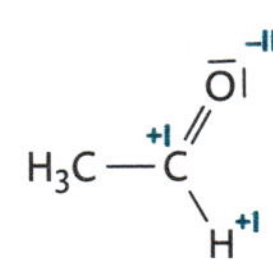

Ethansäure, eine Carbonsäure:

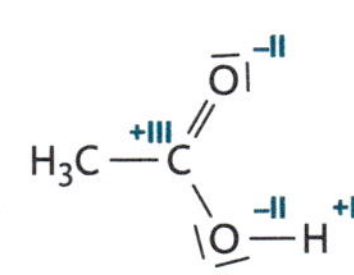

Kohlenstoffdioxid, Kohlenstoff hat hier die höchste Oxidationszahl:

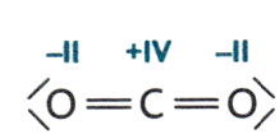

2.1 Alkanole (Alkohole)

Die Alkanole enthalten als sauerstoffhaltige Gruppe eine **Hydroxygruppe**, die stets an ein C-Gerüst gebunden ist (verwechsle sie nicht mit dem Hydroxid-Ion OH^-).

Die Kohlenwasserstoffkette im Alkanol, der **Alkylrest**, wird häufig mit einem **R-** abgekürzt:

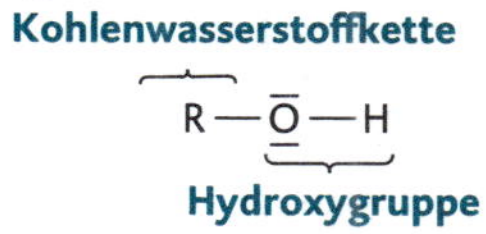

$R = CH_3-$: CH_3-OH **Methanol**

$R = CH_3-CH_2-$: CH_3-CH_2-OH **Ethanol**

$R = CH_3-CH_2-CH_2-$: $CH_3-CH_2-CH_2-OH$ **Propan-1-ol**

Die Alkanole kann man an der charakteristischen Endung **-ol** leicht erkennen. Sind mehrere Hydroxygruppen im Molekül vorhanden (mehrwertige Alkohole), so werden die Positionen der OH-Gruppen in der C-Kette mit Zahlen und ihre Anzahl mit Zahlwörtern angegeben. Ein wichtiger Vertreter ist das Propan-**1,2,3-tri**ol (Trivialname: **Glycerin**).

eispiel

Propan-1,3-diol besitzt drei C-Atome. Das C_1-Atom und das C_3-Atom tragen jeweils eine Hydroxygruppe.
Strukturformel von Propan-1,3-diol:

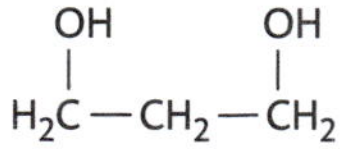

Je nach **Stellung der Hydroxygruppe** am Kohlenstoff-Gerüst unterscheidet man drei Gruppen von Alkoholen (Alkanolen):

1. Primäre Alkohole: Die Hydroxygruppe befindet sich an einem C-Atom, an dem noch mindestens zwei H-Atome gebunden sind.
Beispiele: Ethanol, Propan-1-ol

2. Sekundäre Alkohole: Die Hydroxygruppe befindet sich an einem C-Atom, an dem nur noch ein weiteres H-Atom gebunden ist.
Beispiele: Propan-2-ol, Butan-2-ol

3. Tertiäre Alkohole: Die Hydroxygruppe befindet sich an einem C-Atom ohne weiteres H-Atom.
Beispiele: 2-Methylpropan-2-ol, 2-Methylbutan-2-ol

Charakteristische Eigenschaften

Durch die Hydroxygruppen unterscheiden sich die Alkanole in ihren Eigenschaften wesentlich von den Kohlenwasserstoffen.

- Die Schmelz- und Siedetemperaturen der Alkanole sind deutlich höher als die der entsprechenden Alkane.

Name	Formel	Siedetemperatur
Methanol	H_3C-OH	65 °C
Ethanol	H_3C-CH_2-OH	78 °C
Propan-1-ol	$H_3C-CH_2-CH_2-OH$	97 °C
Butan-1-ol	$H_3C-(CH_2)_2-CH_2-OH$	117 °C
Pentan-1-ol	$H_3C-(CH_2)_3-CH_2-OH$	138 °C
Hexan-1-ol	$H_3C-(CH_2)_4-CH_2-OH$	157 °C
Heptan-1-ol	$H_3C-(CH_2)_5-CH_2-OH$	176 °C

Tab. 10: Siedetemperaturen einiger Alkanole

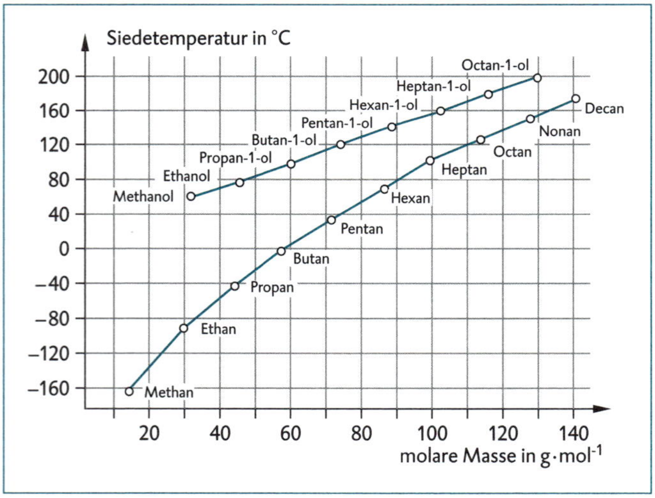

Abb. 7: Vergleich der Siedetemperaturen von Alkanen und Alkanolen

Die **polare Atombindung** der Hydroxygruppe führt zu partial negativ geladenen O- und partial positiv geladenen H-Atomen. Zwischen den Molekülen bilden sich deshalb **Wasserstoffbrücken** aus (vgl. Wasser).

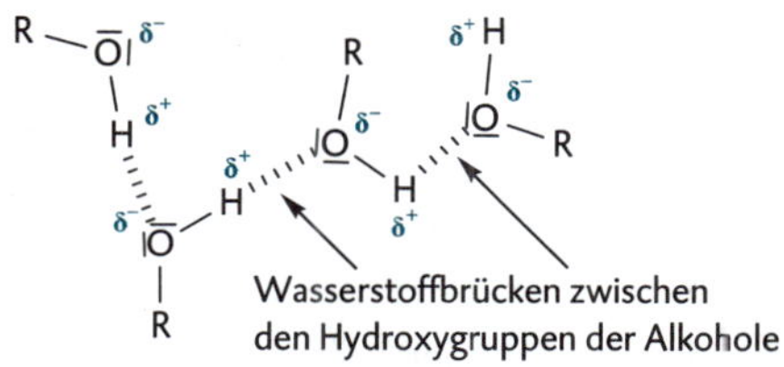

- Kurzkettige Alkanole sind beliebig mit Wasser mischbar, mit zunehmender Kettenlänge nimmt die Wasserlöslichkeit stark ab.
  Alkanole verfügen durch die Hydroxygruppe über einen polaren Molekülteil **(hydrophile Gruppe)**, der mit polaren Wasser-Molekülen gerne Wasserstoffbrücken ausbildet, und über einen unpolaren Alkylrest **(hydrophobe Gruppe)**, der Wasser-Moleküle meidet. Mit zunehmender Länge des hydrophoben Teils verliert die hydrophile Gruppe an Bedeutung, die Wasserlöslichkeit des Moleküls nimmt ab.

eispiel

Vergleiche unter Verwendung von Strukturformeln die zu erwartende Wasserlöslichkeit von Ethanol und Pentan-1-ol und begründe.

Lösung:

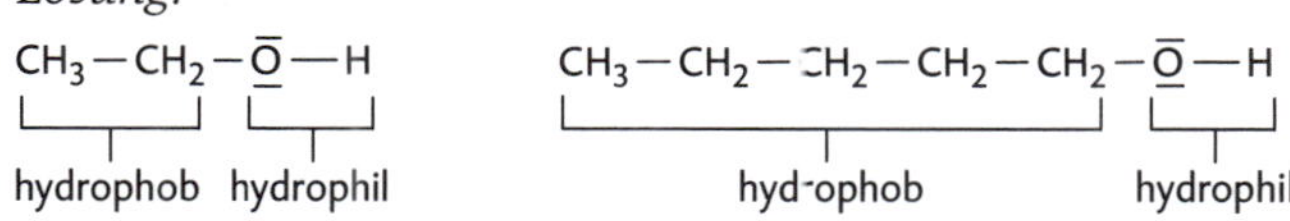

Ethanol **Pentan-1-ol**

Beim Ethanol überwiegt aufgrund des kurzen Ethylrestes der hydrophile Charakter der Hydroxygruppe, sodass Ethanol sehr gut wasserlöslich ist (alkoholische Getränke).
Beim Pentan-1-ol ist der Alkylrest mit fünf C-Atomen (Pentylrest) bereits so groß, dass der hydrophobe Charakter des Moleküls überwiegt und die Wasserlöslichkeit gering ist.

- Alkanole reagieren sehr schwach sauer.
  Wegen ihrer polaren Hydroxygruppe können Alkanole an starke Basen ein Proton abgeben. In einer wässrigen Lösung der Alkanole liegen nur äußerst geringe Konzentrationen von H_3O^+-Ionen vor, sodass der Nachweis der sauren Reaktion mithilfe von Indikatoren nicht möglich ist. Bei der Reaktion des Alkanols mit elementarem Natrium gelingt aber der Nachweis der stark basisch reagierenden Alkanolat-Ionen. Diese Alkanolate sind die korrespondierenden Basen der Alkanole.

Natrium reduziert gleichzeitig die entstandenen Protonen zu elementarem Wasserstoff.

$$2\,R{-}\overline{\underline{O}}{-}H + 2\,Na \longrightarrow H_2 + 2\,R{-}\overline{\underline{O}}|^{\ominus} + 2\,Na^{\oplus}$$

Alkanol — Alkanolat

Die abgegebenen Protonen werden sofort zu Wasserstoff reduziert:

Reduktion: $2\,H^{\oplus} + 2\,e^{\ominus} \longrightarrow H_2$

Oxidation: $2\,Na \longrightarrow 2\,Na^{\oplus} + 2\,e^{\ominus}$

- Viele Alkanole sind oxidierbar. **Primäre Alkanole** werden erst zu Alkanalen (Aldehyden) und dann weiter zu Carbonsäuren oxidiert.

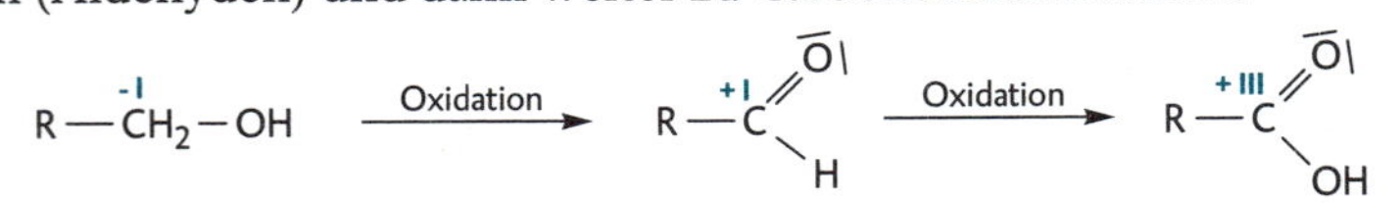

primärer Alkohol — **Alkanal (Aldehyd)** — **Carbonsäure**

Mit milden Oxidationsmitteln wie Kupfer(II)-oxid (CuO) wird der primäre Alkohol nur zum Aldehyd oxidiert.

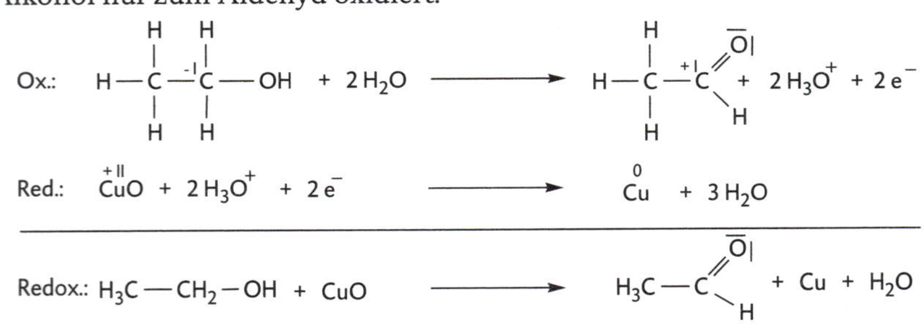

Mit starken Oxidationsmitteln wie z. B. saurer Kaliumpermanganat-Lösung ($KMnO_4$ (aq)) oder saurer Kaliumdichromat-Lösung ($K_2Cr_2O_7$ (aq)) werden primäre Alkohole zur Carbonsäure oxidiert.

Sekundäre Alkohole werden zu Alkanonen (Ketonen) oxidiert.

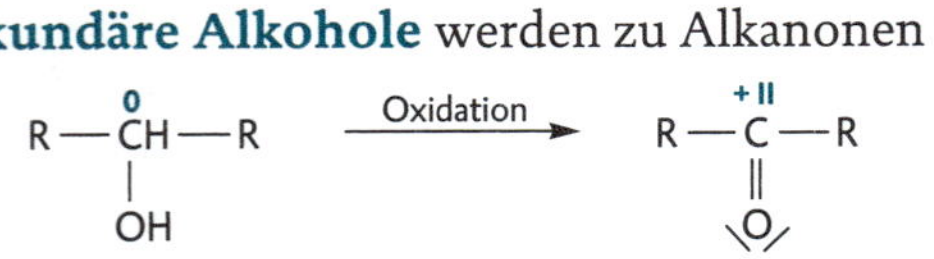

sekundärer Alkohol — **Alkanon (Keton)**

> **Tertiäre Alkohole** sind ohne Zerstörung der C-Kette nicht weiter oxidierbar. Gleiches gilt auch für Ketone und Carbonsäuren.

eispiele

1. Formuliere jeweils die Teilgleichungen und die Gesamtgleichung für folgende Redoxreaktionen:
Oxidation von Ethanol zu Ethansäure (CH_3COOH) mit saurer Kaliumpermanganatlösung
und
Oxidation von Propan-2-ol zu Propanon (CH_3COCH_3) mit angesäuerter Kaliumdichromat-Lösung.
Permanganat-Ionen werden dabei zu Mn^{2+}-Ionen, Dichromat-Ionen zu Cr^{3+}-Ionen reduziert.
Hinweis: Ethansäure und Propanon werden im nächsten Kapitel besprochen.

   Lösung:
   Ethanol ist ein primärer Alkohol und wird zu einer Carbonsäure, der Ethansäure (Essigsäure), oxidiert

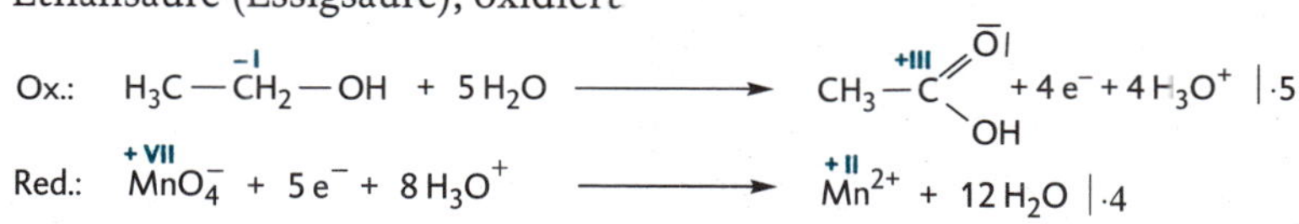

$$\text{Redox.: } 5\,C_2H_5OH + 4\,MnO_4^- + 12\,H_3O^+ \longrightarrow 5\,CH_3COOH + 4\,Mn^{2+} + 23\,H_2O$$

   Propan-2-ol ist ein sekundärer Alkohol und wird zu einem Keton, dem Propanon oxidiert. Die Dichromat-Ionen werden zu dreiwertigen Chrom-Ionen reduziert.

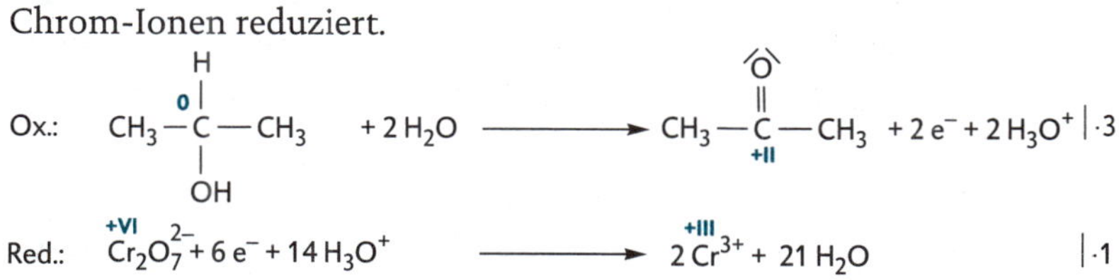

$$\text{Redox.: } 3\,CH_3-CHOH-CH_3 + Cr_2O_7^{2-} + 8\,H_3O^+ \longrightarrow 3\,CH_3-CO-CH_3 + 2\,Cr^{3+} + 15\,H_2O$$

2. Zeichne die Strukturformeln von Butan-2-ol, Pentan-1-ol, 2-Methylpropan-2-ol und Propan-1-ol und gib jeweils an, ob es sich um einen primären, sekundären oder tertiären Alkohol handelt.

   Lösung:
   Man zeichnet die Strukturformeln nach den bekannten Regeln. Zuerst wird die C-Kette mit der im Namen vorgegebenen Anzahl von C-Atomen gezeichnet und durchnummeriert. An den im Namen genannten Positionen wird eine Hydroxygruppe angefügt und die richtige

Anzahl von H-Atomen an den jeweils vierbindigen C-Atomen ergänzt. Schließlich musst du nach den oben genannten Merkmalen noch entscheiden, welche Gruppe von Alkoholen vorliegt.

Butan-2-ol: 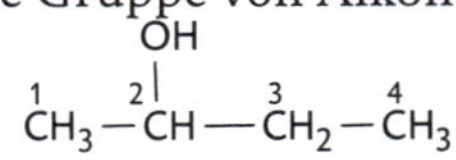 sekundärer Alkohol

Pentan-1-ol: 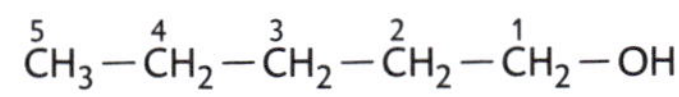 primärer Alkohol

2-Methylpropan-2-ol: 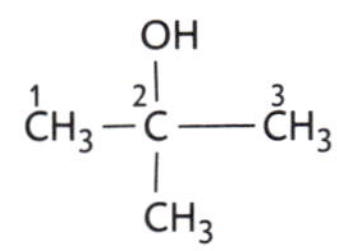 tertiärer Alkohol

Propan-1-ol: 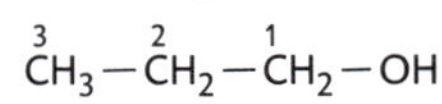 primärer Alkohol

Weitere Ergänzungen zu bestimmten Alkoholen

1. Ethanol entsteht als **Stoffwechselprodukt** z. B. in Hefepilzen durch die **alkoholische Gärung** aus Zucker ($C_6H_{12}O_6$). Als weiteres Produkt wird dabei Kohlenstoffdioxid abgegeben.
   Summengleichung der alkoholischen Gärung:
   $$C_6H_{12}O_6 \longrightarrow 2\,C_2H_5OH + 2\,CO_2$$
2. Ethan-1,2-diol und Propan-1,2,3-triol (Glycerin) sind wichtige **Frostschutzmittel**. So bilden sie im Gemisch mit Wasser die Kühlerflüssigkeiten von Kraftfahrzeugen.
3. Ethanol und vor allem Methanol sind **Zellgifte**. Im Körper werden sie hauptsächlich durch Leberzellen über Aldehyde zu ihren Säuren oxidiert und damit beseitigt (die Blutalkoholkonzentration sinkt um etwa 0,1 Promille pro Stunde).
4. Viele Alkohole sind in der Technik wichtige **Lösungsmittel**.
5. Alkohole reagieren mit sich selbst unter Säurekatalyse zu **Ethern**, wobei Wasser austritt.
   Synthese von Diethylether aus Ethanol:
   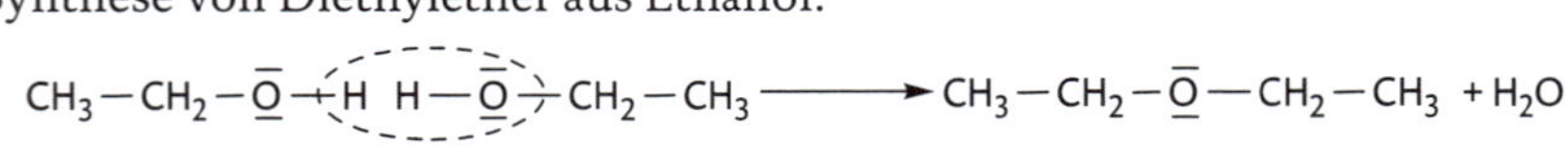
6. Mit Säuren reagieren Alkohole zu **Estern** (siehe Kapitel Carbonsäuren S. 98).

2.2 Carbonylverbindungen: Alkanale (Aldehyde) und Alkanone (Ketone)

Diese ersten Oxidationsprodukte von Alkanolen besitzen als gemeinsames Strukturmerkmal die **Carbonylgruppe**, weshalb sie auch unter dem Begriff **Carbonylverbindungen** zusammengefasst werden.

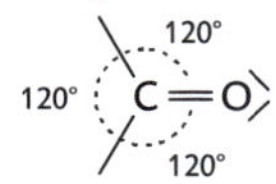

Alle vom Carbonyl-C-Atom ausgehenden Bindungen liegen in einer Ebene, die Bindungswinkel zwischen diesen Bindungen betragen 120°. Neben dem Sauerstoff-Atom ist bei Alkanalen an diesem C-Atom noch ein H-Atom gebunden, während sich bei Alkanonen an dem Carbonyl-C-Atom immer zwei Alkylreste befinden.

Alkanale

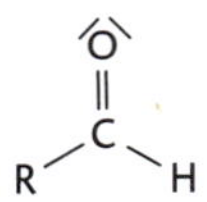

Alkanone

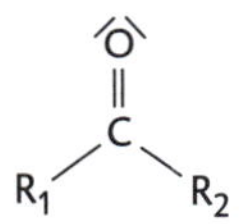

$R_1 = R_2$ oder $R_1 \neq R_2$

Bei den Alkanalen erhält der Kohlenwasserstoffrest die Endung **-al**, bei den Alkanonen die Endung **-on**. Während die Carbonylgruppe bei Alkanalen stets endständig vorliegt, befindet sie sich bei Alkanonen innerhalb der C-Kette. Ihre Position muss dann bei längeren Ketten durch eine Zahl eindeutig definiert sein. Wichtige Alkanale sind Methanal (Formaldehyd) und Ethanal (Acetaldehyd), das wichtigste Alkanon ist Propanon (Aceton).

Methan**al**
(Formaldehyd)

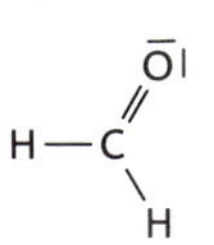

Ethan**al**
(Acetaldehyd)

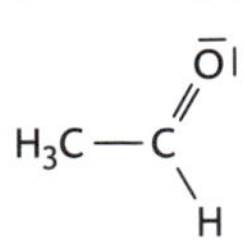

Propan**on**
(Aceton)

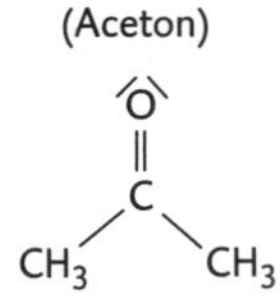

eispiel

Erstelle die Strukturformeln von Propanal und Pentan-2-on und gib auch die Namen der isomeren Verbindungen an.

Lösung:

Propanal besitzt drei C-Atome und eine endständige Carbonylgruppe. Die zu Propanal isomere Verbindung ist das Propanon, bei dem das C_2-Atom das Carbonyl-C-Atom ist.

Pentan-2-on setzt sich aus fünf C-Atomen zusammen; das C_2-Atom ist das Carbonyl-C-Atom. Hierzu isomere Verbindungen sind Pentan-3-on und Pentanal.

Propanal

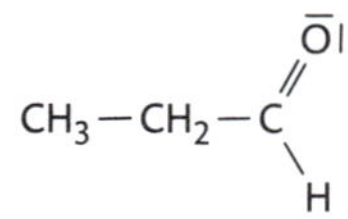

Propanon besitzt als Isomer ebenfalls die Summenformel C_3H_6O.

Pentan-2-on

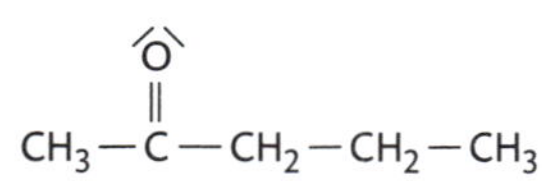

Pentan-3-on und Pentanal besitzen als Isomere ebenfalls die Summenformel $C_5H_{10}O$.

Charakteristische Eigenschaften

Bei der Carbonylgruppe handelt es sich, wie auch bei der Hydroxygruppe, aufgrund der hohen Elektronegativität des O-Atoms um eine polare Gruppe.
Die **Polarität** der Carbonylgruppe führt zu einem partial negativ geladenen O- und einem partial positiv geladenen C-Atom.

- Die Siedetemperaturen der Carbonylverbindungen sind niedriger als bei vergleichbaren Alkanolen, aber wesentlich höher als bei den Alkanen. Während bei den Kohlenwasserstoffen ausschließlich Van-der-Waals-Kräfte wirken, ziehen sich die Moleküle der Carbonylverbindungen zusätzlich über **Dipol-Dipol-Kräfte** an. Diese sind aber schwächer als die Wasserstoffbrücken bei Alkoholen. Aldehyde und Ketone sind aufgrund ihrer daraus ableitbaren **Flüchtigkeit** (sie gehen also leicht in die Gasphase über) sehr wichtige **Aromastoffe**. So vermitteln sie beispielsweise das Mandel-, Vanille-, Zimt- und Himbeeraroma.

Beispiel

Ordne den Stoffen Ethanol, Ethan und Ethanal die folgenden Siedetemperaturen zu: 21 °C, –88 °C, 78 °C

Lösung:
Ethan: –88 °C (Van-der-Waals-Kräfte)
Ethanal: 21 °C (Van-der-Waals-Kräfte und Dipol-Dipol-Kräfte)
Ethanol: 78 °C (Van-der-Waals-Kräfte und Wasserstoffbrücken)

- Die Wasserlöslichkeit der Carbonylverbindungen ist gering.
  Aufgrund der **geringen Polarität** der Moleküle lösen sich die Carbonylverbindungen meist nur sehr schlecht in dem polaren Lösungsmittel Wasser. Eine Ausnahme bildet das Methanal, das aber mit Wasser reagiert.

- Die charakteristische chemische Reaktion der Carbonylverbindungen ist die **nukleophile Addition**, ein weiteres Beispiel für die Anwendung des Donator-Akzeptor-Prinzips.
  Stoffe, die an die Carbonylbindung addieren, sind z. B. Wasser unter Bildung von Hydraten, Alkanole unter Bildung von Halbacetalen (Addition an Aldehyde) und Halbketalen (Addition an Ketone), sowie Ammoniak.

eispiel

Bildung eines **Halbacetals** bei der Reaktion von Ethanal mit Methanol:

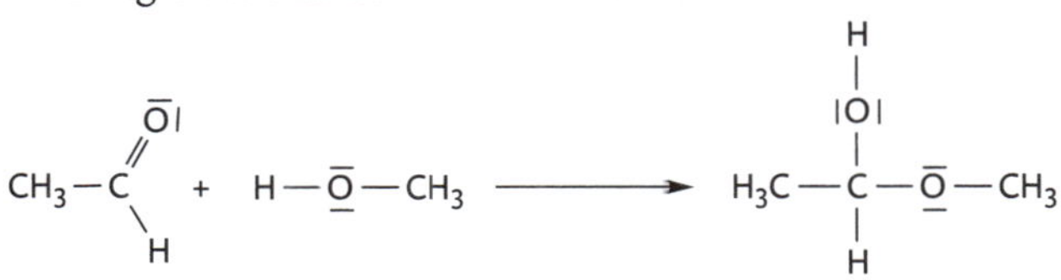

Halbacetal

Wie man gut erkennen kann, wird bei dieser Reaktion die Doppelbindung der Carbonylgruppe aufgehoben (vergleiche hierzu auch die elektrophile Addition an Alkene). Auch für die nukleophile Addition an Carbonylverbindungen kann ein schrittweiser Ablauf der Reaktion als Reaktionsmechanismus formuliert werden.

- Alkanale kann man oxidieren, Alkanone nicht.
  Die Oxidation von Alkanalen bei der **Fehling-Probe** und der **Silberspiegelprobe** kann man als Nachweis für Aldehyde verwenden. Die Oxidationsprodukte der Alkanale sind die Carbonsäuren (siehe Kapitel 2.3).
  Bei der Fehling-Probe werden Alkanale in alkalischem Milieu mit einer Lösung, die durch gelöste Cu^{2+}-Ionen blau gefärbt ist, erhitzt. Tritt beim Sieden ein **roter Niederschlag** von Cu_2O auf, so ist der Nachweis positiv.

  Fehling-Probe von Ethanal:

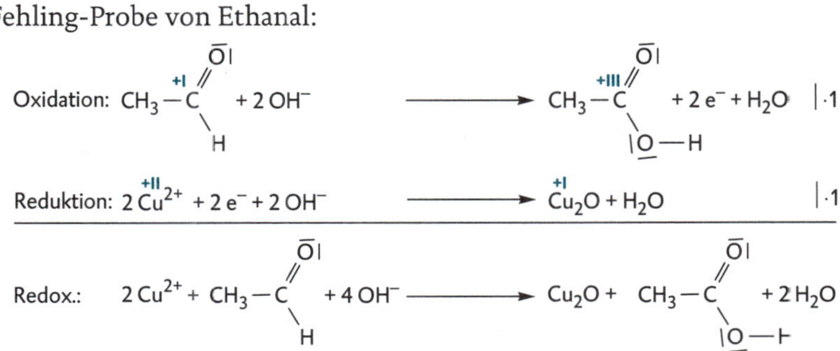

Fällt die Silberspiegelprobe positiv aus, so bildet sich aus einer alkalischen Lösung mit Ag^+-Ionen elementares Silber (Ag).

Silberspiegelprobe von Ethanal:

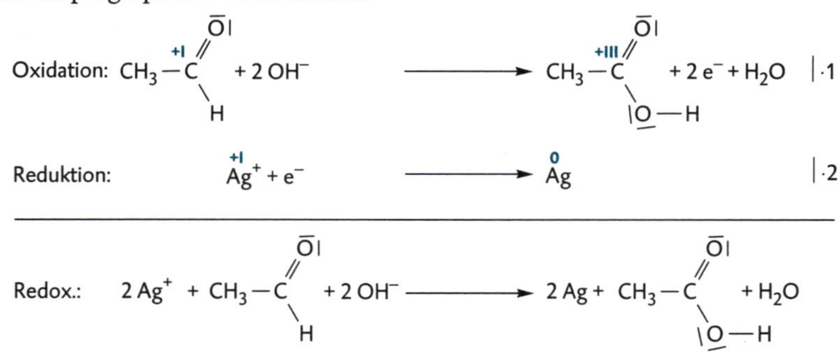

Beispiel

Begründe, ob die Fehling-Probe bei Propanon bzw. Propanal positiv oder negativ ausfällt.

Lösung:
Mit Propanon bildet sich kein roter Niederschlag von Cu_2O, die Fehling-Probe ist somit negativ. Propanon ist als Keton nicht oxidierbar.
Mit Propanal fällt die Fehling-Probe positiv aus (roter Niederschlag von Cu_2O); Propanal wird zur Propansäure oxidiert.

Reaktionsmechanismus der nukleophilen Addition

1. Angriff eines nukleophilen Teilchens (Nukleophils) an das positiv polarisierte C-Atom der Carbonylgruppe.

- **Nukleophile Teilchen** sind **Elektronendonatoren**, besitzen mindestens ein freies Elektronenpaar und sind häufig negativ polarisiert oder negativ geladen.
- **Elektrophile Teilchen** sind Elektronenakzeptoren und sind positiv polarisiert oder positiv geladen.

Das freie Elektronenpaar am O-Atom des Methanol-Moleküls greift das Carbonyl-C-Atom des Aldehyds nukleophil an.

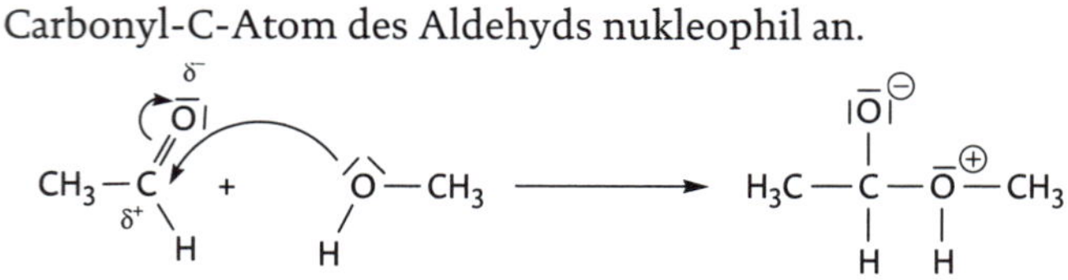

2. Intramolekulare Protonenwanderung
   Das Wasserstoffatom der ursprünglichen OH-Gruppe des Alkohols wandert als Proton zum negativ geladenen Sauerstoffatom der ursprünglichen Carbonylgruppe.

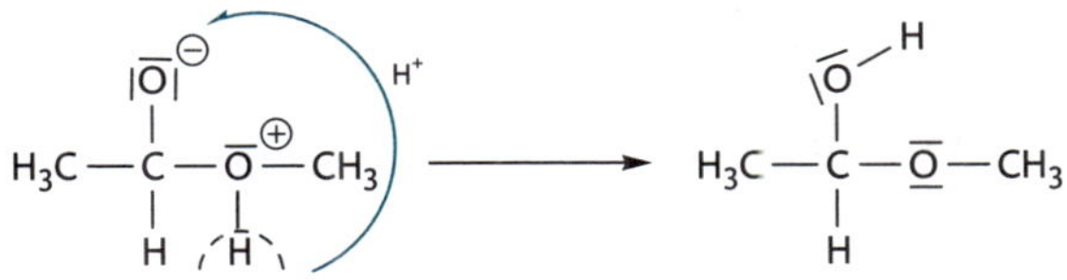

Die Reaktivität der Carbonylgruppe kann durch **Säurekatalyse** weiter erhöht werden. Es erfolgt dann zuerst eine Protonierung des O-Atoms der Carbonylgruppe unter Auflösung der Doppelbindung.

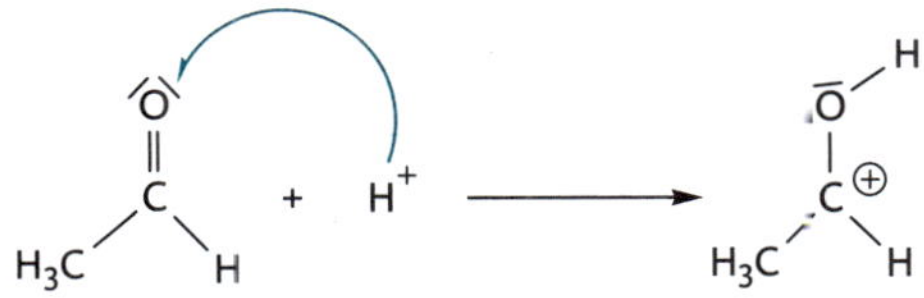

Die positive Ladung am Carbonyl-C-Atom erleichtert den anschließenden nukleophilen Angriff.

Beispiel

Formuliere die Strukturformelgleichung für die Addition von Ammoniak (NH_3) an Ethanal und begründe den nukleophilen Angriff.

Lösung:

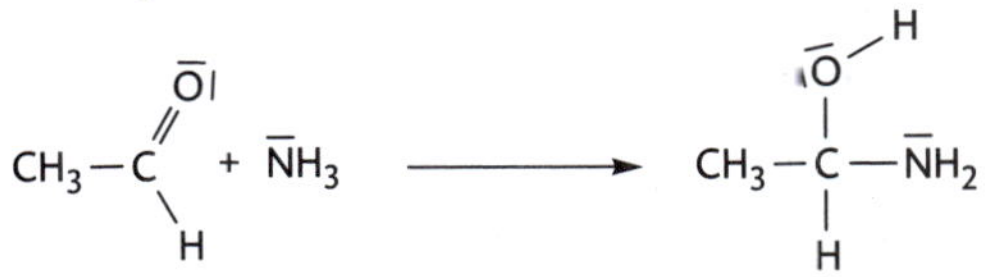

Ammoniak-Moleküle besitzen ein freies Elektronenpaar am negativ polarisierten N-Atom, sodass diese Teilchen als Nukleophile das positiv polarisierte C-Atom des Ethanals angreifen können.

2.3 Carbonsäuren

Die Carbonsäuren sind organische Säuren und besitzen als charakteristische funktionelle Gruppe die **Carboxygruppe**. Formal gesehen befinden sich an dem C-Atom eine **Carb**onyl- und eine Hydr**oxy**gruppe.

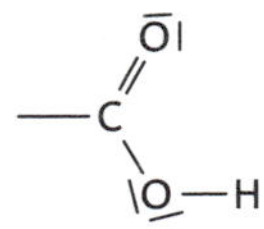

kurz: —COOH

Carbonsäuren werden benannt, indem man an den Stammnamen der Kohlenwasserstoffreste die Endung **-säure** anfügt. Viele Säuren besitzen auch Trivialnamen.

Beispiel

Methansäure (Ameisensäure)

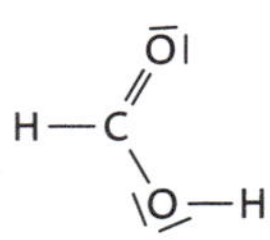

H—COOH

Ethansäure (Essigsäure)

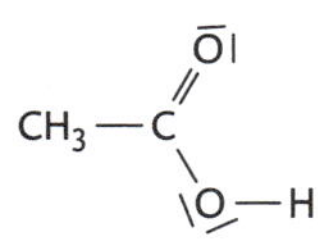

CH_3—COOH

Butansäure (Buttersäure)

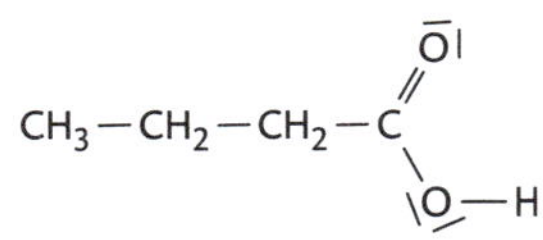

C_3H_7—COOH

Auch bei den Carbonsäuren gibt es **mehrwertige Säuren**, also Säuren mit mehr als einer Carboxygruppe.

Beispiel

Ethandisäure (Oxalsäure)

HOOC—COOH

oder

COOH
|
COOH

Propandisäure (Malonsäure)

HOOC—CH_2—COOH

oder

COOH
|
CH_2
|
COOH

Charakteristische Eigenschaften der Carbonsäuren

Da die Carboxygruppe nur etwas polarer als die Hydroxygruppe der Alkohole ist, ergeben sich ähnliche physikalische Eigenschaften dieser beiden Stoffklassen.

- Die **Wasserlöslichkeit** der kurzkettigen Mono- und Dicarbonsäuren ist sehr gut und nimmt mit steigender Kettenlänge ab.
- Die **Siedetemperaturen** liegen etwas höher als bei den vergleichbaren Alkoholen. (Siedetemperatur: Ethansäure 118 °C, Ethanol 78 °C)

Deutlicher sind die Unterschiede bei den chemischen Eigenschaften.

- Carbonsäuren sind mittelstarke bis schwache Säuren.
  Viele Carbonsäuren reagieren auch gegenüber Wasser als Säure unter Bildung von Oxonium-Ionen und **Carboxylat-Ionen** (Säure-Anionen).

$$R{-}COOH + H_2O \longrightarrow R{-}COO^- + H_3O^+$$

Carbonsäure → **Carboxylat-Ion**

ispiel

Mit Wasser verdünnte Ethansäure zeigt einen pH-Wert von 4. Erläutere dieses Ergebnis unter Mitverwendung einer Strukturformelgleichung.

Lösung:
Da der pH-Wert von 4 eine sauer reagierende Lösung anzeigt, müssen bei der Reaktion der Ethansäure in Wasser Oxonium-Ionen (H_3O^+) entstanden sein. Bei pH = 4 beträgt die Konzentration der Oxonium-Ionen $c(H_3O^+) = 10^{-4}\ mol \cdot L^{-1}$.

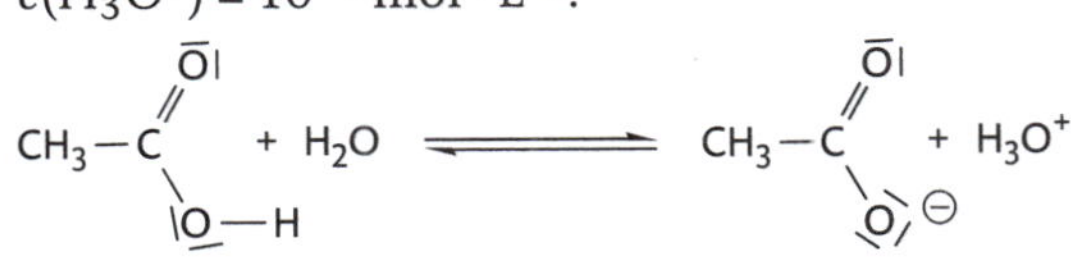

Unter Zugabe stöchiometrischer Mengen an Basen kann man Carbonsäuren **neutralisieren**. Bei der Neutralisation von Ethansäure mit Natronlauge bildet sich das Salz Natriumethanoat und Wasser.

$$CH_3{-}COOH + NaOH \longrightarrow CH_3COONa + H_2O$$

Natriumethanoat (Natriumacetat)

oder

$$CH_3{-}COOH + Na^+ + OH^- \longrightarrow CH_3COO^- + Na^+ + H_2O$$

Wie alle Salze sind auch die Salze der Carbonsäuren Ionenverbindungen. Ihr Name setzt sich aus dem Kation und dem Säure-Anion mit der Endung **-oat** zusammen. Viele Salze, wie Natriumethanoat (Natriumacetat), besitzen Trivialnamen.

Beispiel

Formuliere für die Neutralisation von Methansäure mit Kalilauge (KOH) die Summengleichung. Gib den Namen des entstehenden Salzes und seine Ionen an.

Lösung:

$$HCOOH + KOH \longrightarrow HCOOK + H_2O$$

Kaliummethanoat

$K^+ + HCOO^-$

- Carbonsäuren reagieren mit Alkoholen unter Bildung von **Estern**.
  Carbonsäuren reagieren mit Alkanolen unter Wasseraustritt zu Carbonsäureestern. Diese Reaktion bezeichnet man als **Esterkondensation**, da bei der Bildung des Ester-Moleküls ein kleines Molekül (hier Wasser) abgespalten wird. Bei der Umsetzung von Ethansäure mit Methanol entsteht der **Ethansäuremethylester**.

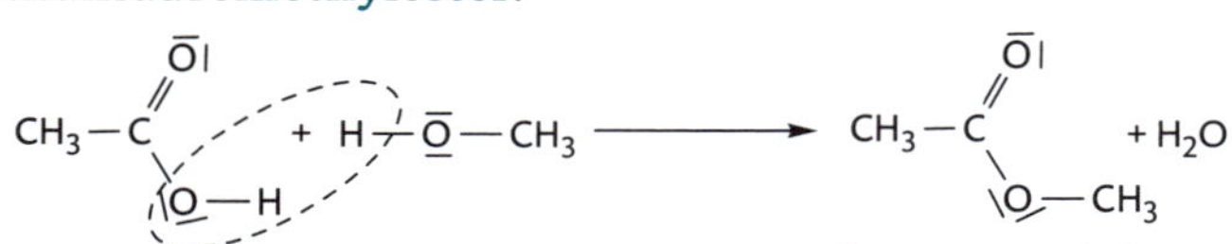

Ethansäuremethylester

Für die Nomenklatur der Ester gilt:
Name der Carbonsäure + Alkylrest des Alkohols + Endung **-ester**.

Beispiel

Gib den Namen der folgenden Verbindung an und stelle die Strukturformel des Methansäurepropylesters auf.

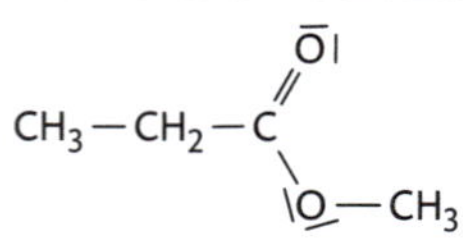

Lösung:
Bei der Verbindung handelt es sich um den Propansäuremethylester.
Strukturformel des Methansäurepropylesters:

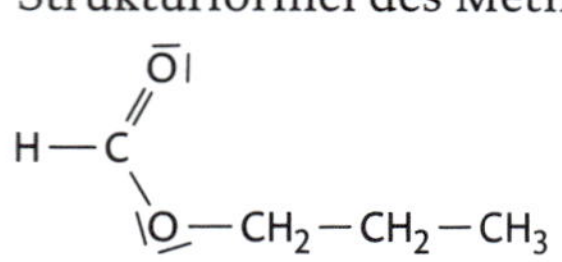

Die Ester sind schwer wasserlöslich, da die hydrophoben Alkylreste die leicht polare Esterbindung umschließen. Zwischen den Ester-Molekülen dominieren die schwachen Van-der-Waals-Kräfte, weshalb Ester auch niedrige Siedetemperaturen haben und flüchtig sind.

Reagiert ein Carbonsäureester mit Wasser zu einer Carbonsäure und einem Alkohol, so spricht man von der **Esterhydrolyse** (Esterspaltung durch Wasseranlagerung). Ethansäuremethylester reagiert mit Wasser zu Ethansäure und Methanol.

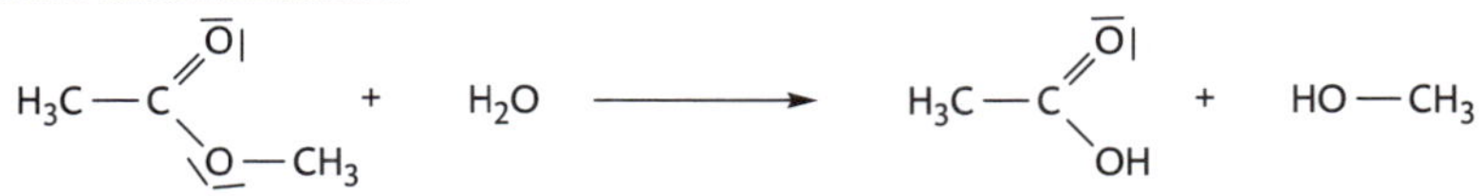

Wie bei vielen anderen Reaktionen handelt es sich auch bei der Bildung von Estern aus Alkoholen und Säuren um eine typische **Gleichgewichtsreaktion**.

Abhängig von Druck, Temperatur und den Ausgangskonzentrationen liegen nach dem Ablauf der Reaktion sowohl die Produkte Ester und Wasser als auch die Edukte Alkohol und Säure in bestimmten Konzentrationen **(Gleichgewichtskonzentrationen)** vor. Im Gleichgewichtszustand laufen die **Hinreaktion** (Esterkondensation) und die **Rückreaktion** (Esterhydrolyse) **gleich schnell** ab.

$$\text{Alkohol} + \text{Säure} \underset{\text{Rückreaktion}}{\overset{\text{Hinreaktion}}{\rightleftharpoons}} \text{Ester} + \text{Wasser}$$

Der Doppelpfeil kennzeichnet das Gleichgewicht. Laufen beide Reaktionen ab, ohne dass sich an der Zusammensetzung der Reaktionspartner etwas ändert, so hat sich das chemische Gleichgewicht eingestellt. Durch die Wahl der Reaktionsbedingungen kann die reversible Reaktion beeinflusst werden. Gibt man etwa konzentrierte Schwefelsäure, eine wasserziehende Säure, zu, so läuft die Esterkondensation verstärkt ab. Durch den Entzug von Wasser verschiebt sich die Lage des Gleichgewichts auf die Seite des Esters.

eispiel

Welche Carbonsäure und welcher Alkohol entstehen bei der Hydrolyse des abgebildeten Esters?

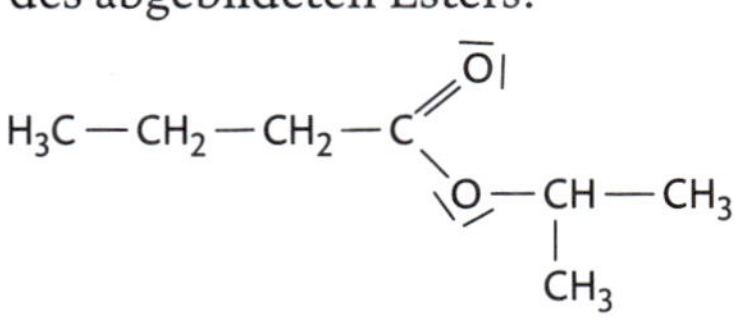

Lösung:

Es entstehen Butansäure und Propan-2-ol.

Ester spielen eine Rolle als:

1. Fruchtaromen, z. B. Butansäuremethylester als Ananasaroma;
2. Lösungsmittel, z. B. Ethansäureethylester in flüssigen Allesklebern;
3. Konservierungsstoffe, z. B. PHB-Ester (**P**ara-**H**ydroxy-**B**enzoesäure-Ester);

4. Arzneimittel, z. B. Aspirin als Ethansäuresalicylester (Acetylsalicylsäure (ASS));
5. Wachse, z. B. Bienenwachs als Ester langkettiger Carbonsäuren ($C_{15}H_{31}COOH$) mit langkettigen Alkoholen ($C_{30}H_{61}OH$);
6. Kunststoffe, z. B. Polyester wie PET;
   Polyester bestehen aus Makromolekülen, die durch vielfache Kondensation von mehrwertigen Carbonsäuren mit mehrwertigen Alkoholen entstehen.

Carbonsäuren mit verschiedenen funktionellen Gruppen

Viele biochemisch bedeutende Stoffe haben neben einer oder mehrerer Carboxygruppen noch weitere funktionelle Gruppen wie Hydroxy- oder Carbonylgruppen.

Beispiele

1. 2-Hydroxypropansäure (Milchsäure)

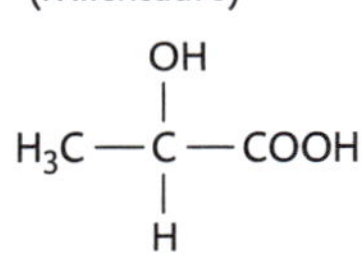

2,3-Dihydroxybutandisäure (Weinsäure)

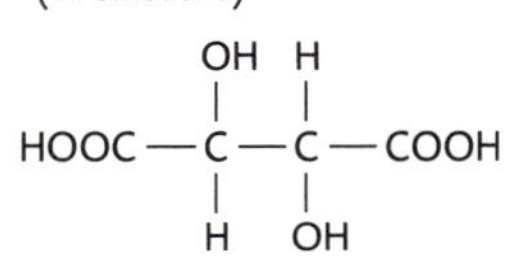

Propanonsäure (Brenztraubensäure)

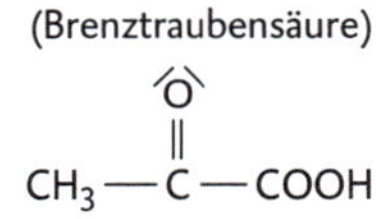

3-Carboxy-3-hydroxypentandisäure (Zitronensäure)

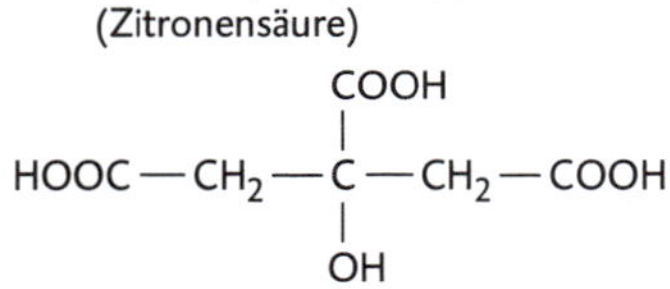

(E)-Butendisäure (Fumarsäure)

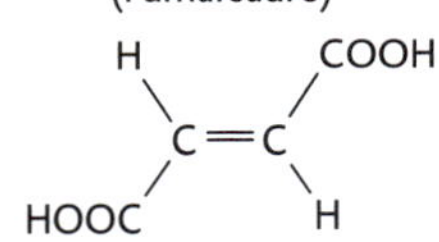

2. Das Bananenaroma wird wesentlich vom Ethansäurepentylester geprägt. Zeichne die Strukturformel und begründe, warum man eine Banane riechen kann.

   Lösung:
   Der Ester entsteht unter Wasserabspaltung (Kondensation) durch Reaktion der Ethansäure mit Pentanol.

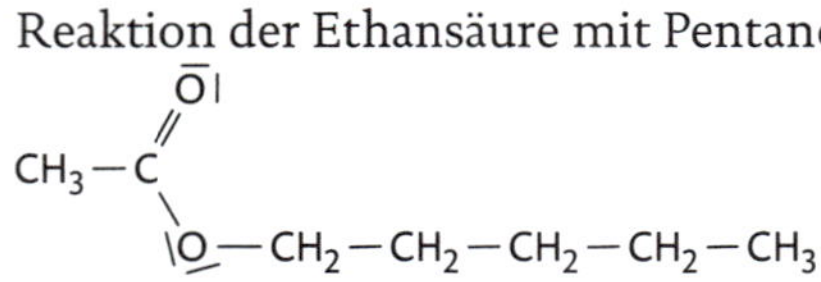

   Der Ester ist flüchtig, da er durch die niedrige Siedetemperatur schon bei Raumtemperatur teilweise in die Gasphase übergeht und daher über den Geruchssinn wahrgenommen werden kann.

Deine Kenntnisse der organischen Chemie können im nächsten Kapitel auf wichtige Stoffgruppen von Biomolekülen angewandt werden, auf die Nährstoffe Fette, Kohlenhydrate und Eiweiße.

Zusammenfassung

- Zu den wichtigsten sauerstoffhaltigen organischen Verbindungen gehören die **Alkanole**, die **Alkanale** und **Alkanone** sowie **Carbonsäuren**.
- Typische funktionelle Gruppen sind bei den
  - Alkanolen die **Hydroxygruppe**
  - Alkanalen und Alkanonen die **Carbonylgruppe**
  - Carbonsäuren die **Carboxygruppe**
- Wichtige Eigenschaften von Alkanolen:
  - relativ hohe Siedetemperaturen (Wasserstoffbrücken zwischen Hydroxygruppen)
  - gute Wasserlöslichkeit kurzkettiger und mehrwertiger Alkanole (Polarität der Hydroxygruppe)
  - Oxidierbarkeit von primären und sekundären Alkanolen
- Wichtige Eigenschaften von Alkanalen und Alkanonen:
  - Siedetemperaturen niedriger als bei Alkanolen: Flüchtigkeit (Dipol-Dipol-Kräfte zwischen Carbonylgruppen)
  - **Nukleophile Addition** (Polarität der Carbonylgruppe)
  - Alkanale sind oxidierbar (Fehling-Probe und Silberspiegelprobe)
- Wichtige Eigenschaften von Carbonsäuren:
  - gute Wasserlöslichkeit bei kurzer Kettenlänge (Polarität der Carboxygruppe)
  - hohe Siedetemperaturen (Wasserstoffbrücken)
  - Wirkung als Säure durch Protonenabgabe (stark polarisierte O-H-Bindung der Carboxygruppe)
  - Bildung von Estern durch Reaktion mit Alkanolen (Kondensation unter Wasserabspaltung)

Aufgaben **82** Betrachte die folgende Grafik.

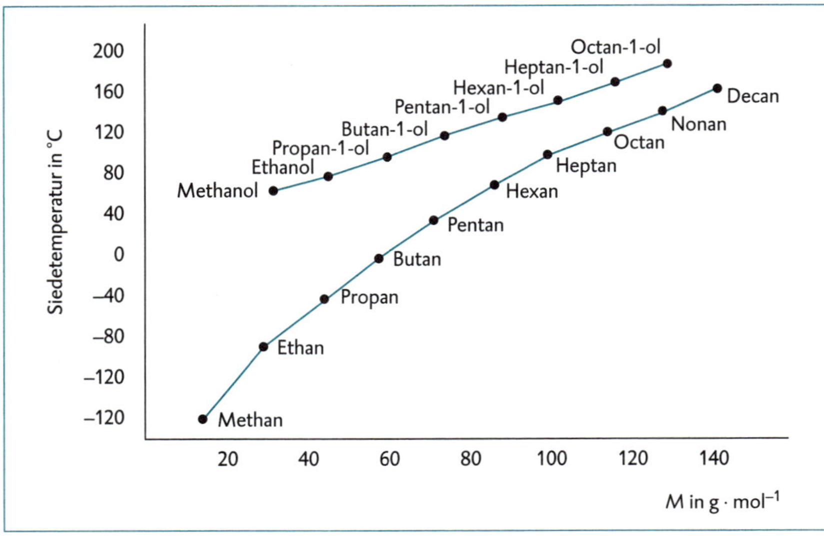

a Was ist hier dargestellt? Nenne eine mögliche Überschrift für diese Abbildung.

b Begründe die Unterschiede der Siedetemperaturen von Methanol und Ethan einerseits und von Octan-1-ol und Nonan andererseits.

83 Erstelle alle denkbaren Moleküle der Summenformel $C_5H_{12}O$ in der Strukturformelschreibweise und benenne die Moleküle nach IUPAC.

84 Welche der folgenden Aussagen über Propan-1,2-diol sind zutreffend? Kreuze an.

- ☐ Propan-1,2-diol ist ein zweiwertiger Alkohol.
- ☐ Propan-1,2-diol ist isomer zu Propan-1,3-diol.
- ☐ Der Trivialname ist Glycerin.
- ☐ Der Trivialname ist Propylenglycol.
- ☐ Propan-1,2-diol wird zu 2-Oxopropansäure oxidiert.
- ☐ Die Fehlingprobe verläuft positiv.
- ☐ Propan-1,2-diol reagiert mit saurer $KMnO_4$-Lösung
- ☐ Propan-1,2-diol ist ein tertiärer Alkohol.

85 In der Tabelle sind die physikalischen Eigenschaften der beiden Stoffe Ethanol und Ethandiol vergleichend nebeneinander dargestellt. Erläutere die Unterschiede bezüglich der Dichte und der Siedetemperatur.

Eigenschaften	**Ethanol**	**Ethan-1,2-diol**
Molare Masse	$46\ g \cdot mol^{-1}$	$62\ g \cdot mol^{-1}$
Dichte	$0{,}78\ kg \cdot L^{-1}$	$1{,}1\ kg \cdot L^{-1}$
Siedetemperatur	78 °C	198 °C
Schmelztemperatur	–114 °C	–15,6 °C
Strukturformel	H_3C-CH_2-OH	$HO-CH_2-CH_2-OH$
Räumliche Struktur	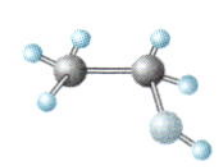	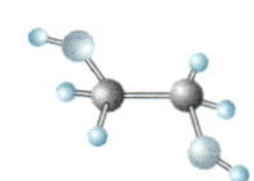

86 In einem Experiment wird in drei mit Alkoholen gefüllte Standzylinder zeitgleich je eine Stahlkugel gleicher Größe und gleicher Masse geworfen. Bei den Alkoholen handelt es sich um Butan-2-ol, Butan-1,2-diol und Butan-1,2,4-triol.

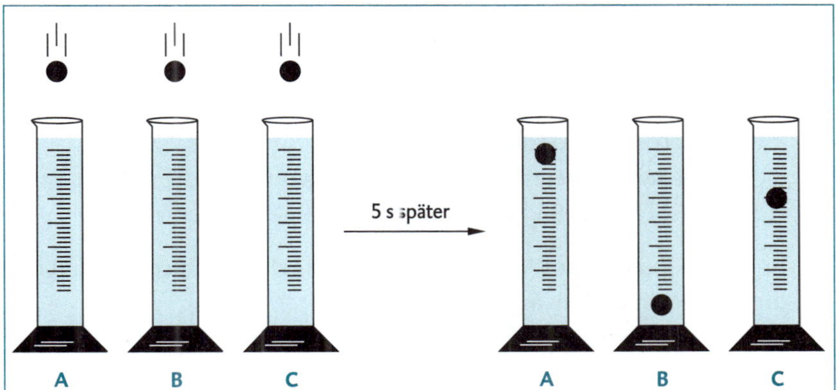

Ordne den Standzylindern den richtigen Inhalt zu und begründe deine Entscheidung mit geeigneten Fachbegriffen.

87 In der folgenden Abbildung sollen immer zwei benachbarte Stoffe bezüglich der Siedetemperatur miteinander verglichen werden.
Gib jeweils mithilfe eines Dreiecksymbols an, welcher Stoff die höhere Siedetemperatur besitzt. Erläutere deine Entscheidung, indem du mithilfe von Symbolen kurz angibst, welcher Wechselwirkungstyp sich jeweils maßgeblich ändert.
Symbole: **VdW** (Van-der-Waals-Kräfte); **DD** (Dipol-Dipol-Wechselwirkung); **HB** (Wasserstoffbrücken)

Butan-2-ol	HB/DD ▶	Ethansäure-ethylester	Ethansäure	Methan-säure
Butan-1-ol		Ethanol	Ethandiol	Ethanal
Pentan		Ethan	Monobrom-methan	Monochlor-methan
2,2-Dimethyl-propan		Propan	1,2-Dichlor-propan	Dichlor-methan

88 Es gibt verschiedene isomere Alkanole der Summenformel $C_4H_{10}O$.

a Zeichne alle denkbaren Isomere und benenne diese nach der IUPAC-Nomenklatur.

b Bei welchen dieser Isomere handelt es sich um primäre, sekundäre bzw. tertiäre Alkohole?

c Ordne den Isomeren nun noch die folgenden Siedepunkte zu: 117 °C, 108 °C, 100 °C, 83 °C und begründe deine Zuordnung.

89 In einem Experiment wurde die Mischbarkeit verschiedener Substanzen mit Wasser bzw. Benzin untersucht.

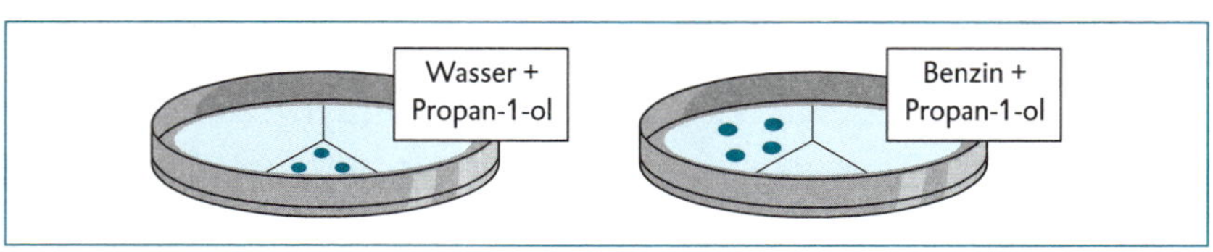

Neben den beiden Petrischalen liegen 4 Schilder:

Benzin + Hexan-1-ol	Wasser + Hexan-1-ol	Wasser + Methanol	Benzin + Methanol

a Ordne die Schilder den richtigen Abschnitten in den Petrischalen zu und begründe deine Entscheidung.
b Leite aus diesem Experiment eine Regel ab, die die Löslichkeit dieser verschiedenen Stoffe in Abhängigkeit vom Lösungsmittel beschreibt.

90 Zwei der drei dargestellten Verbindungen jeder Gruppe unterscheiden sich in einer gemeinsamen Eigenschaft von der dritten. Finde heraus, welche Verbindungen jeweils zusammengehören und weshalb.
a Methan, Ethan, Ethanol
b Ethanol, Propan-1-ol, Propan-2-ol
c Pentan-1-ol, Pentan-2-ol, Pentan-3-ol
d Ethandiol, Propan-1,2-diol, Glycerin
e Ethanol, Ethandiol, Propan-1,2-diol
f Butanal, Butanon, 3-Oxobutanal
g Essigsäure, Ameisensäure, Ethansäure
h Oxalsäure, Milchsäure, Weinsäure

91 Formuliere eine Überschrift für die beiden abgebildeten Versuche. Beschreibe die Beobachtungen, die im Verlauf der Versuche gemacht werden und deute diese.

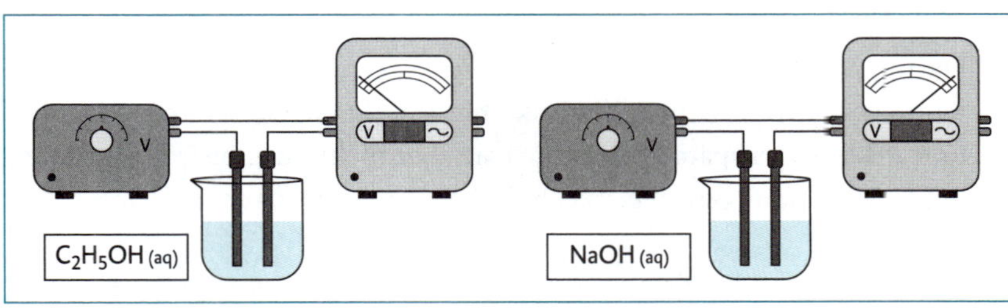

92 Erstelle zu allen denkbaren Molekülen mit der Summenformel $C_4H_6O_2$ die Strukturformeln und benenne die Moleküle nach IUPAC.

Tipp: Die Endungen -ol, -on, -al und -säure treten nicht gemeinsam auf. Die Gruppe mit der höchsten Priorität bestimmt den Namen der Verbindung, die restlichen Gruppen sind Substituenten.

93 Welche der folgenden Aussagen über Ethanal sind zutreffend? Kreuze an.

- ☐ Ethanal ist ein Aldehyd.
- ☐ Ethanal ist ein primärer Alkohol.
- ☐ Ethanal hat eine höhere Siedetemperatur als Ethanol.
- ☐ Ethanal ist das Oxidationsprodukt von Ethansäure.
- ☐ Ethanal ist isomer zu Ethenol.
- ☐ Ethanal verursacht Mundgeruch nach Konsum von alkoholischen Getränken.
- ☐ Das Molekül enthält eine Carbonylgruppe.
- ☐ Formaldehyd ist der Trivialname von Ethanal.

94 Zwischen Hexan-1-ol-Molekülen und Wasser-Molekülen bilden sich Wasserstoffbrücken aus. Dennoch sind die beiden Flüssigkeiten nicht miteinander mischbar. Erläutere diesen Sachverhalt mithilfe einer Zeichnung, in der du die Anordnung der Teilchen an der Grenzfläche darstellst.

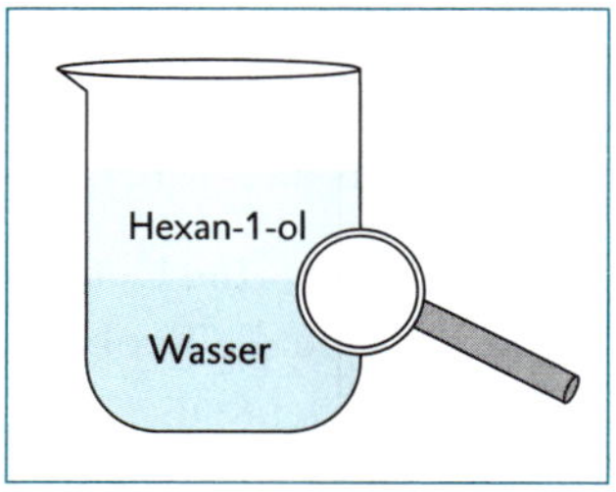

95 Dummerweise sind im Labor die Etiketten von zwei Flaschen abgelöst worden. Du findest zwar die Etiketten mit den Bezeichnungen Butan-2-ol und 2-Methylpropan-2-ol, kannst sie aber nicht zweifelsfrei zuordnen. Beide Verbindungen versetzt du bei Raumtemperatur mit saurer Dichromatlösung.
Stelle die Reaktionsgleichungen für den Fall auf, dass es sich um

- Butan-2-ol
- 2-Methylpropan-2-ol

handelt und formuliere aus den Ergebnissen Gesetzmäßigkeiten.

96 Mischt man genau 100 mL Ethanol mit genau 100 mL Wasser, erhält man eine Lösung mit einem Gesamtvolumen von 196 mL. Erkläre dies mithilfe deiner Kenntnisse über die Wechselwirkungen zwischen Molekülen.

97 Welche der folgenden Aussagen über Butansäure sind zutreffend? Kreuze an.

- ☐ Butansäure enthält eine Carboxygruppe.
- ☐ Wässrige Lösungen von Butansäure färben Indikatorpapier rot.
- ☐ Butansäure riecht fruchtig.
- ☐ Butansäure entsteht durch Oxidation von Butanon.
- ☐ Butansäure ist isomer zu 3-Hydroxybutanal.
- ☐ Butansäure ist isomer zu 2-Oxobutan-1-ol.
- ☐ Butansäure entsteht durch Hydrolyse von Buttersäureethylester.
- ☐ Butansäure verleiht Sportschuhen häufig einen charakteristischen Duft.

98 In einer concept map sind Begriffe durch Pfeile und Aussagen verbunden.

a Vervollständige diese concept map, indem du das Diagramm der vorgegebenen Stoffe mit den Beziehungspfeilen sinnvoll ergänzt.

b Zeichne diese concept map mit Strukturformeln statt Namen.

Propanon	**Propanal**	**Propansäure**	(3x) ⟷ Isomer zu (4x) ⟶ Oxidation (2x) ⟶ Abspaltung von H_2O ⟶ Addition von H_2O
Propan-2-ol	**Propan-1-ol**	**Propansäure-propylester**	⟶ Abspaltung von Propan-1-ol ⟶ Kondensation mit Propansäure ⟶ Kondensation mit Propan-1-ol
Propen	**Dipropylether**	**Butansäure-ethylester**	⟶ Reaktion mit Propan-1-ol

99 Butansäure ist besser wasserlöslich und hat eine höhere Siedetemperatur als Butan-1-ol.
Erläutere diesen Sachverhalt mithilfe von Skizzen und Fachbegriffen.

100 Du untersuchst die aufgeführten sechs Stoffe, indem du diese zu verdünnter angesäuerter Kaliumpermanganatlösung gibst. Entweder erhältst du Resultat A oder B.

Methanol; Ethanol; Propansäure; 2-Hydroxypropansäure; Butanon; 2-Hydroxy-2-methylpentan

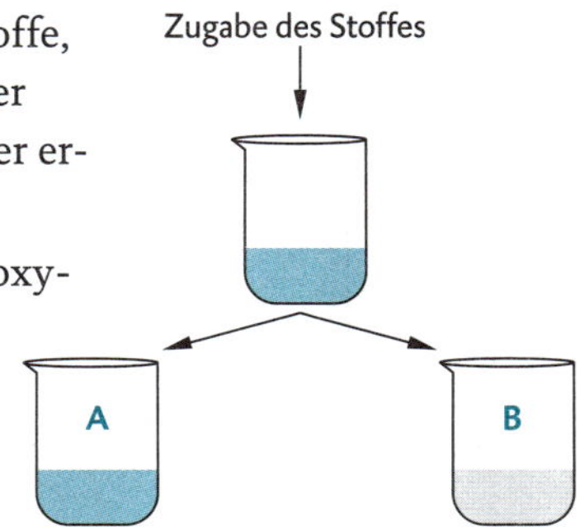

a Welche Resultate erwartest du für die einzelnen Stoffe?

b Begründe kurz deine Zuordnung und gib für alle Edukte und Produkte die Strukturformeln an.

101 Ein Alkohol ist einer der Ausgangsstoffe für die Synthese des in Früchten enthaltenen Aromastoffes mit der Summenformel $C_3H_7COOC_2H_5$.

a Formuliere die Strukturformelgleichung für dessen Synthese und benenne alle Edukte und Produkte nach der IUPAC-Nomenklatur.

b Nenne zwei Möglichkeiten, die Ausbeute an Aromastoff zu erhöhen.

102 Fehlingprobe und Silberspiegelprobe

Kreuze an, welche der folgenden Aussagen richtig bzw. falsch sind und stelle die falschen Aussagen richtig.

	richtig	falsch
Mit der Fehlingprobe weist man Aldehyde und Ketone nach.		
Bei der Fehlingprobe werden Cu^{2+}-Ionen reduziert.		
Entsteht ein roter Feststoff, so ist die Fehlingprobe positiv.		
Entsteht Silber, so ist die Silberspiegelprobe negativ.		
Mit Butanal ist die Fehlingprobe positiv.		
Bei der Fehlingprobe muss das Gemisch erhitzt werden.		
Fehling I-Lösung enthält die Cu^{2+}-Ionen.		
Gibt man Fehling I- und II-Lösung zusammen, entsteht eine tiefrote Lösung.		
Durch die Fehlingprobe reagiert Propanal zu Propensäure.		
Das Fehlingreagenz ist eine basische Lösung.		

103 Als Werkstudent bei einer kleinen Chemiefirma sollst du durch nukleophile Addition von Alkohol-Molekülen an Carbonylverbindungen möglichst viele verschiedene Halbacetale und Halbketale synthetisieren. Im Labor findest du eine Liste mit verschiedenen Chemikalien.
Zeichne alle aus diesen Stoffen darstellbaren Halbacetale und Halbketale und gib die dazugehörigen Edukte an.

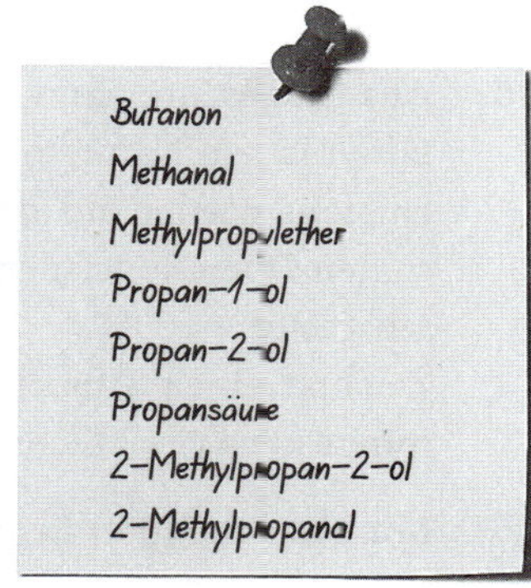

104 In der Filmleiste ist der Mechanismus zur Bildung eines Halbacetals aus Ethanal und Ethanol dargestellt. Beschrifte die einzelnen Schritte unter Verwendung der folgenden Begriffe:

nukleophiler Angriff	Carbokation
Halbacetal	Abspaltung
positiv polarisiert	Hydroxygruppe
negativ polarisiert	nukleophil
Proton	Katalysator
erleichtert	regeneriert

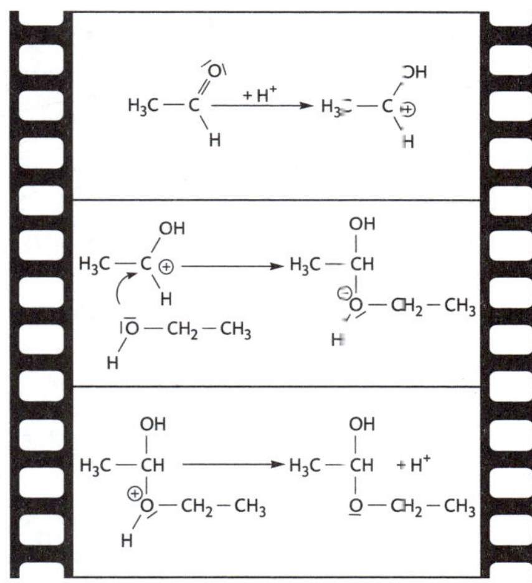

105 In diesem Text sind neun Fehler eingebaut. Finde die Fehler und korrigiere den Text entsprechend.
Pentan-1-ol ist ein zweiwertiger Alkohol, den man benötigt, um Essigsäurepentylester herzustellen. Ein anderes Edukt ist Propansäure. Die Reaktion wird als Esterhydrolyse bezeichnet, weil dabei Wasser abgespalten wird. Essigsäurepentylester ist wasserlöslich. Pentan-1-ol ist isomer zu Pentan-2-ol; diese beiden Carbonylverbindungen unterscheiden sich nur in der Stellung der Hydroxygruppe, man spricht auch von Stellungsisomerie. Pentan-1-ol hat eine niedrigere Siedetemperatur als Pentan-2-ol, da bei primären Alkoholen intermolekulare H-Brücken besser ausgebildet werden können. Setzt man diese beiden Alkohole mit angesäuerter Kaliumpermanganatlösung um, so färbt sich die Lösung grün. Pentan-1-ol reagiert erst zu Pentanal und dann zu Pentanon. Pentan-2-ol reagiert zu Pentan-3-on.

106 Aus Milchsäure kann ein besonderer Polyester hergestellt werden. Das Edukt ist ein Naturstoff und bei der Hydrolyse des Polymilchsäureesters entsteht wieder nur der Naturstoff Milchsäure. Aus diesem Grund bestehen Operationsfäden zum Nähen innerer Verletzungen aus Polymilchsäureester.

Zeichne einen Ausschnitt aus dem Polymilchsäureester-Molekül, der mindestens vier Milchsäure-Bausteine umfasst.

107 Mit diesem Experiment soll das Löseverhalten verschiedener Stoffe untersucht werden.

Gib von jedem Stoff die IUPAC-Bezeichnung an und stelle begründete Hypothesen über das Löseverhalten auf.

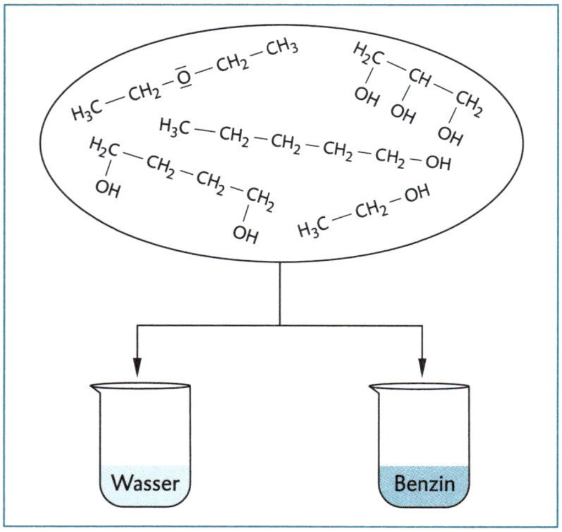

108 Gleiche Dinge werden je nach Vorbildung und Motivation häufig unterschiedlich wahrgenommen. So kann ein Chemiker mit seiner geschulten Nase sechs verschiedene Verbindungen im Aroma einer Ananas identifizieren.

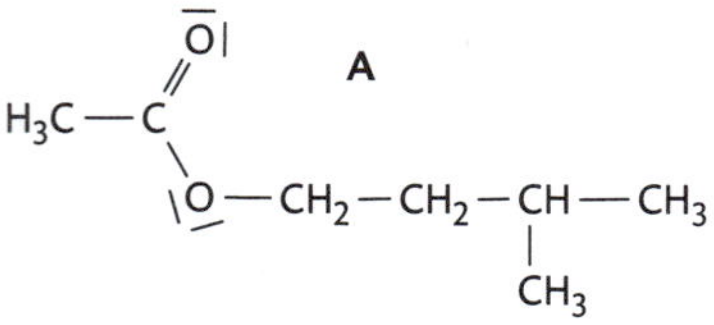

A

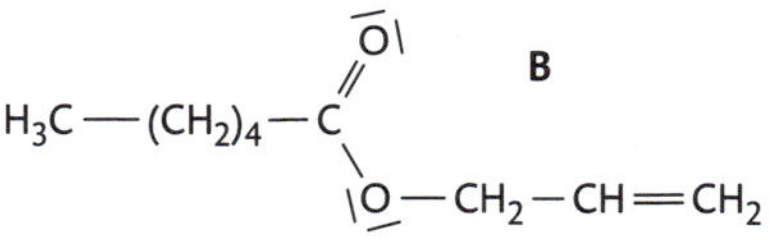

B

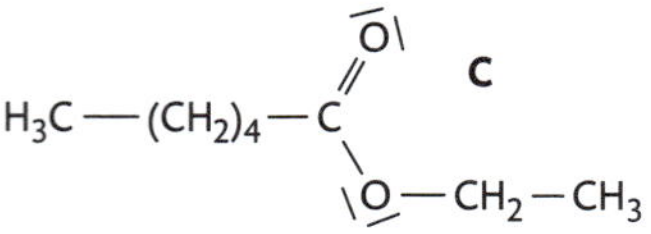

C

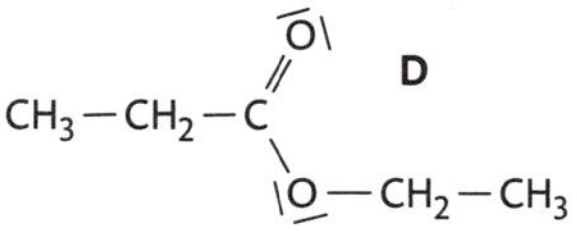

D

E

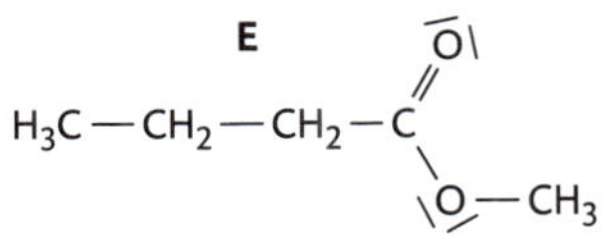

F

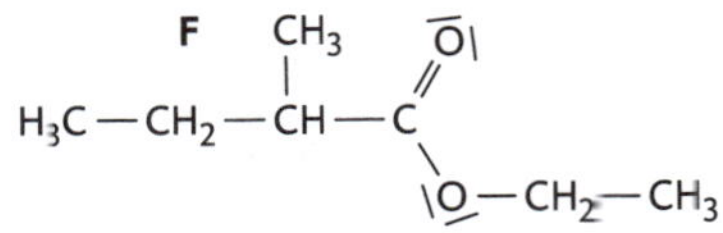

Deine Aufgabe ist es,

a die Verbindungen A–F eindeutig nach IUPAC zu benennen,

b für jede Verbindung die Edukte und die Produkte als Strukturformel zu notieren und die Edukte zu benennen.

109 Kreuze an, welche der folgenden Aussagen richtig bzw. falsch sind und stelle die falschen Aussagen richtig.

	richtig	falsch
Alkansäuren sind polarer als primäre Alkohole mit gleichem Kohlenstoffgerüst.		
Alkansäuren haben höhere Siedetemperaturen als primäre Alkohole mit gleichem Kohlenstoffgerüst.		
Mit zunehmender Wertigkeit nimmt die Siedetemperatur der Alkohole ab.		
Butansäure löst sich in Wasser, Butan-1-ol kaum.		
Alkanone sind wasserlöslich.		
Aldehyde haben in der Regel höhere Siedetemperaturen als Alkanole.		
In der Nähe der Siedetemperatur gehen Carbonsäuren als Dimere in die Gasphase über.		
Carbonsäureester sind hydrophil.		
Mit zunehmender Kettenlänge gleichen sich die Siedetemperaturen von Alkanen und Alkanolen an.		
Mit zunehmender Wertigkeit nimmt die Wasserlöslichkeit der Alkohole ab.		

110 Erstelle aus diesen Begriffen eine Mindmap.

Alkohole	Fehlingprobe	Ketone	Fruchtaromen
Ethanol	zweiwertiger Alkohol	Nukleophile Addition	wird zur Carbonsäure oxidiert
Methanol	Trinkalkohol	wird zum Aldehyd oxidiert	wird zum Keton oxidiert
Carbonsäureester	Oxalsäure	Halbketal	primärer Alkohol
Stellungsisomerie	Carbonsäuren	Reaktion zwischen Alkohol und Carbonsäure	R–COOH
Butanon	Hydroxygruppe	Diethylether	Ameisensäure
Wertigkeit	sekundärer Alkohol	3-Methylhexan-3-ol	Dicarbonsäuren
Halbacetal	Ethandiol	Essigsäure	Carboxygruppe
Monocarbonsäuren	Ether	Protonendonator	Frostschutzmittel
Esterhydrolyse	Aceton	tertiärer Alkohol	Formaldehyd
Carbonylverbindungen	Aldehyde	Propan-1,2-diol	Esterkondensation

Grundstruktur der Mindmap:

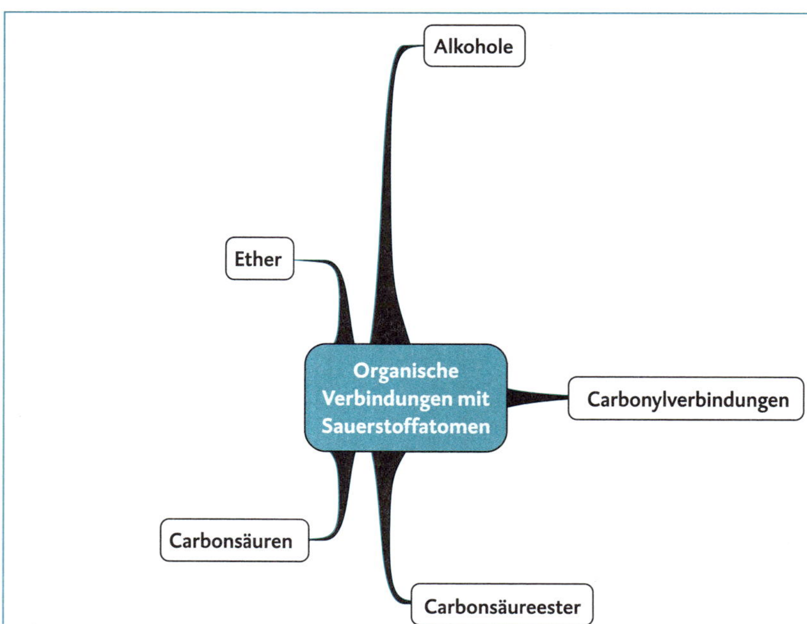

111 Max und Paula beschäftigen sich im Chemieunterricht mit Esterkondensation und Esterhydrolyse. Max gibt Ethansäure und Ethanol in einen Kolben A, Paula Ethansäureethylester und Wasser in einen Kolben B (Zeitpunkt I). Die Kolben werden verschlossen. Nach einer gewissen Zeit (Zeitpunkt II) ändern sich die Konzentrationen der Reaktionspartner nicht mehr, weder im Kolben A noch im Kolben B.

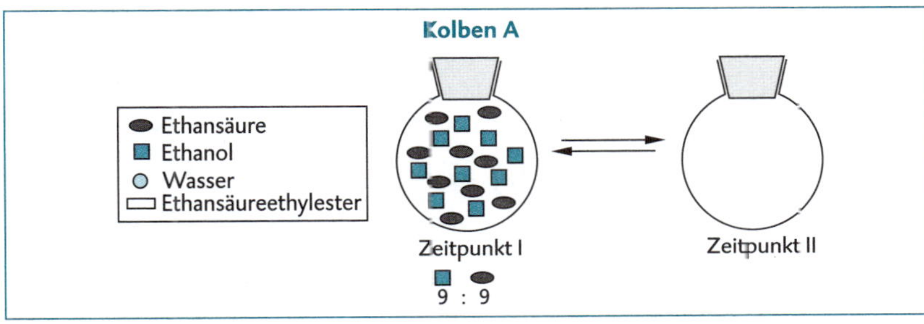

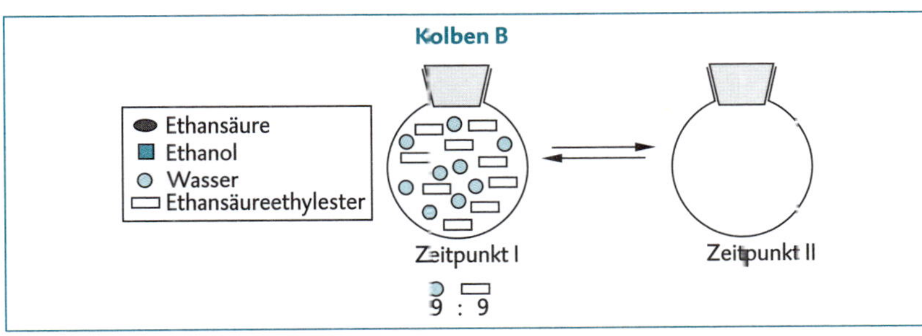

a Zeichne die Zusammensetzung der Stoffgemische zum Zeitpunkt II.

b Stelle jeweils die Reaktionsgleichungen für die Kolben A und B zum Zeitpunkt I und zum Zeitpunkt II auf.

112 Betrachte die Verbindungen A–E.

a Welche dieser Verbindungen sind durch nukleophile Addition an eine Carbonylgruppe entstanden?

b Stelle für die Synthese dieser Verbindungen die Reaktionsgleichungen auf und benenne jeweils die Edukte.

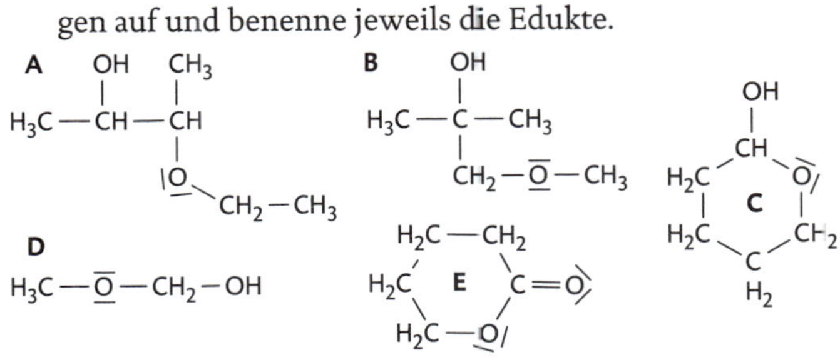

113 Polyester sind Verbindungen, bei denen durch viele Esterkondensationsschritte kleine Moleküle zu einem Riesenmolekül reagiert haben.
Aus welchen kleinen Molekülen sind folgende Polyester synthetisiert worden?
Zeichne jeweils die Strukturformeln der Edukte und benenne sie nach der IUPAC-Nomenklatur.

A 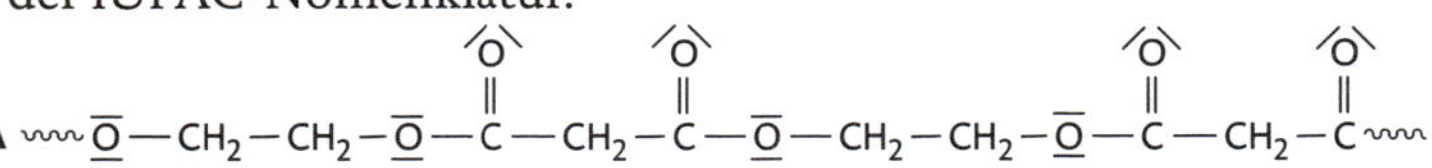

B 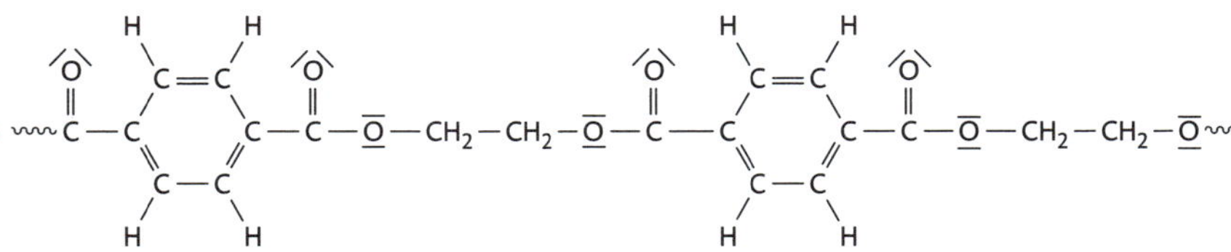

C 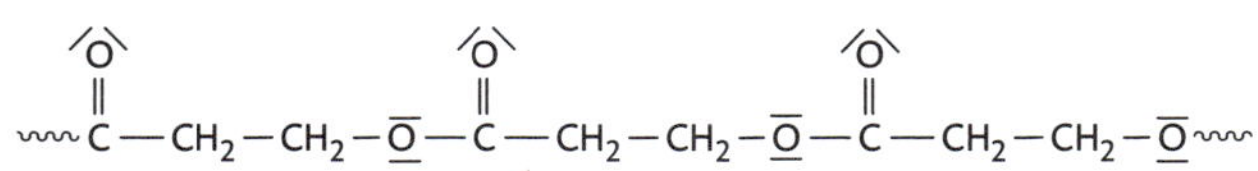

D 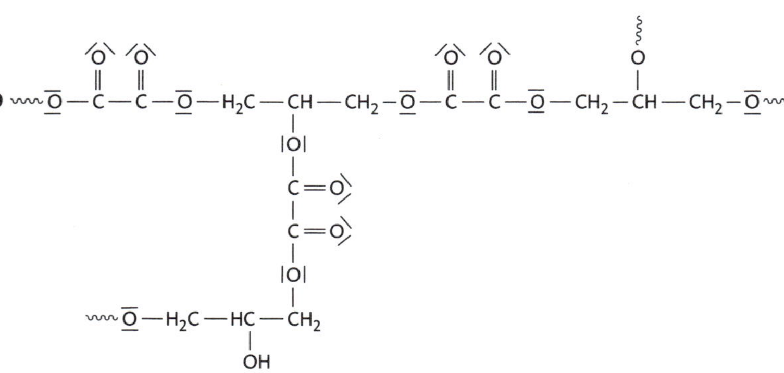

114 Normalerweise kennt man die Fehlingprobe als Reagenzglasversuch mit Wasserbad oder Gasbrenner. Sie funktioniert auch mit einem Metalllöffel und sehr geringen Chemikalienmengen.

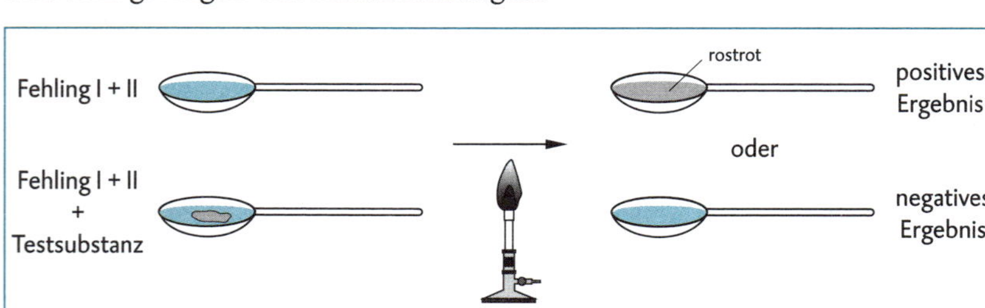

Die Fehlingprobe wird mit Ethandiol, Butandial und 2,3-Dihydroxypropanal durchgeführt.

a Beschreibe die in der Abbildung gezeigte Durchführung der Fehlingprobe.

b Welches Ergebnis ist für die genannten Substanzen zu erwarten? Stelle für die Substanzen mit positiver Fehlingprobe die Redoxgleichungen mit Teilgleichungen auf.

115 Ergänze die Lücken im Text sinnvoll.

Funktionelle Gruppen klassifizieren Stoffklassen.

Alkohole sind gekennzeichnet durch das Vorhandensein einer ______________________. Man unterscheidet primäre, ______________ und ______________ Alkohole je nach ______________ der Hydroxygruppe. 2-Methylpentan-2-ol ist ein Beispiel für einen ______________ Alkohol. Bei vergleichbarer Molekülgröße steigen die Siedetemperaturen der Alkohole von ______________ über sekundär nach ______________ an. Die Anzahl der Hydroxygruppen im Molekül bezeichnet man als ______________. Glycerin ist ein ______________ Alkohol.

Oxidiert man Alkohole, so erhält man zunächst ______________ und Ketone. Ihr Kennzeichen ist die ______________. Ist sie endständig, so nennt man sie auch ______________ oder Formylgruppe. Ketone entstehen durch Oxidation von ______________ Alkoholen, also z. B. entsteht Pentan-3-on durch Oxidation von ______________. Aldehyde können weiter zur ______________ oxidiert werden. Diese Reaktion läuft z. B. bei der ______________ ab. Dabei werden ______________ reduziert. Aldehyde und Ketone haben ______________ Siedetemperaturen als vergleichbar gebaute Alkohole.

Das Kennzeichen der ______________ ist die Carboxygruppe. Sie ist für die saure Reaktion verantwortlich, Carbonsäuren sind Protonen ______________. Enthält ein Molekül zwei Carboxygruppen, spricht man von einer ______________, ein Beispiel ist die ______________. Carbonsäuren und ______________ reagieren unter Wasserabspaltung zu Carbonsäureestern.

Stoffe, die verschiedene funktionelle Gruppen enthalten, nennt man ______________ Verbindungen.

116 Viele Naturstoffe tragen aus historischen oder praktikablen Gründen einen Trivialnamen.

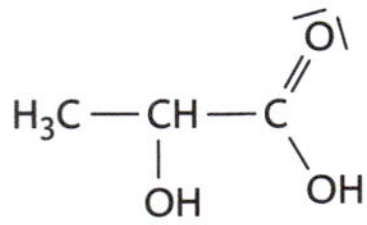

Milchsäure

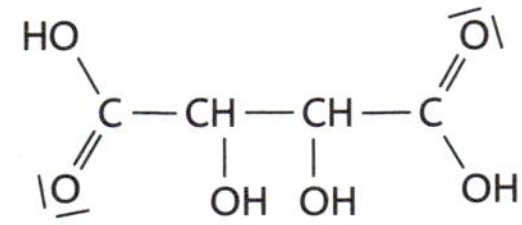

Weinsäure

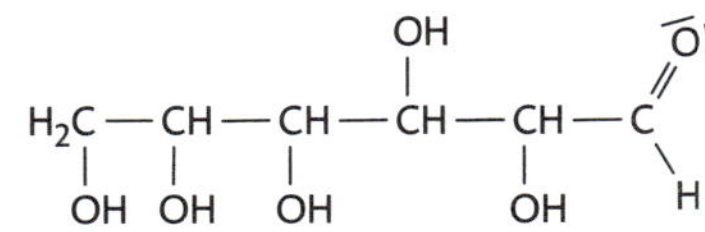

Traubenzucker (Glucose)

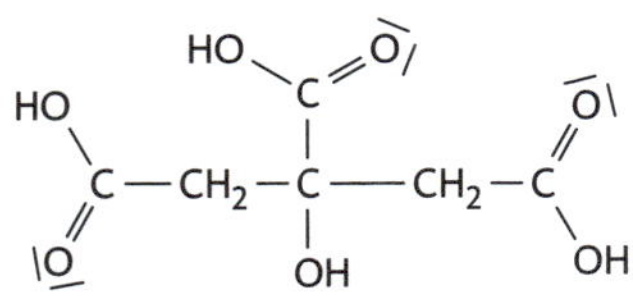

Citronensäure

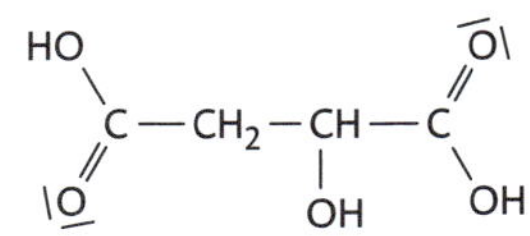

Äpfelsäure

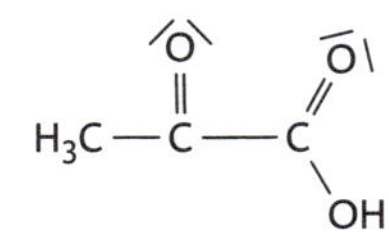

Brenztraubensäure

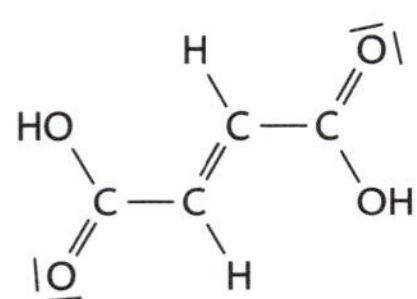

Fumarsäure

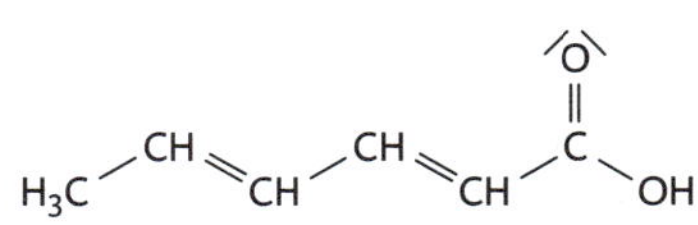

Sorbinsäure

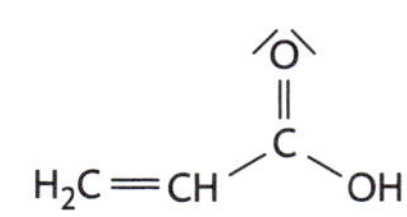

Acrylsäure

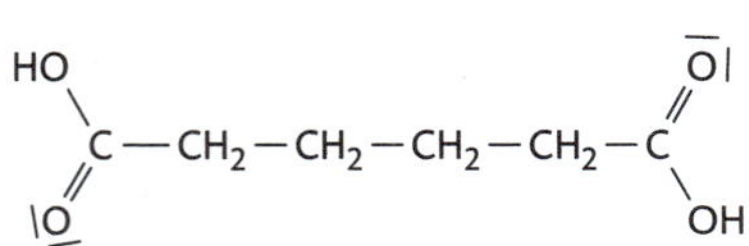

Adipinsäure

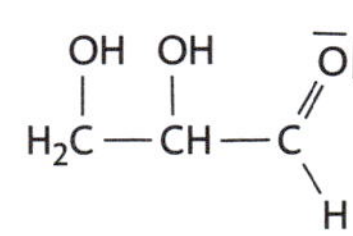

Glycerinaldehyd

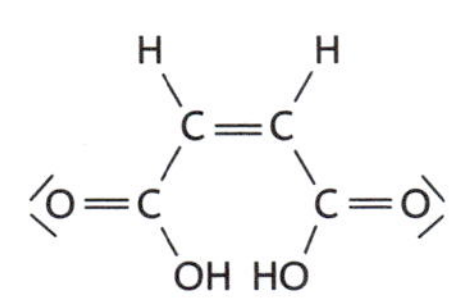

Maleinsäure

Weise die in der Tabelle aufgelisteten IUPAC-Namen den jeweiligen Naturstoffen zu.

2-Oxopropansäure	(E, E)-Hexa-2,4-diensäure	Pentahydroxyhexansäure
Butandiol	(E)-Butendisäure	2-Oxo-Butandisäure
Hexandisäure	2,3-Dihydroxybutandisäure	2-Hydroxybutandisäure
(Z)-Butendisäure	2,3-Dihydroxyhexandisäure	2-Hydroxypropansäure
3-Hydroxypropansäure	Propensäure	Pentandial
(Z, Z)-Hexa-2,4-diensäure	Pentahydroxyhexanal	2,3-Dihydroxypropanal
Glycerinsäure	3-Carboxy-3-hydroxy-pentandisäure	3-Carboxy-3-hydroxy-pentansäure

117 In einem Ferienlager im Bayerischen Wald finden Max und Paula einen großen Haufen der kleinen Roten Waldameise. Beim Betrachten des Haufens stellt sich Max versehentlich barfuß auf eine Ameisenstraße. Die Ameisen wehren sich. Max betrachtet später seinen Fuß und entdeckt mehrere kleine rote Stellen, die brennen und jucken. Paula sagt: „Siehst du, die Ameisen haben Ameisensäure auf deine Haut gespritzt." „So ein Quatsch", meint Max, „die Viecher haben mich gebissen."
Wer hat recht? Stelle eine Hypothese auf und plane ein Experiment, ohne dabei allerdings die Ameisen oder ihren Bau zu gefährden.

Biomoleküle

Quartärstruktur eines Proteins

1 Fette

Fette sind Ester des dreiwertigen Alkohols Glycerin (Propan-1,2,3-triol) mit langkettigen Carbonsäuren (z. B. Hexadecansäure = Palmitinsäure). Die entstehenden Moleküle bezeichnet man allgemein als **Triacylglycerine (Triglyceride)**. In natürlichen Fetten sind verschiedene Carbonsäuren mit dem Glycerin verestert, sodass hier stets Stoffgemische vorliegen.
Im Folgenden wird die Synthese eines Triglycerids mit drei Molekülen Hexadecansäure (Palmitinsäure) betrachtet. Für diese langkettige Carbonsäure mit der Summenformel $C_{15}H_{31}COOH$ gibt es drei Darstellungsmöglichkeiten:

1) $\overset{16}{CH_3}-CH_2-CH_2-CH_2-CH_2-CH_2-CH_2-CH_2-CH_2-CH_2-CH_2-CH_2-CH_2-CH_2-CH_2-\overset{1}{COOH}$

2) 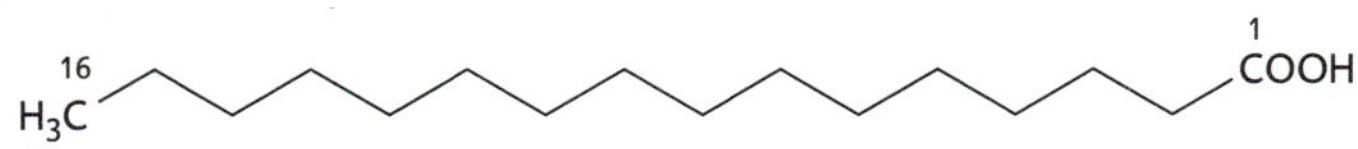

3) $\overset{16}{CH_3}\!\left(CH_2\right)_{14}\overset{1}{COOH}$

Bei der Reaktion der Palmitinsäure mit Glycerin werden unter Wasseraustritt drei Esterbindungen ausgebildet; es entsteht ein Triglycerid, das Tripalmitat.

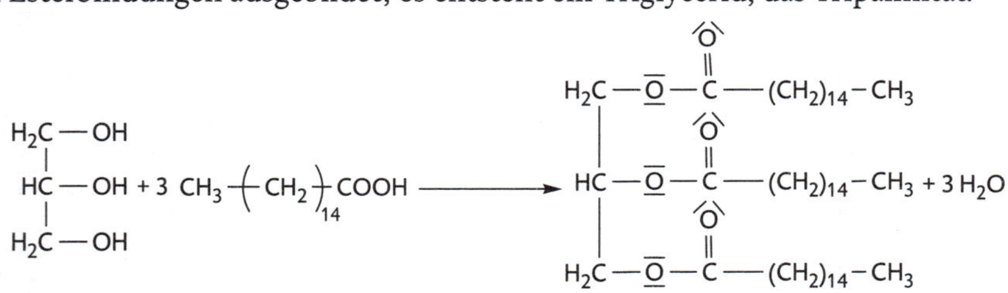

Glycerin Palmitinsäure Tripalmitat

Eigenschaften von Fetten

Da Fett-Moleküle als Ester mit langen Alkylresten **unpolar** sind, ergeben sich typische Eigenschaften für diese Stoffklasse:

- Fette sind sehr schwer wasserlöslich, aber gut löslich in unpolaren Lösungsmitteln (z. B. Benzin).
- Fette haben niedrige Schmelztemperaturen (ca. –10 °C bis + 40 °C), da nur Van-der-Waals-Kräfte wirksam sind.
- Die Zersetzung der Fette beginnt bei ca. 200 °C. Die Atombindungen in den Fett-Molekülen brechen auf und es entsteht eine Vielzahl an kleineren Molekülen (auftretender Geruch, Rauch).
- Heiße Fette sind brennbar.
- Durch die Spaltung der Esterbindungen lassen sich Fette verseifen.

Neben **gesättigten Fettsäuren** wie Hexadecansäure (Palmitinsäure) und Octadecansäure (Stearinsäure) können in Fetten auch **ungesättigte Fettsäuren**, also Fettsäuren, die mindestens eine Doppelbindung enthalten, auftreten. Beispiele für solche ungesättigten Fettsäuren sind die einfach ungesättigte (Z)-Octadeca-9-ensäure (Ölsäure) oder die zweifach ungesättigte (Z, Z)-Octadeca-9,12-diensäure (Linolsäure). Fette mit einem hohen Anteil an ungesättigten Fettsäuren sind bereits bei Raumtemperatur flüssig **(fette Öle)**. Durch die ausschließlich in (Z)-Form (cis-Form) vorliegenden Doppelbindungen sind die Fettsäurereste recht sperrig gebaut, sodass sich die Moleküle nur schlecht einander annähern können. Die Van-der-Waals-Kräfte sind dadurch noch geringer und die entsprechenden Fette haben einen niedrigeren Schmelzbereich. Den Fetten wird stets ein Schmelzbereich zugeordnet und keine exakte Schmelztemperatur, da es sich um Stoffgemische handelt, die sich aus verschiedenen Triglyceriden zusammensetzen. Als Beispiel dient ein Fett-Molekül, das Ölsäure, Stearinsäure und Linolsäure enthält:

eispiel

Fett-Molekül, aufgebaut aus den Fettsäuren Stearinsäure, Ölsäure und Linolsäure:

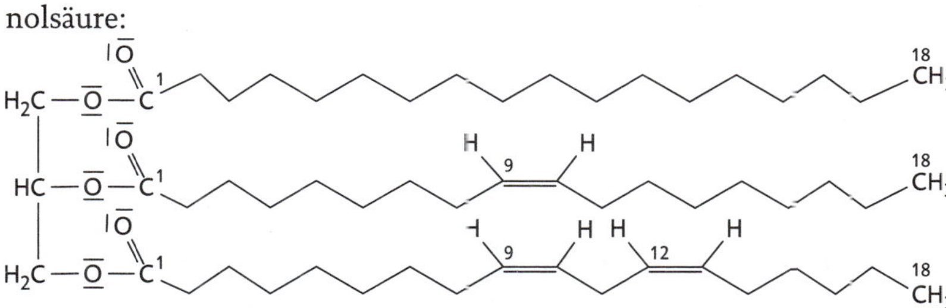

Hinweis: „Knicke" an den Doppelbindungen der C-Kette sind hier nicht dargestellt.

Bei der **Verseifung von Fetten** werden durch Kochen mit einer basischen Lösung (z. B. Natronlauge (NaOH)) die Esterbindungen gespalten. Es entstehen Glycerin und die Salze der Fettsäuren, die **Seifen**:

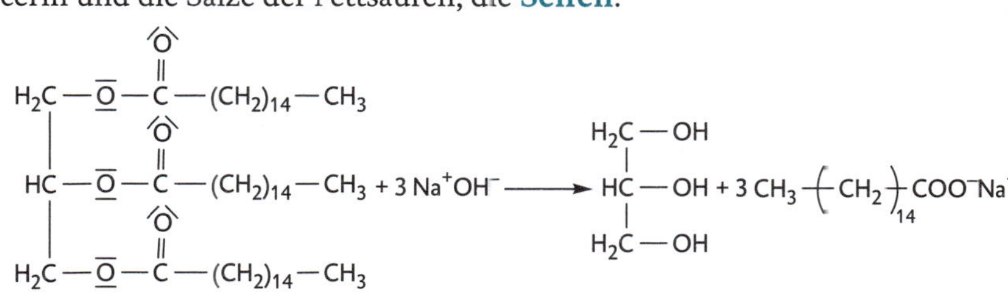

Beispiel

Der Schmelzbereich von Sonnenblumenöl liegt zwischen –20 °C und –10 °C, Kokosfett schmilzt zwischen 25 °C und 30 °C.
Erkläre den Unterschied in den Schmelzbereichen der beiden Fette und zeichne die Strukturformel eines typischen Fett-Moleküls, das im Kokosfett vorkommt.

Lösung:
Im Sonnenblumenöl sind am Aufbau der Triglyceride wesentlich mehr ungesättigte Fettsäuren beteiligt. Da die Doppelbindungen in den Fettsäuren ausschließlich in der (Z)-Form vorliegen, sind die Moleküle an diesen Stellen „geknickt". Die Annäherung der Moleküle ist dadurch stark behindert, sodass die zwischenmolekularen Van-der-Waals-Kräfte im Sonnenblumenöl wesentlich geringer sind als im Kokosfett.
Ein typisches Triglycerid im Kokosfett enthält ausschließlich gesättigte Fettsäuren, z. B. Palmitin- und Stearinsäure.
Hinweis: Auch andere Kombinationen der Fettsäuren sind möglich.

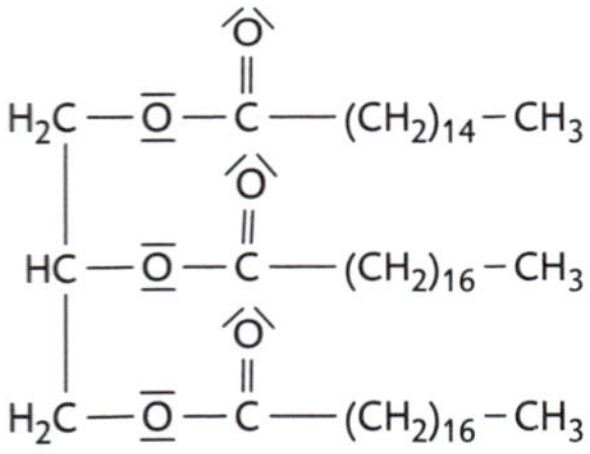

Durch **Addition von Wasserstoff** an die Doppelbindungen kann man den Schmelzbereich deutlich erhöhen und so aus Ölen, die bei Raumtemperatur flüssig sind, feste Fette herstellen (**Fetthärtung,** z. B. zur Herstellung von Margarine).
Fette kann man z. B. aus fettreichen Pflanzensamen leicht extrahieren und als nachwachsende Rohstoffe chemisch zu gewünschten Produkten weiterverarbeiten. So erhält man aus Raps durch Umesterung mit Methanol den als **Biodiesel** bezeichneten **R**apsöl**m**ethyl**e**ster (RME).

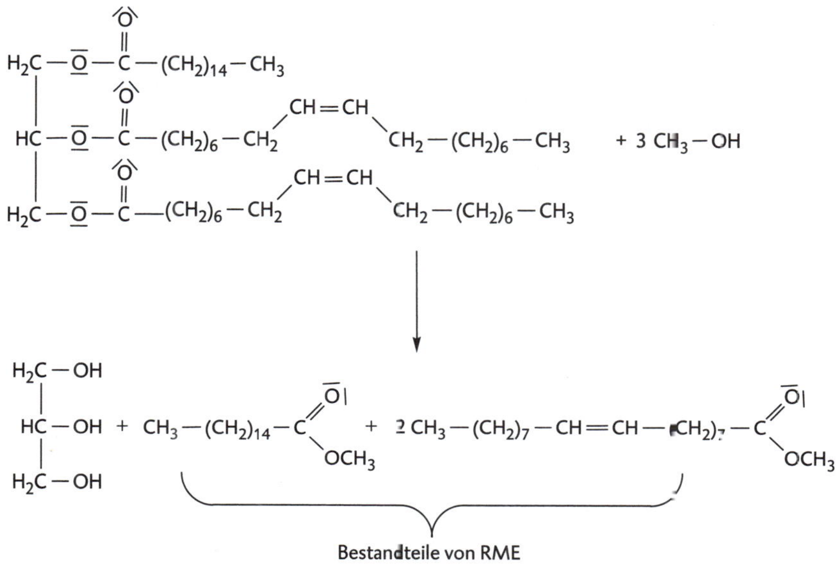

Zusammenfassung

- Fette sind ein Gemisch verschiedener **Triglyceride**.
- In Triglyceriden ist der dreiwertige Alkohol Glycerin mit drei Fettsäuren verestert.
- Die Esterbindungen entstehen durch Reaktion einer Hydroxy- mit einer Carboxygruppe unter Wasseraustritt (Kondensation).
- Die in Fett-Molekülen vorkommenden Fettsäuren können gesättigt oder ungesättigt sein.
- Der Schmelzbereich eines Fettes wird bestimmt durch den Anteil an ungesättigten Fettsäuren.

Aufgaben **118** Zeichne die Strukturformel des gesuchten Fett-Moleküls und benenne die Fettsäuren, die in diesem Fett mit Glycerin verestert sind.

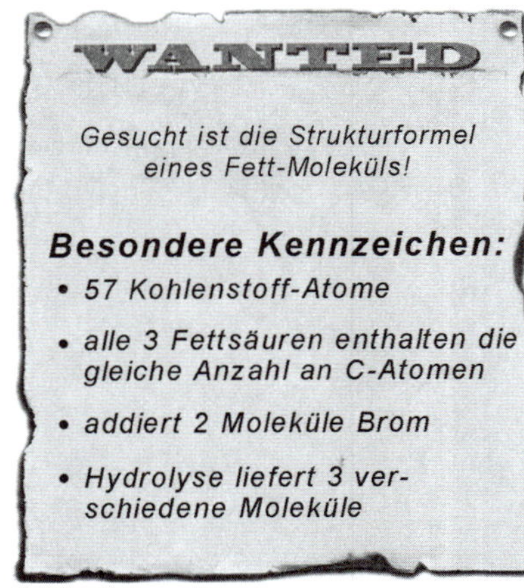

119 In den Fässern befinden sich sechs verschiedene Fettsäuren.

a Ordne die abgebildeten Strukturformeln A–F den richtigen Trivialnamen bzw. Summenformeln zu.

b Gib den IUPAC-Namen dieser Fettsäuren an.

c Ordne die Fettsäuren nach steigender Schmelztemperatur und begründe deine Einteilung.

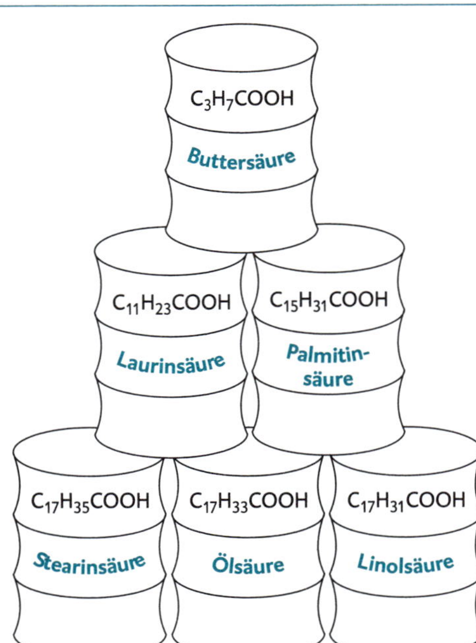

A

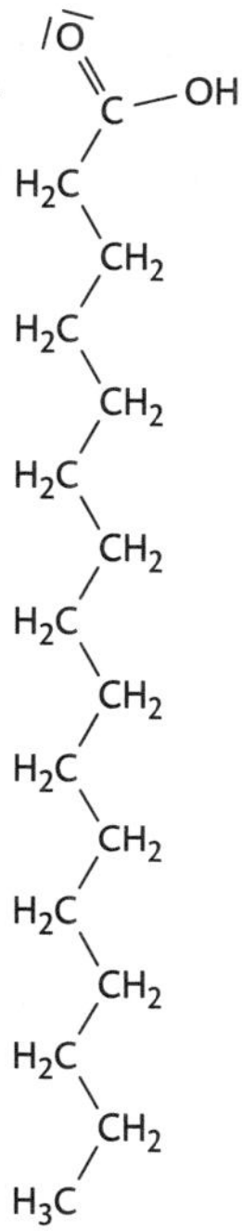

B

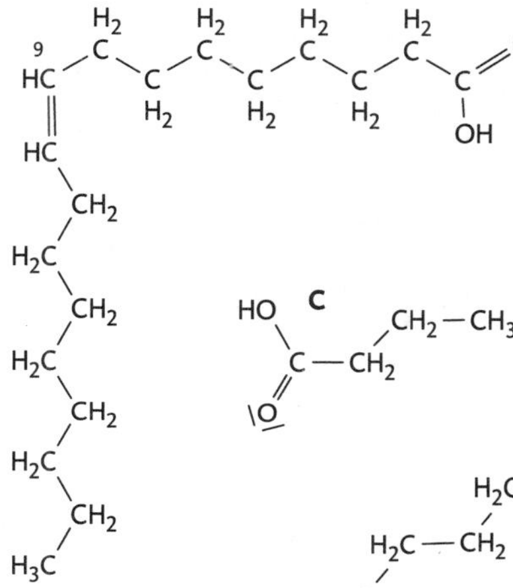

C

D

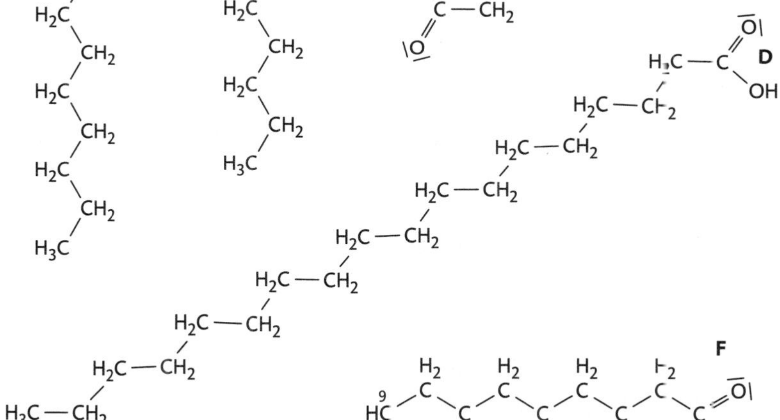

F

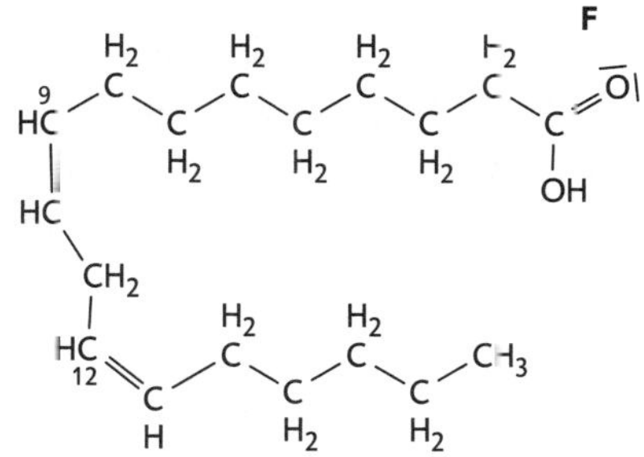

E

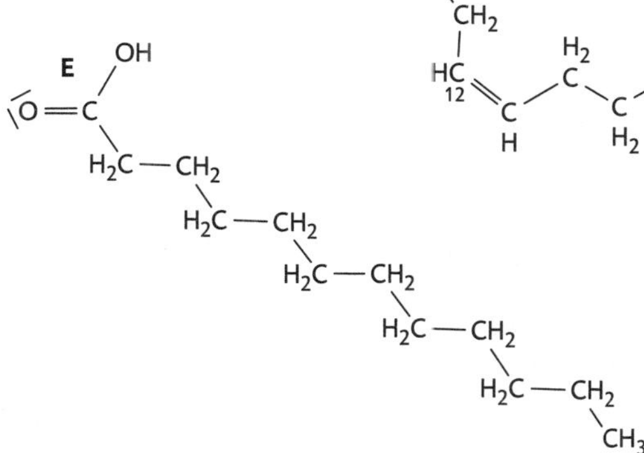

120 Ein flüssiges Fett, ein sogenanntes fettes Öl, wird mit Natronlauge in ein Becherglas gegeben und erhitzt. Die Natronlauge wurde zuvor mit Phenolphthalein versetzt. Zu Beginn der Reaktion liegt ein zweiphasiges heterogenes Gemisch vor.

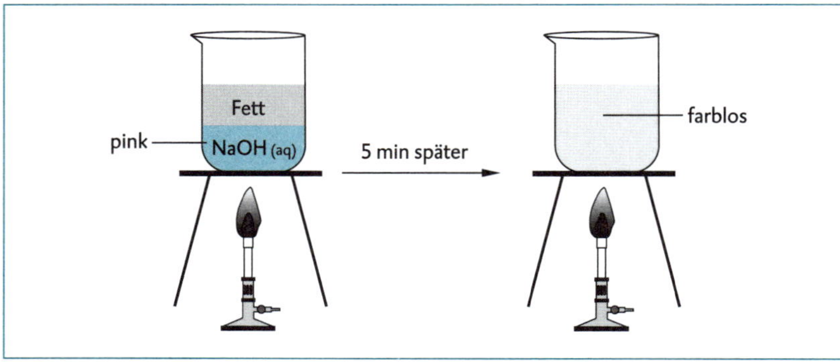

a Welche Veränderung kann nach einer Reaktionszeit von etwa 5 min beobachtet werden?

b Deute diese Beobachtung.

c Stelle für den Fall, dass es sich bei dem Fett um Glycerintrioleat ($C_3H_5(OOC-C_{17}H_{33})_3$) handelt, die Rektionsgleichung mit Strukturformeln auf.

121 Rapsölmethylester wird an vielen Tankstellen als „Biodiesel“ verkauft. Der Name Rapsölmethylester ist etwas irreführend, denn es handelt sich dabei um Ester verschiedener Fettsäuren und Methanol. Als Rohstoff dient Rapsöl, das mit Methanol umgeestert wird.
Folgende Tabelle zeigt die häufigsten Fettsäuren im Industrie-Raps.

Trivialname	Summenformel	IUPAC-Name	Anteil
Erucasäure	$C_{21}H_{41}COOH$	(Z)-Docosa-13-ensäure	48 %
Ölsäure	$C_{17}H_{33}COOH$	(Z)-Octadeca-9-ensäure	15 %
Linolsäure	$C_{17}H_{31}COOH$	(Z, Z)-Octadeca-9, 12-diensäure	14 %
Linolensäure	$C_{17}H_{29}COOH$	(Z, Z, Z)-Octadeca-9, 12, 15-triensäure	8 %
Palmitinsäure	$C_{15}H_{31}COOH$	Hexadecansäure	3 %

a Zeichne die Strukturformel eines typischen Rapsöl-Moleküls und eines Rapsölmethylester-Moleküls.

b Erstelle die Reaktionsgleichung für die Herstellung von Rapsölmethylester aus Rapsöl und Methanol. Für die Fettsäurereste können die Kürzel R_1, R_2 und R_3 verwendet werden.

2 Kohlenhydrate

Zu den Kohlenhydraten gehören alle Zucker. Man unterscheidet **Einfachzucker** (Monosaccharide), z. B. Glucose (Traubenzucker) und Fructose (Fruchtzucker), **Zweifachzucker** (Disaccharide), z. B. Saccharose (Haushaltszucker oder Rübenzucker) und Maltose (Malzzucker) sowie **Vielfachzucker** (Polysaccharide), z. B. Cellulose. Das für die Ernährung wichtigste Kohlenhydrat ist der Vielfachzucker **Stärke**. Stärke-Moleküle setzen sich aus einer großen Zahl von Glucose-Molekülen zusammen.
Neben den Fetten sind die Kohlenhydrate die wichtigsten Energielieferanten für die Organismen. Ein Gramm Kohlenhydrat liefert ca. 17 kJ Energie, ein Gramm Fett ca. 38 kJ.

Strukturmerkmale der Kohlenhydrate

- Kohlenhydrate bestehen aus mindestens drei C-Atomen.
- Kohlenhydrate besitzen eine Carbonylgruppe (Aldehyd oder Keton).
- Es befinden sich mindestens zwei Hydroxygruppen an unterschiedlichen C-Atomen.

eispiel

Erstelle die Strukturformel der einfachsten Verbindung, die zu den Kohlenhydraten zählt.

Lösung:
Das einfachste Kohlenhydrat setzt sich aus drei C-Atomen zusammen, enthält eine Carbonylgruppe und zwei Hydroxygruppen an verschiedenen C-Atomen.
Der exakte Name dieses Kohlenhydrats lautet: 2,3-Dihydroxypropanal
Hinweis: Auch 1,3-Dihydroxypropanon als Strukturformel des einfachsten Kohlenhydrats wäre möglich.

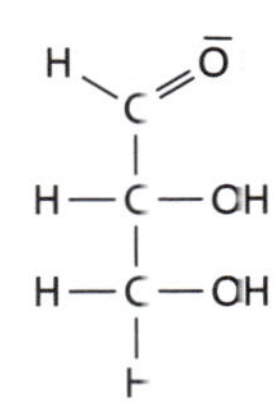

2,3-Dihydroxypropanal

2.1 Glucose (Traubenzucker)

Auch die Glucose mit der **Summenformel $C_6H_{12}O_6$** erfüllt die oben genannten strukturellen Bedingungen für Kohlenhydrate. Glucose-Moleküle enthalten sechs C-Atome, eine Aldehydgruppe und fünf Hydroxygruppen. Bei der Strukturformel der Glucose in der Fischer-Projektion werden die C-Atome von oben nach unten gezeichnet, wobei das am höchsten oxidierte C-Atom oben steht. Die Stellung der Hydroxygruppen rechts oder links der C-Kette ist eindeutig bestimmt. Um die räumliche Struktur der Zucker-Moleküle aber verstehen zu können, muss man sich mit asymmetrischen C-Atomen und Spiegelbildisomerie beschäftigen. Diese Themen sollen hier nicht behandelt werden.

Fischer-Projektion: Strukturformel der Glucose in der offenkettigen Form

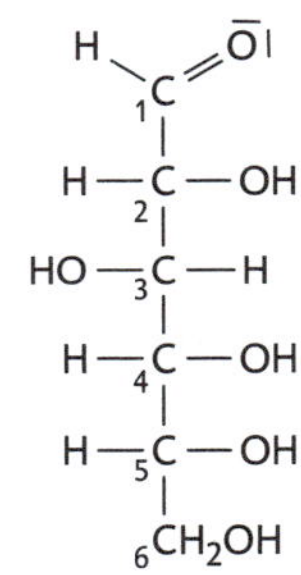

Die Glucose ist ein Beispiel für eine **Aldohexose**. In diesem Begriff stecken drei Informationen: die Endung **-ose** kennzeichnet einen Zucker, die Vorsilbe **Aldo-** deutet auf eine Aldehydgruppe hin und die Zählsilbe **-hex** gibt an, dass sich der Zucker aus sechs C-Atomen zusammensetzt.
Durch die **nukleophile Addition** der Hydroxygruppe am C_5-Atom an die Aldehydgruppe (siehe S. 91, Carbonylverbindungen) bildet sich in einem intramolekularen Ringschluss ein **Halbacetal**. Der entstehende Sechsring wird aus Gründen einer besseren Übersichtlichkeit in der Haworth-Projektion dargestellt. Alle OH-Gruppen, die sich in der Fischer-Projektion auf der rechten Seite befinden, zeigen in der Haworth-Projektion nach unten, alle OH-Gruppen, die sich in der Fischer-Projektion auf der linken Seite befinden, zeigen in der Haworth-Projektion nach oben. Die neu vorliegende OH-Gruppe am C_1-Atom kann in der Haworth-Projektion nach unten (siehe Abbildung) oder aber nach oben zeigen. Es gibt daher zwei verschiedene Glucose-Moleküle, die man als α- und β-Glucose bezeichnet.

Haworth-Projektion: Strukturformel der Glucose als Ringstruktur

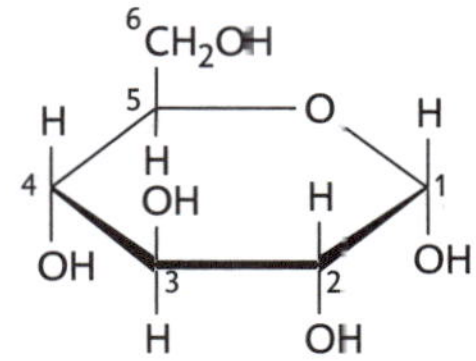

α-Glucose

ispiel

Gegeben ist die Fischer-Projektion der Fructose, einer Ketohexose. Durch eine nukleophile Addition der Hydroxygruppe am C_6-Atom an die Ketogruppe kommt es zum Ringschluss.
Zeichne die Haworth-Projektion des Zuckers nach dem Ringschluss.

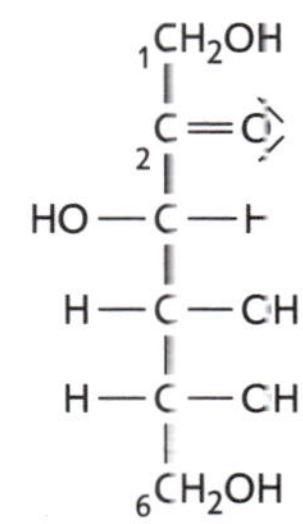

Lösung:
Es entsteht ein Sechsring mit folgender Struktur:

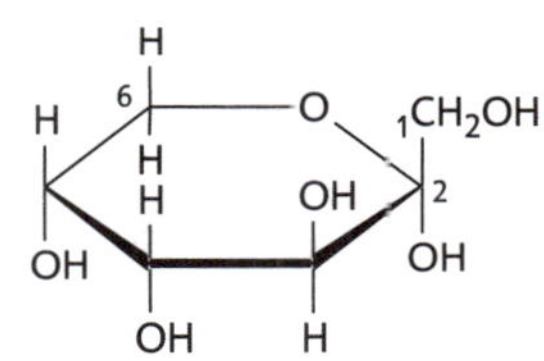

2.2 Stärke

Das Polysaccharid Stärke ist aus α-Glucose-Einheiten aufgebaut und ist der wichtigste Kohlenhydratspeicherstoff grüner Pflanzen (Getreidearten, Kartoffeln, Reis etc.). Stärke ist somit das wichtigste Kohlenhydrat in der menschlichen Ernährung. Bei der Entstehung dieses Polysaccharids bilden sich zwischen den Hydroxygruppen am C_1- und C_4-Atom der Glucose-Moleküle unter Wasseraustritt sogenannte **Glykosidbindungen** aus. Ein Stärke-Molekül ist ein Makromolekül und kann aus mehreren hundert Glucose-Einheiten aufgebaut sein.

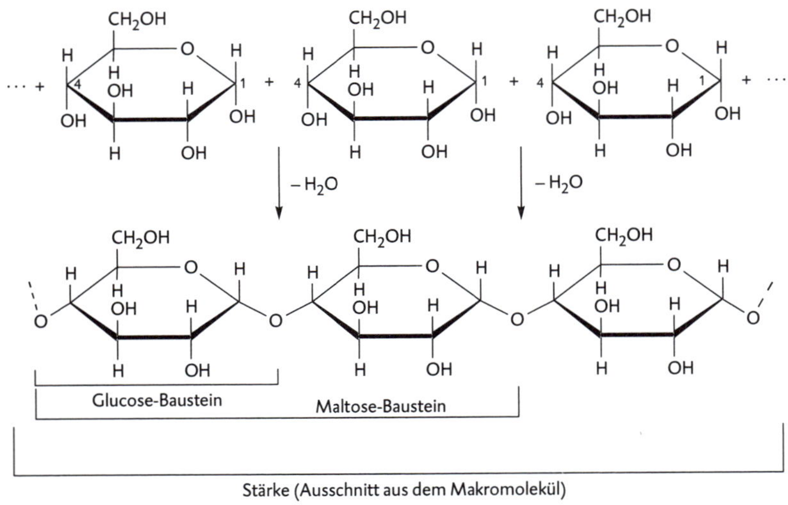

In natürlicher Stärke kommen immer zwei Arten von Makromolekülen vor, die **Amylose** und das **Amylopektin**. Die Amylose setzt sich ausschließlich aus Glucose-Molekülen zusammen, die in 1→4-glykosidischer Bindung miteinander verknüpft sind, wodurch das Makromolekül als **Helix** vorliegt.

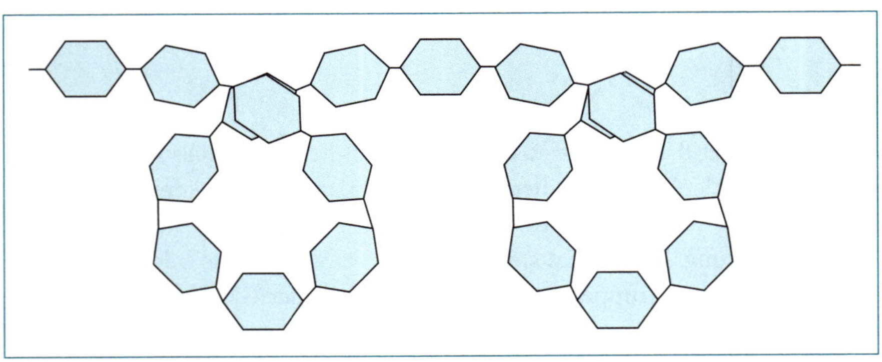

Abb. 8: Helixstruktur der Amylose

Mit brauner Jodlösung bildet sich der tiefblaue Jod-Stärke-Komplex, der als Stärkenachweis dient.

Im Amylopektin kommen neben 1→4-glykosidischen Bindungen noch 1→6-glykosidische Bindungen vor, sodass das Makromolekül stark verzweigt ist. Sehr ähnlich aufgebaut ist auch das Speicherkohlenhydrat des Menschen in der Leber, das **Glykogen**.

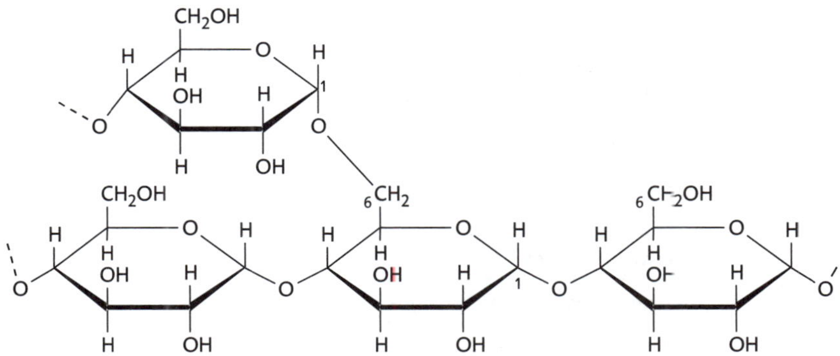

Bei der **Verdauung** werden die Stärke-Moleküle durch die Verdauungsenzyme in Glucose zerlegt und dann aus dem Dünndarm ins Blut aufgenommen.

Beispiel

Bei der Verdauung von Stärke entsteht auch die Maltose (Malzzucker), bei der zwei Glucose-Moleküle 1→4-glykosidisch miteinander verknüpft sind. Zeichne das Molekül der Maltose in der Haworth-Projektion.

Lösung:

In der Maltose sind die Glucose-Moleküle wie in der Stärke gebunden. Das Maltose-Molekül enthält aber nur zwei Glucose-Einheiten, die über eine Glykosidbindung miteinander verknüpft sind.

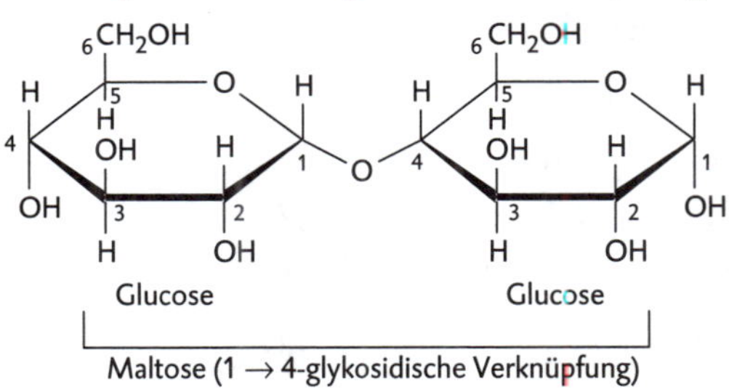

Zusammenfassung

- **Glucose** (Traubenzucker) und **Stärke** sind wichtige Kohlenhydrate, wobei Stärke aus vielen, über Glykosidbindungen miteinander verbundenen, Glucose-Molekülen besteht.
- **Glykosidbindungen** entstehen durch Reaktion zweier Hydroxygruppen unter Wasseraustritt (Kondensation).

Aufgaben

122 Mit Glucose verläuft die Fehlingprobe positiv.
Stelle die Teilgleichungen und die Gesamtgleichung dieser Redoxreaktion auf und verwende dabei Strukturformeln.

123 Kreuze an, welche der folgenden Aussagen richtig bzw. falsch sind und stelle die falschen Aussagen richtig.

	richtig	falsch
Stärke ist ein Monosaccharid.		
Bei Glucose verläuft die Fehlingprobe positiv.		
Stärke ist der wichtigste Speicherstoff der Pflanzen.		
Stärke besteht aus vielen glykosidisch verknüpften Glucose-Molekülen.		
Wird Stärke hydrolytisch gespalten, erhält man Traubenzucker.		
Stärke kann durch die Fehlingprobe nachgewiesen werden.		
Stärke wird durch den rotbraunen Iod-Stärke-Komplex nachgewiesen.		
Cellulose ist auch ein Polysaccharid, das aus Glucose-Bausteinen zusammengesetzt ist.		

124 Hier sind sieben Monosaccharide sowohl in der Haworth- als auch in der Fischer-Projektion dargestellt.
Finde die richtigen Paare und gib an, ob es sich bei der Ringform um ein Halbacetal oder um ein Halbketal handelt.

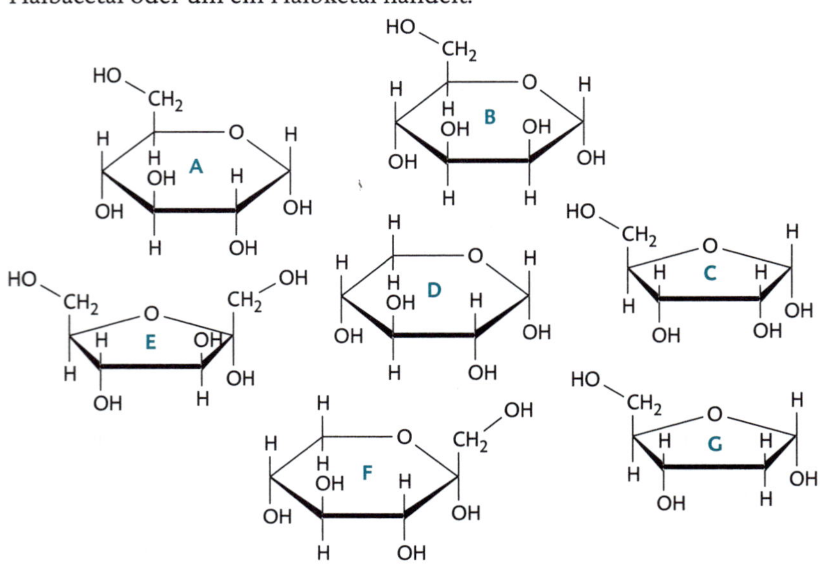

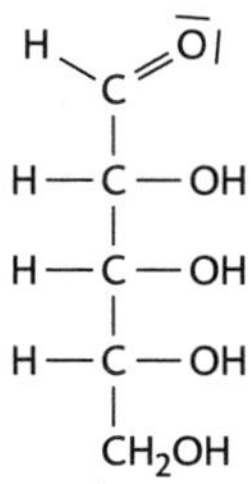

Ribose

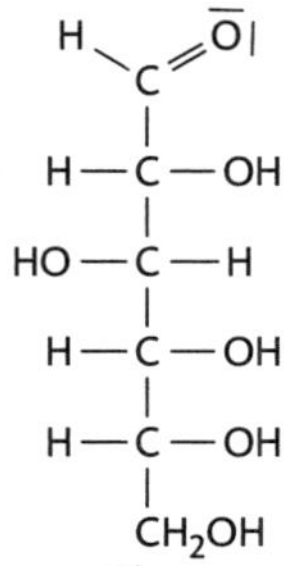

Glucose

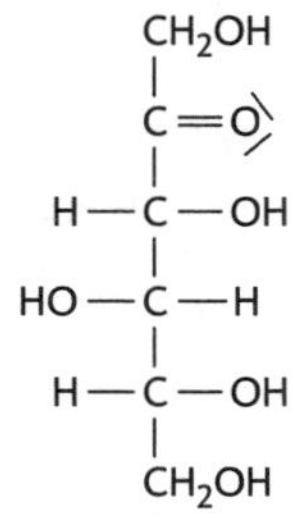

Sorbose

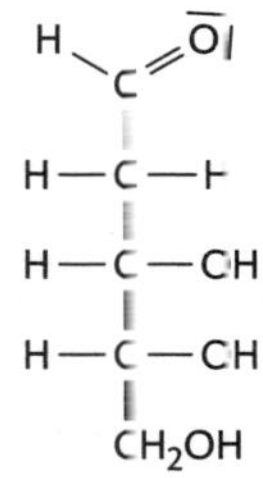

Desoxyribose

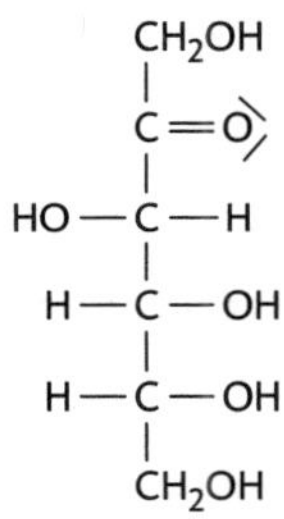

Fructose

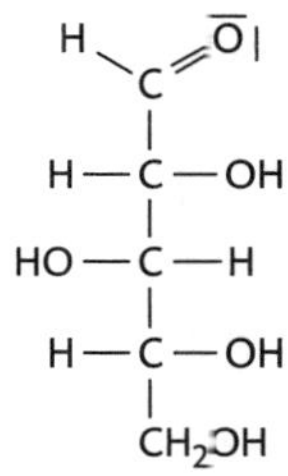

Xylose

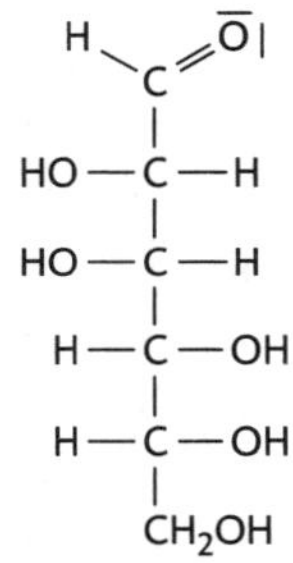

Mannose

3 Proteine (Eiweiße)

Wie bei der Stärke handelt es sich auch bei den Proteinen um Makromoleküle. Die Bausteine, aus denen sich die Proteine aufbauen, die Aminosäuren, unterscheiden sich aber deutlich von denen der Polysaccharide.

3.1 Aminosäuren

Alle bekannten Proteine im Menschen bauen sich aus 20 verschiedenen Aminosäuren, den sogenannten **proteinogenen Aminosäuren**, auf. Die Zahl aller existierender natürlicher und auch synthetischer Aminosäuren ist aber deutlich höher. Alle Aminosäuren zeichnen sich durch eine **sauer reagierende Carboxygruppe (-COOH)** und eine **basisch reagierende Aminogruppe (-NH_2)** aus. Bei den Aminosäuren ist die Aminogruppe an das C-Atom **(α-C-Atom)** gebunden, an welchem sich auch die Carboxygruppe befindet. Die Aminosäuren unterscheiden sich in ihren Resten R voneinander.
Allgemeine Strukturformel einer Aminosäure:

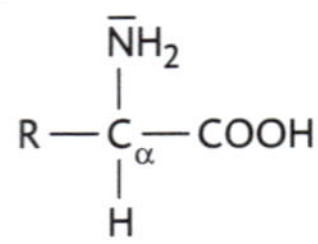

Zwischen den benachbarten funktionellen Gruppen kann leicht ein **intramolekularer Protonenübergang** stattfinden. Im festen Zustand und in wässrigen Lösungen mit bestimmtem pH-Wert liegen die Aminosäuren daher als **Zwitterionen** vor.

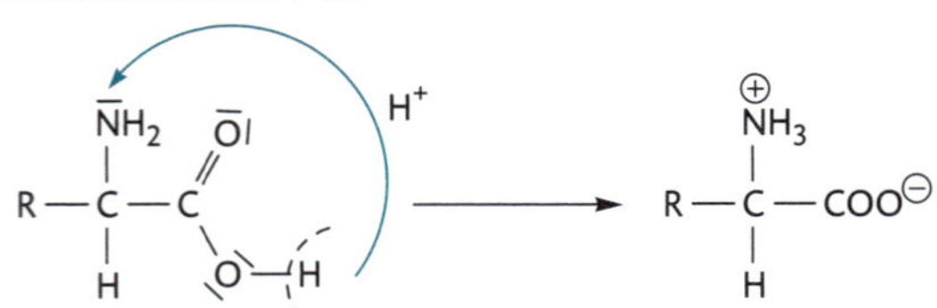

Zwitterionen sind Teilchen, die eine gleich große positive und negative Ladung tragen.

Einige der 20 natürlich vorkommenden Aminosäuren seien hier mit ihrer **Strukturformel**, ihrem **Namen nach der IUPAC-Nomenklatur** sowie ihrem **Trivialnamen** einschließlich der aus drei Buchstaben bestehenden Abkürzung vorgestellt.

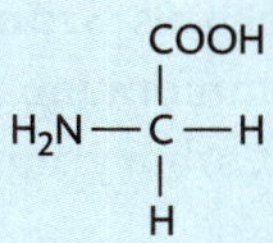

Glycin (Gly)
2-Aminoethansäure

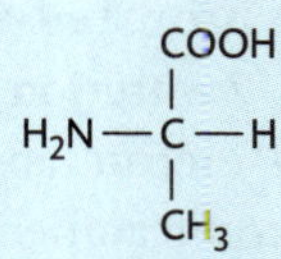

Alanin (Ala)
2-Aminopropansäure

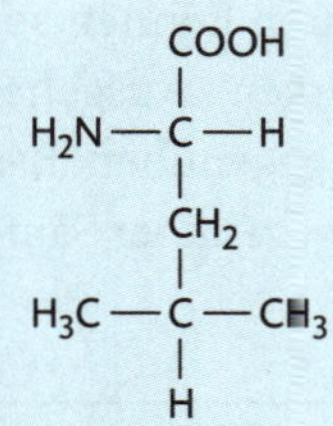

Leucin (Leu)
2-Amino-4-methyl-pentansäure

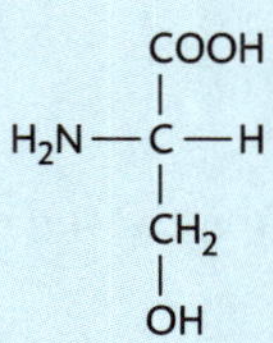

Serin (Ser)
2-Amino-3-hydroxypropansäure

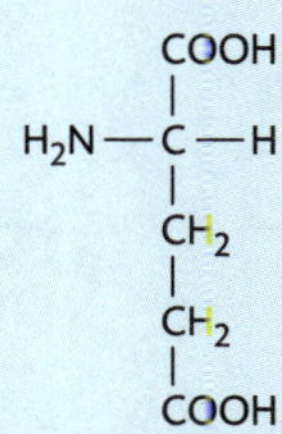

Glutaminsäure (Glu)
2-Aminopentandisäure

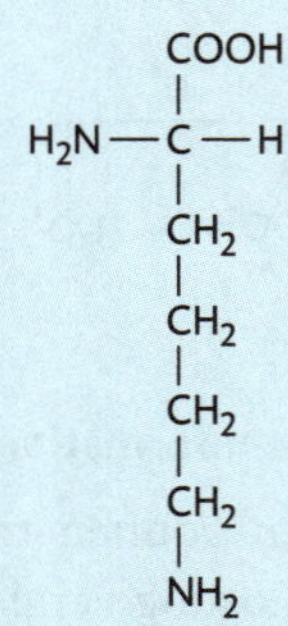

Lysin (Lys)
2,6-Diaminohexansäure

eispiel

Erstelle die Strukturformel der Aminosäure Isoleucin (2-Amino-3-methylpentansäure).

Lösung:

Zuerst zeichnet man die längste durchgehende C-Kette an (fünf C-Atome), wobei das C_1-Atom dem Carboxy-C-Atom entspricht und am C_2-Atom die Aminogruppe gebunden ist. Dem Namen der Aminosäure kann zudem entnommen werden, dass sich am C_3-Atom eine Methylgruppe befindet. Anschließend ergänzt man die fehlenden H-Atome.

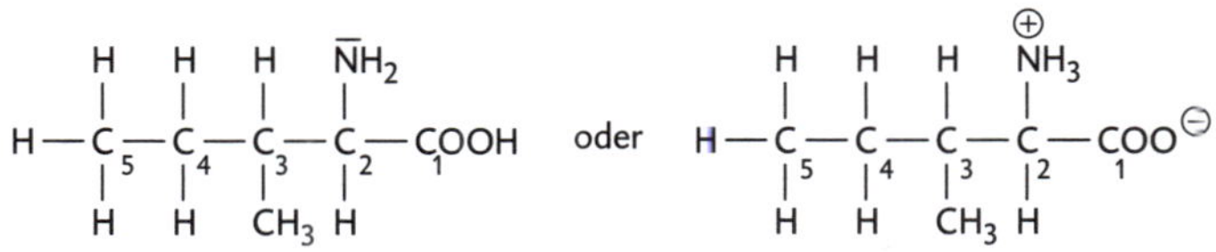

Eigenschaften von Aminosäuren

Aminosäuren besitzen charakteristische Eigenschaften, die sich einfach begründen lassen:

- Aminosäuren sind bei Raumtemperatur **Feststoffe**, da zwischen den Zwitterionen starke Ionenbindungen wirken.
- Aminosäuren können sowohl als **Brönsted-Säuren** als auch als **Brönsted-Basen** wirken. Ausgehend vom Zwitterion kann die Ammoniumgruppe ($-NH_3^+$) gegenüber Basen ein Proton abgeben, die Carboxylatgruppe ($-COO^-$) gegenüber Säuren ein Proton aufnehmen.

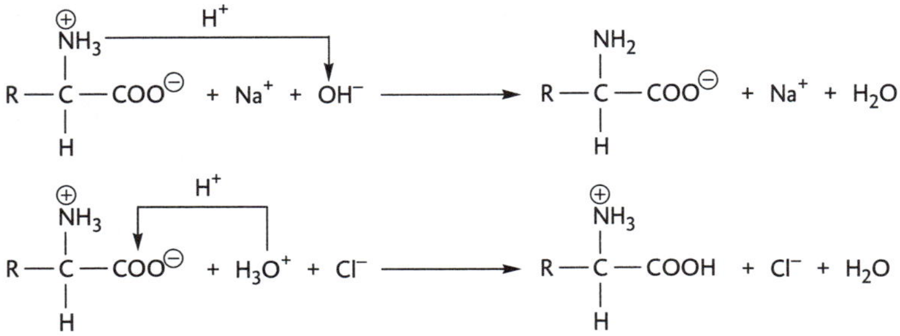

Weiterführende Informationen zu den Aminosäuren

- Aminosäuren können trotz der Zugabe von Säuren oder Basen den pH-Wert einer Lösung vergleichsweise konstant halten **(Pufferwirkung)**. Nur bei einem bestimmten pH-Wert, dem **isoelektrischen Punkt (IEP)**, überwiegen die Zwitterionen (der IEP liegt bei vielen Aminosäuren bei ca. 6). Durch Aufnahme oder Abgabe von Protonen werden aus den Zwitterionen vermehrt Kationen oder Anionen gebildet. Abhängig vom pH-Wert der Lösung liegen also überwiegend Zwitterionen, Anionen oder Kationen vor.

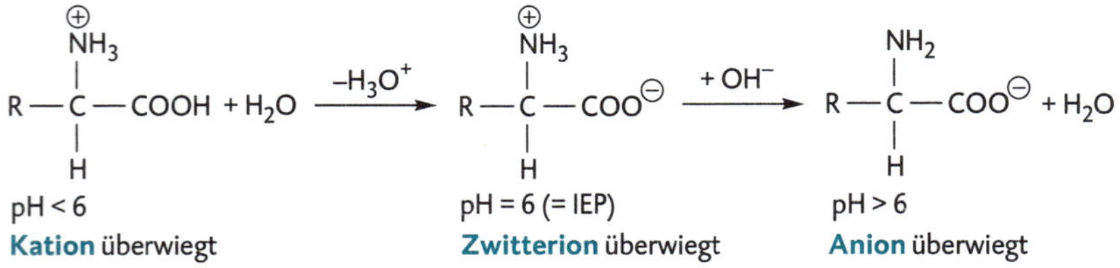

- Aminosäuren sind gut wasserlöslich, wobei die Wasserlöslichkeit am IEP am geringsten ist. Kationen und Anionen sind stark polare Teilchen und lösen sich sehr gut in dem polaren Lösungsmittel Wasser. Zwitterionen hingegen zeigen nach außen nur eine schwache Polarität, sodass die Löslichkeit in Wasser mit Annäherung an den IEP stark abnimmt.

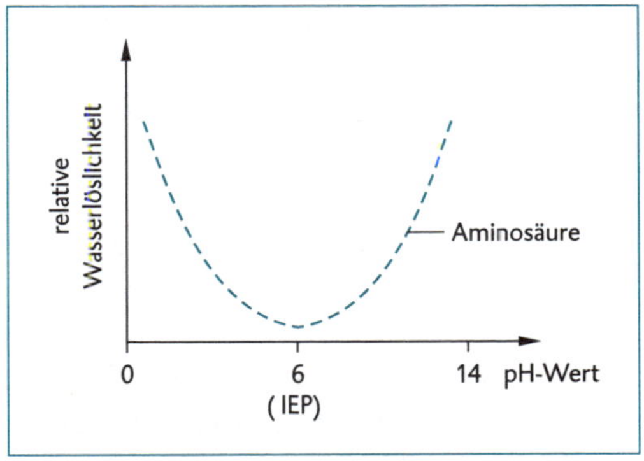

Abb. 9: Abhängigkeit der Wasserlöslichkeit von Aminosäuren vom pH-Wert

3.2 Die Peptidbindung

In Eiweißen sind Aminosäuren miteinander verknüpft. Im einfachsten Fall entsteht durch Verknüpfung zweier Aminosäuren ein **Dipeptid**. Sind einige dutzend bis hundert Aminosäuren miteinander verbunden, so liegt ein **Polypeptid** (Protein, Eiweiß) vor. Die Reihenfolge, in der die einzelnen Aminosäuren im Protein miteinander verknüpft sind, bezeichnet man als **Aminosäuresequenz**. Bei der Verknüpfung von Aminosäuren reagiert stets die Carboxygruppe einer Aminosäure mit der Aminogruppe der nächsten Aminosäure unter Wasserabspaltung (Kondensation). Zwischen den Aminosäuren werden **Peptidbindungen** ausgebildet.
Im Folgenden wird die Verknüpfung von zwei Molekülen Alanin zum entsprechenden Dipeptid betrachtet.

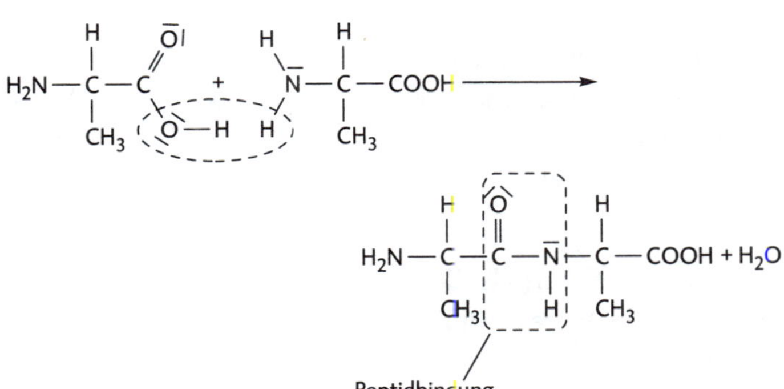

Hinweis: Es empfiehlt sich, die Aminosäuren immer so anzuschreiben, dass die Aminogruppe, das α-C-Atom und die Carboxygruppe nebeneinander stehen und das H-Atom und die Seitenkette am α-C-Atom nach oben und unten zeigen.

Beispiel

Schreibe die Strukturformel des Tripeptids mit der Aminosäuresequenz Ala-Gly-Ala an.

Lösung:

Man schreibt die Strukturformeln der drei Aminosäuren nebeneinander und verknüpft dann benachbarte Carboxy- und Aminogruppen. Pro gebildeter Peptidbindung wird ein Wasser-Molekül freigesetzt.

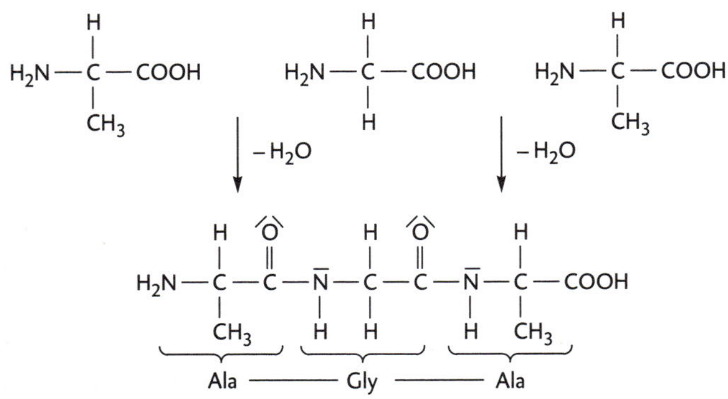

Wie alle Bindungen, die durch Kondensation entstanden sind, kann auch die Peptidbindung durch Hydrolyse (Wasseranlagerung), z. B. mithilfe einer Säure (Säurehydrolyse), wieder gespalten werden.

3.3 Proteine

Sind viele Aminosäuren über Peptidbindungen verknüpft, so liegen Proteine vor. Diese bestehen aus sehr großen Molekülen (Makromolekülen). Jedes Protein weist eine charakteristische Struktur auf, die für seine Wirkungsweise verantwortlich ist. Die Entstehung dieser Struktur kann man schrittweise ableiten.

Primärstruktur: Sie ist definiert als die Reihenfolge der Aminosäuren (Aminosäuresequenz) in einem Protein. Ein kleiner Ausschnitt aus einer Sequenz könnte z. B. lauten:

… – Ala – Cys – Gly – Gly – Ala – Leu – Ser – Lys – Ser – Lys – …

Sekundärstruktur: Je nach gegebener Reihenfolge der Aminosäuren entstehen verschieden lange Abschnitte mit Helix- oder Faltblattstrukturen, zwei besonders häufig auftretenden räumlichen Anordnungen.

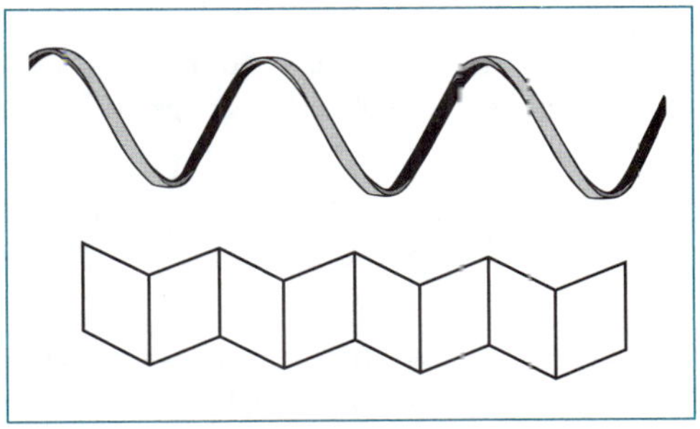

Abb. 10: Helix- und Faltblattstruktur

Tertiärstruktur: die Helix- und Faltblattanteile ordnen sich im dreidimensionalen Raum an.

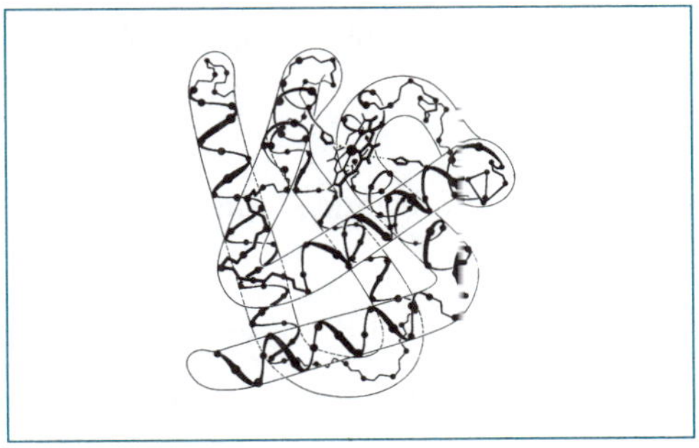

Abb. 11: dreidimensionale Anordnung eines Proteins

Quartärstruktur: Diese tritt nur bei Eiweißen auf, bei denen sich verschiedene Proteinketten mit jeweils charakteristischer Tertiärstruktur nochmals zusammenlagern. Hämoglobin (Bluteiweiß für den Transport von Sauerstoff) besteht beispielsweise aus vier Proteinketten (2 α- und 2 β-Ketten), die sich zu einer definierten Quartärstruktur vereinigen (zusätzlich enthält das Hämoglobin noch Hämgruppen mit Eisen-Ionen).

Bei der **Verdauung der Eiweiße** in Magen und Dünndarm werden die Proteine mithilfe bestimmter Enzyme (Proteinasen, Peptidasen), die selbst zur Stoffklasse der Proteine gehören, katalytisch in ihre Bausteine, die Aminosäuren, zerlegt. Die Aminosäuren werden dann resorbiert, d. h. in das Blut aufgenommen, und dann im Körper verteilt. In den Zellen und Organen entstehen daraus körpereigene Eiweiße, z. B. die Muskeleiweiße Actin und Myosin.

Zusammenfassung

- **Kohlenhydrate, Eiweiße** und **Fette** sind die Nährstoffe in unseren Nahrungsmitteln. Sie dienen zum Aufbau körpereigener Stoffe und liefern die Energie für alle Lebensvorgänge.
- **Aminosäuren** sind die Bausteine der Eiweiße (Proteine). Alle wichtigen Aminosäuren besitzen als typische Gruppierung am α-C-Atom eine Carboxy- und eine Aminogruppe.
- **Proteine** sind aus 20 verschiedenen Aminosäuren aufgebaut, die in unterschiedlicher Reihenfolge über **Peptidbindungen** miteinander verknüpft sind. Es können zwischen ca. 10 und mehreren hundert Aminosäuren am Aufbau beteiligt sein.
- Peptidbindungen entstehen durch Reaktion einer Amino- mit einer Carboxygruppe unter Wasseraustritt (Kondensation).

Aufgaben

125 Benenne folgende Aminosäuren nach der IUPAC-Nomenklatur:

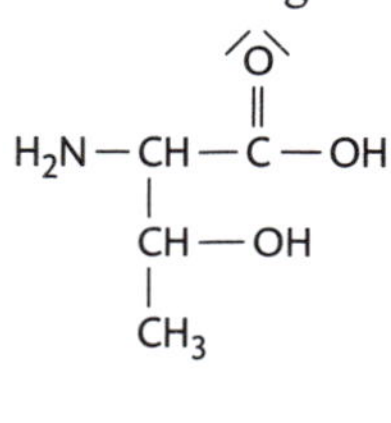

Threonin

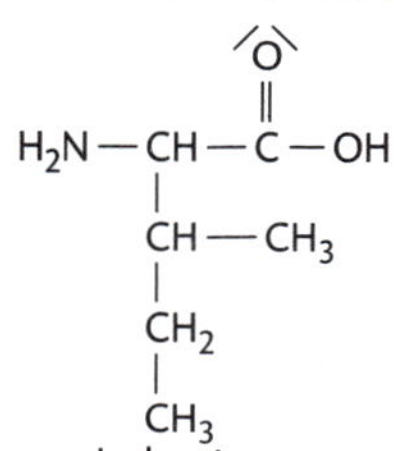

Isoleucin

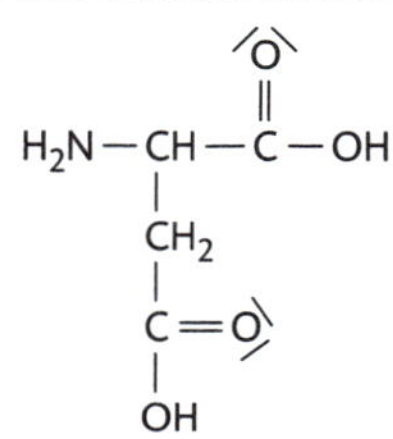

Asparaginsäure

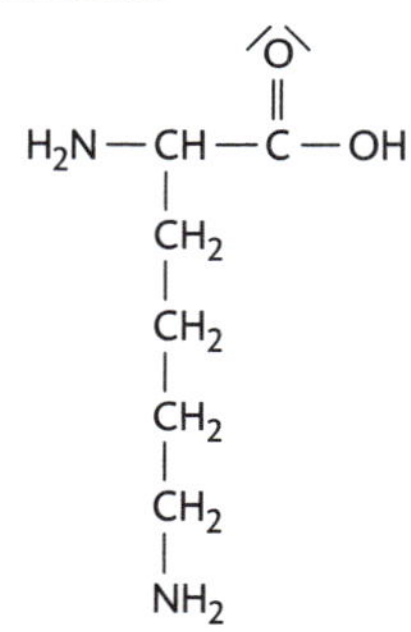

Lysin

126 Finde die Fehler in den Strukturformeln der vier gezeigten Dipeptide und korrigiere sie. Aus Gründen einer besseren Übersichtlichkeit wurden die Aminosäurereste mit R abgekürzt.

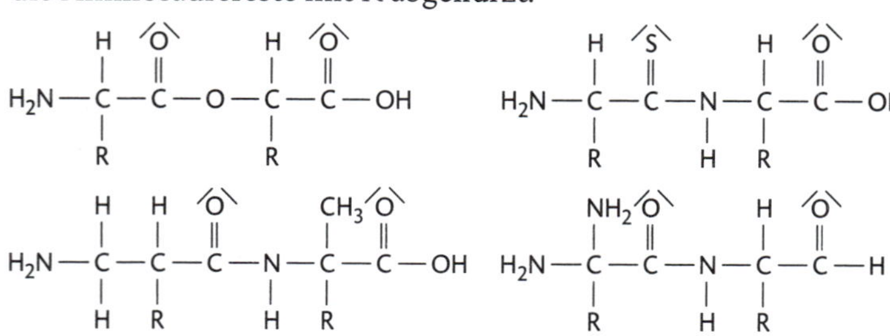

127 Aus den Aminosäuren Glycin (2-Aminoethansäure), Serin (2-Amino-3-hydroxypropansäure) und Valin (2-Amino-3-methylbutansäure) sollen Tripeptide hergestellt werden. Wie viele verschiedene Tripeptide kann man aus den drei Aminosäuren synthetisieren, wenn jede Aminosäure nur einmal verwendet wird? Zeichne die Strukturformeln der Tripeptide.

128 Zwei der drei dargestellten Aminosäuren jeder Gruppe unterscheiden sich in einer gemeinsamen Eigenschaft von der dritten Aminosäure. Ermittle diese Paare und begründe deine Entscheidung.

a

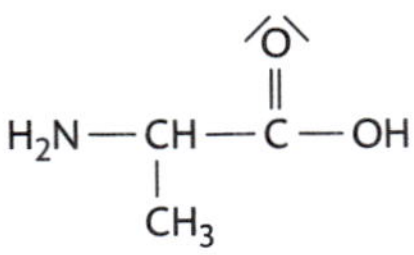

Alanin

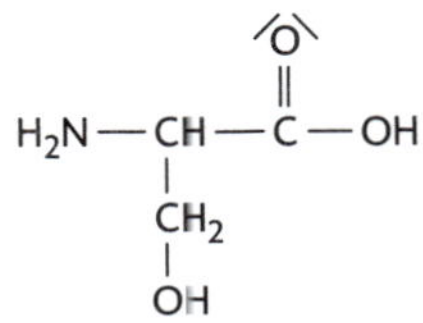

Serin

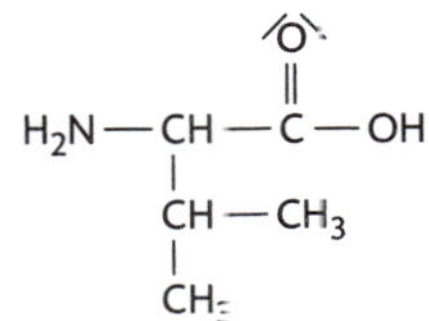

Valin

b

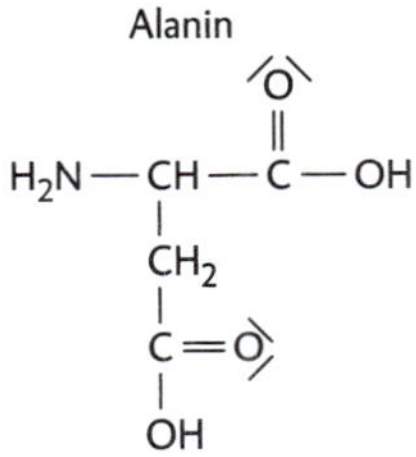

Asparaginsäure

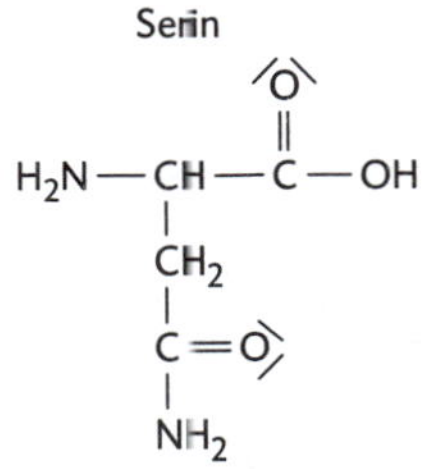

Asparagin

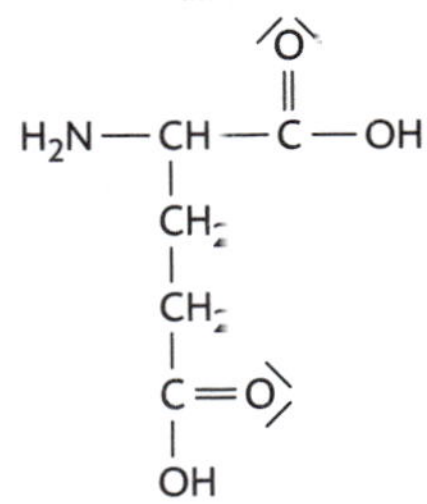

Glutaminsäure

c

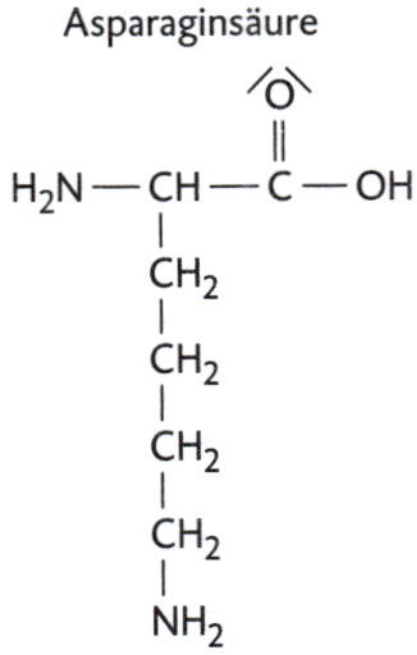

Lysin

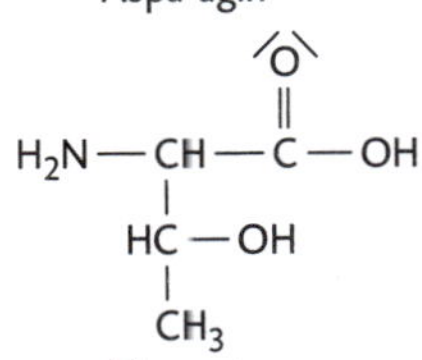

Threonin

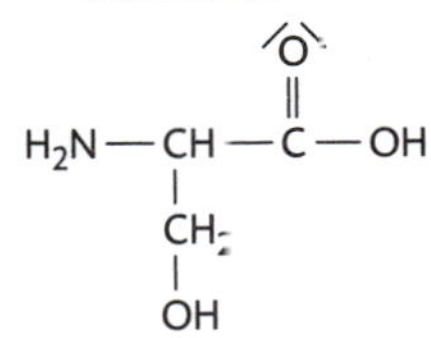

Serin

d

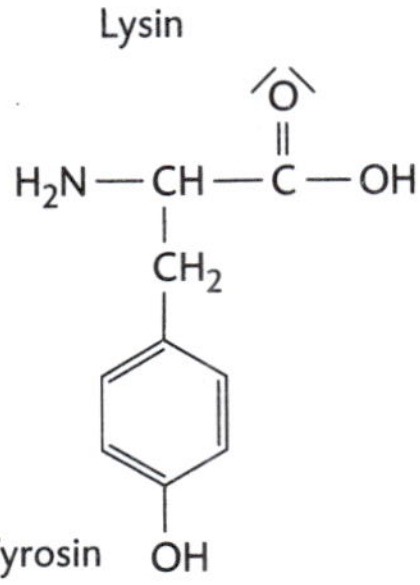

Tyrosin

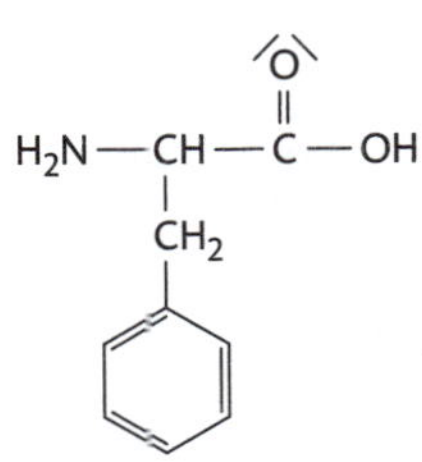

Phenylalanin

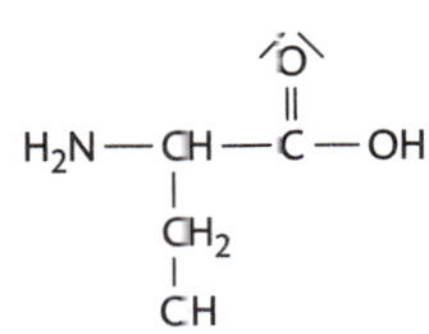

Serin

Lösungen

1
- ☒ Eine Säure ist ein Protonendonator.
- ☐ Das Kennzeichen einer Säure ist ein freies Elektronenpaar.
- ☒ Das Kennzeichen einer Base ist ein freies Elektronenpaar.
- ☐ Das Kennzeichen einer Base ist das Hydroxid-Ion.
- ☒ Säuren und Basen sind polare Moleküle.
- ☐ Säure und saure Lösung bezeichnen das Gleiche.
- ☒ Säure und saures Molekül bezeichnen das Gleiche.
- ☒ Eine saure Lösung entsteht, wenn eine Säure mit Wasser reagiert und die Reaktionsprodukte in Wasser gelöst sind.
- ☐ Eine Säure enthält Oxonium-Ionen.
- ☒ Eine saure Lösung enthält Oxonium-Ionen.
- ☒ Säuren müssen mindestens ein polar gebundenes Wasserstoff-Atom enthalten.
- ☒ Basen bilden mit Wasser basische Lösungen.
- ☒ Das Kennzeichen einer basischen Lösung ist das Hydroxid-Ion.

2 $KOH_{(aq)} + NH_4Br_{(s)} \longrightarrow KBr_{(aq)} + H_2O_{(l)} + NH_{3(g)}$

Säure: das Ammonium-Ion (NH_4^+)

Base: das Hydroxid-Ion (OH^-)

3 HI, HCO_3^-, H_2S, $NH(CH_3)_2$, H_2O, HNO_2, H_3O^+, H_2SO_3, $HClO_3$ können als Säure reagieren.

$$HI + |B \longrightarrow HB^+ + I^-$$
$$HCO_3^- + |B \longrightarrow HB^+ + CO_3^{2-}$$
$$H_2S + |B \longrightarrow HB^+ + HS^-$$
$$NH(CH_3)_2 + |B \longrightarrow HB^+ + N(CH_3)_2^-$$
$$H_2O + |B \longrightarrow HB^+ + OH^-$$
$$HNO_2 + |B \longrightarrow HB^+ + NO_2^-$$
$$H_3O^+ + |B \longrightarrow HB^+ + H_2O$$
$$H_2SO_3 + |B \longrightarrow HB^+ + HSO_3^-$$
$$HClO_3 + |B \longrightarrow HB + ClO_3^-$$

4 a $NH_4^+ + OH^- \longrightarrow NH_3 + H_2O$

b

5 Die bei Raumtemperatur gasförmige Verbindung HCN trägt den Trivialnamen Blausäure. Das HCN-Molekül (H—C≡N|) ist eine schwache Säure, d. h., es fungiert gegenüber Basen als **Protonendonator**. Die korrespondierende **Base**, das Cyanid-Ion (CN^-), reagiert dementsprechend als **Protonenakzeptor**. Gibt man ein Salz der Blausäure zu einer verdünnten Salzsäure (**HCl (aq)**), so reagieren die **Oxonium-Ionen** der Lösung mit den Cyanid-Ionen zu **Blausäure** und **Wasser**. Bei dieser Reaktion handelt es sich um eine **Neutralisationsreaktion**.

6 In Versuch A leuchtet die Glühbirne, da in verdünnter Schwefelsäure in Wasser gelöste Oxonium-Ionen und Sulfat-Ionen nebeneinander vorliegen. Verdünnte Schwefelsäure ist ein Leiter 2. Ordnung. Konzentrierte Schwefelsäure zeigt praktisch keine Leitfähigkeit, da neutrale H_2SO_4-Moleküle vorliegen.

7 Säure-Base-Reaktionen (Protolysereaktionen)

a $HCl_{(aq)} + NaOH_{(aq)} \longrightarrow H_2O + NaCl_{(aq)}$

Wasser + Natriumchloridlösung

b $HNO_{3\,(aq)} + NH_{3\,(g)} \longrightarrow NH_4^+{}_{(aq)} + NO_3^-{}_{(aq)}$

Ammonium-Ionen + Nitrat-Ionen

Ammoniumnitratlösung

c $H_2SO_{3\,(aq)} + 2\,KOH_{(aq)} \longrightarrow K_2SO_{3\,(aq)} + 2\,H_2O$

Kaliumsulfitlösung + Wasser

d $H_2CO_{3\,(aq)} + Ca(OH)_{2\,(aq)} \longrightarrow CaCO_{3\,(s)} + 2\,H_2O$

Calciumcarbonat + Wasser

e $H_2S_{(g)} + Ba(OH)_{2\,(aq)} \longrightarrow BaS_{(s)} + 2\,H_2O$

Bariumsulfid + Wasser

8

Teilchen	als Säure	als Base
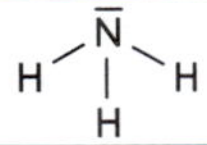	X	X
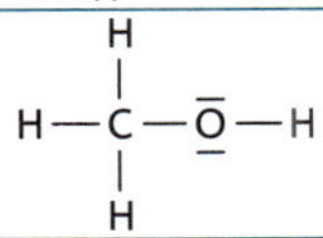	X	X
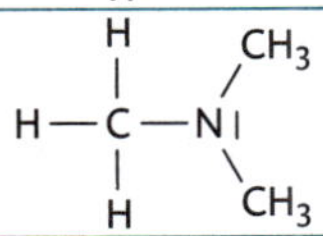		X
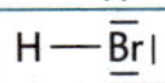	X	X
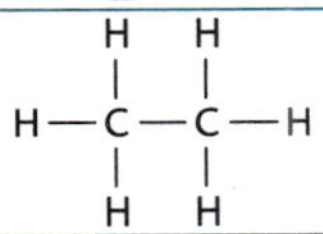		
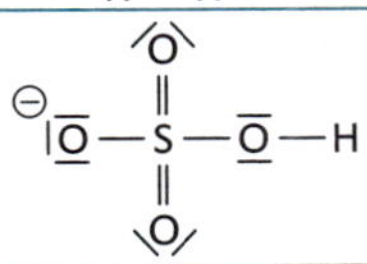	X	X
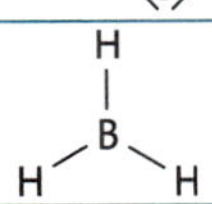		
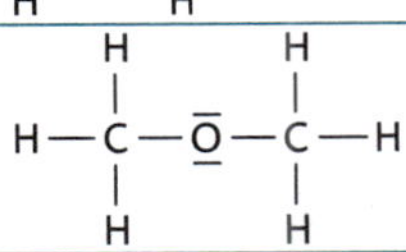		X

9

a $H_2O + HF \longrightarrow H_3O^+ + F^-$
Base Säure

b $HCOOH + NH_3 \longrightarrow HCOO^- + NH_4^+$
Säure Base

c $NH_2^- + H_2O \longrightarrow NH_3 + OH^-$
Base Säure

d $H_2O + NH_3 \longrightarrow NH_4^+ + OH^-$
Säure Base

e $H_2O + H_3PO_4 \longrightarrow H_2PO_4^- + H_3O^+$
Base Säure

f $H^- + H_2O \longrightarrow H_2 + OH^-$
Base Säure

10 a Du Paula, das war echt super! Erst haben wir ~~gasförmige Salzsäure~~ **Wasserstoffchlorid** hergestellt, indem wir konzentrierte ~~Natronlauge~~ **Schwefelsäure** auf Kochsalz getropft haben. Mit dem entstehenden Gas, Wasserstoffchlorid, haben wir vier 20 mL Spritzen gefüllt. Zuerst haben wir etwas Gas auf feuchtes Universalindikatorpapier gedüst, das hat sich dann ~~blau~~ **rot** gefärbt. Das liegt daran, dass HCl eine ~~Base~~ **Säure** ist und als Protonendonator reagiert hat. Den Inhalt der 2. Spritze haben wir in Wasser gedüst, das mit Bromthymolblau versetzt und grün gefärbt war. Die Farbe veränderte sich nach ~~blau~~ **gelb**. Den Inhalt der 3. Spritze haben wir in eine verdünnte Natronlauge eingeleitet, die durch Phenolphthalein pink gefärbt war. Die Farbe dieser Lösung änderte sich von pink nach ~~orange~~ **farblos**. Den Inhalt der 4. Spritze haben wir in ein mit Wasser gefülltes Becherglas geleitet, in das zwei Leitfähigkeitselektroden ragten. Obwohl wir eine Wechselspannung angelegt hatten, zeigte das ~~Voltmeter~~ **Amperemeter** ~~keinen~~ **einen** Stromfluss an.

b $2\,NaCl_{(s)} + H_2SO_{4\,(l)} \longrightarrow 2\,HCl_{(g)} + Na_2SO_{4\,(s)}$

1. + 2. + 4. Spritze:

$HCl + H_2O \longrightarrow H_3O^+ + Cl^-$

3. Spritze:

$HCl_{(g)} + NaOH_{(aq)} \longrightarrow NaCl_{(aq)} + H_2O$

11 a NF_3 ist kein Ampholyt im Gegensatz zu H_2O und HSO_3^-

b H_2SO_4 (aq) ist die wässrige Lösung einer zweiprotonigen Säure, HCl (aq) und HNO_3 (aq) sind wässrige Lösungen einprotoniger Säuren.

c Bei gleicher Stoffmenge setzt $Ca(OH)_2$ doppelt so viele Hydroxid-Ionen frei wie KOH und NaOH.

12 Hydrogensulfit-Ion

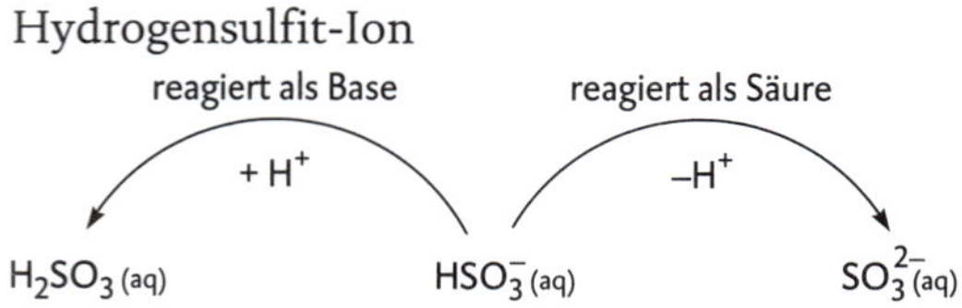

Reaktion als Säure: $HSO_{3\,(aq)}^- + NH_{3\,(g)} \longrightarrow SO_{3\,(aq)}^{2-} + NH_{4\,(aq)}^+$

Reaktion als Base: $HSO_{3\,(aq)}^- + HCl_{(g)} \longrightarrow H_2SO_{3\,(aq)} + Cl^-_{(aq)}$

alternativ:
Hydrogencarbonat-Ion

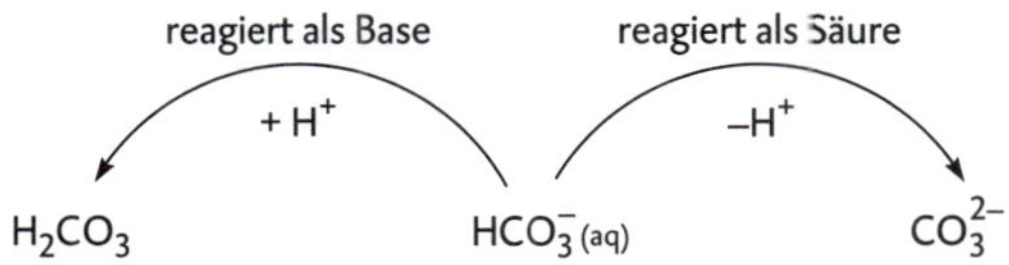

Reaktion als Säure: $HCO_3^-{}_{(aq)} + NH_{3\,(g)} \longrightarrow CO_3^{2-}{}_{(aq)} + NH_4^+{}_{(aq)}$

Reaktion als Base: $HCO_3^-{}_{(aq)} + HCl_{(g)} \longrightarrow \underbrace{H_2CO_{3\,(aq)}}_{H_2O\ +\ CO_2} + Cl^-{}_{(aq)}$

13
- Die ammoniakalische Lösung wird durch Zutropfen der Phenolphthalein-Lösung (die Lösung färbt sich pink) oder durch Zutropfen der Bromthymolblau-Lösung (die Lösung färbt sich blau) eindeutig identifiziert. Der Säure-Base-Indikator-Nachweis würde sowohl bei der Wasserstoffbromid-Lösung als auch bei der verdünnten Schwefelsäure eine saure Lösung anzeigen.
- Silbernitrat-Lösung ergibt mit Wasserstoffbromid-Lösung einen gelblichen Niederschlag von Natriumbromid, mit verdünnter Schwefelsäure passiert hingegen nichts.
- Bleinitrat-Lösung ergibt mit verdünnter Schwefelsäure einen weißen Niederschlag von Bleisulfat, mit Wasserstoffbromid-Lösung kann nichts beobachtet werden.

14
- [x] Das Hydrogensulfat-Ion ist ein Ampholyt.
- [x] Salzsäure ist eine saure Lösung, Wasserstoffchlorid ist eine Säure.
- [ ] Natronlauge ist eine Base.
  Richtig: Natronlauge ist eine basische Lösung.
- [ ] Phosphorsäure ist eine zweiprotonige Säure.
  Richtig: Phosphorsäure ist eine dreiprotonige Säure.
- [x] Das Chlorid-Ion kann als Base reagieren.

15 Max hat eh unrecht, denn bei einer Schwefelsäure der Konzentration $1\ mol \cdot L^{-1}$ liegt eine Oxonium-Ionen-Konzentration von $c(H_3O^+) = 2\ mol \cdot L^{-1}$ vor, bei der Salzsäure der Konzentration $1\ mol \cdot L^{-1}$ hingegen nur $c(H_3O^+) = 1\ mol \cdot L^{-1}$. Somit ist die Oxonium-Ionen-Konzentration bei der Schwefelsäure doppelt so hoch.

16 a Ammoniak reagiert mit dem wenigen hineingespritzten Wasser und „verschwindet“ somit aus dem Gasraum. Es entsteht ein Unterdruck, der weiteres Wasser in den Rundkolben hineinsaugt. Dieser Vorgang läuft solange ab, wie Ammoniak mit Wasser reagiert. Sobald sich das Gasvolumen im Kolben nicht mehr verändert, strömt kein Wasser mehr hinein. Die Farbänderung zu einer pinkfarbenen Lösung erfolgt, weil eine basische Lösung entsteht (NH_4OH (aq)).

b

$NH_{3\,(g)}$	$+\ H_2O_{(l)}$	$\longrightarrow$	$NH_{4\,(aq)}^{+}$	$+\ OH^{-}_{(aq)}$
Ammoniak	Wasser		Ammonium-Ion	Hydroxid-Ion
Base	Säure			

c

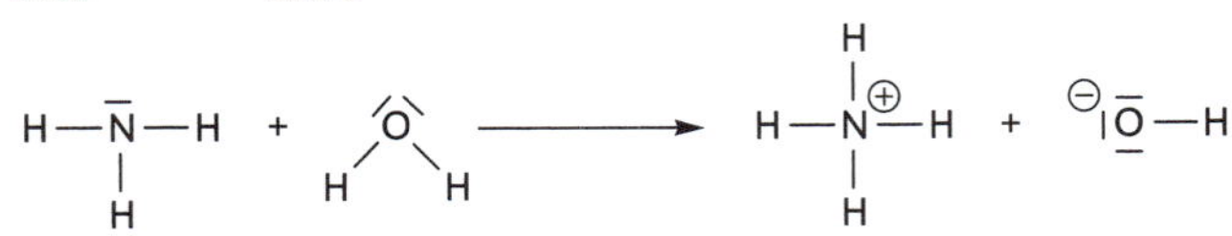

d HCl (g): nicht möglich. Das Springbrunnenexperiment würde ablaufen, aber da HCl als Säure reagiert, würde die wässrige Lösung farblos bleiben (keine Pinkfärbung).

SO_2 (g): nicht möglich. Das Springbrunnenexperiment würde ablaufen, aber da SO_2 als Säure reagiert, würde die wässrige Lösung farblos bleiben (keine Pinkfärbung).

CH_4 (g): nicht möglich. Das Springbrunnenexperiment würde nicht ablaufen, da Methan nicht wasserlöslich ist (kein polares Molekül).

NaOH (s): nicht möglich. Natriumhydroxid ist ein Feststoff, deshalb entsteht beim Lösen praktisch keine Volumenänderung.

e Nur A, B, und D sind richtig.

17 a Natriumhydroxid NaOH

b Kaliumhydroxid KOH

c Calciumhydroxid $Ca(OH)_2$

d Bariumhydroxid $Ba(OH)_2$

18 a Ammoniumchlorid NH_4Cl

b Der Gasraum über dem konzentrierten Ammoniakwasser ist mit Ammoniak gesättigt, der Gasraum über der Salzsäure mit Hydrogenchlorid. Mithilfe des Blasebalgs wird Ammoniak in den Gasraum der Salzsäurewaschflasche gepumpt und zusammen mit Wasserstoffchlorid aus der Apparatur gepumpt. Dabei reagieren diese beiden Gase zu dem Feststoff Ammoniumchlorid. Diese Reaktion läuft schon im Gasraum der Salzsäurewaschflasche ab, es entsteht im Gasraum ultrafeinverteiltes Ammoniumchlorid, dieses sieht man dann als weißen Rauch.

c $NH_{3\,(g)} + HCl_{(g)} \longrightarrow NH_4Cl_{(s)}$

d Es würde kein weißer Rauch entstehen, da das Ammoniakgas bereits in der Salzsäure reagieren würde und somit keine Reaktion in der Gasphase stattfindet.

19

Konzentration	pH-Wert	Indikatorfarbe	alternativ: Indikatorfarbe
$c(HCl) = 1\ mol \cdot L^{-1}$	0	Bromthymolblau: gelb	Phenolphthalein: farblos
$c(HBr) = 0{,}01\ mol \cdot L^{-1}$	2	Phenolphthalein: farblos	Bromthymolblau: gelb
$c(KOH) = 0{,}001\ mol \cdot L^{-1}$	11	Lackmus: blau	Bromthymolblau: blau
$c(NaOH) = 0{,}01\ mol \cdot L^{-1}$	12	Bromthymolblau: blau	Lackmus: blau
$c(NaCl) = 0{,}1\ mol \cdot L^{-1}$	7	Phenolphthalein: farblos	Phenolphthalein: farblos

20 Folgende Formeln werden benötigt:

$$c(X) = \frac{n(X)}{V}$$

$$pH = -\log c(H_3O^+) \quad \text{und} \quad c(H_3O^+) = \frac{10^{-14}\ mol^2 \cdot l^{-2}}{c(OH^-)}$$

Stoff X	$c(X)$ [$mol \cdot L^{-1}$]	pH-Wert der Lösung	$n(X)$ [mol]	V(Lösung) [L]
Beispiel: HCl	1	0	0,5	0,5
NaOH	0,1	13	0,2	2
H_2SO_4	0,1	0,7	0,1	1
HNO_3	0,001	3	0,0001	0,1
$Ba(OH)_2$	0,5	14	0,2	0,4
HCl	0,1	1	4	40

Erläuterung: H_2SO_4 ist eine zweiprotonige Säure, d. h., pro Mol Schwefelsäure entstehen zwei Mol Oxonium-Ionen. Pro Mol Bariumhydroxid entstehen 2 Mol Hydroxid-Ionen.

21 Leider fehlt dem Stadtrat ganz offensichtlich das nötige naturwissenschaftliche Grundwissen. Eine Halbierung des pH-Wertes bedeutet eine starke Erhöhung der Oxonium-Ionen-Konzentration im Weiher. Ziel muss es aber sein, den pH-Wert auf max. 7 zu erhöhen.

22 Gegeben: $V(HNO_3) = 10\ mL$
$V(Ba(OH)_2) = 20\ mL$
$c(Ba(OH)_2) = 0{,}02\ mol \cdot L^{-1}$
Gesucht: $c(HNO_3)$

Reaktionsgleichung:

$$2\ HNO_{3\,(aq)} + Ba(OH)_{2\,(aq)} \longrightarrow Ba(NO_3)_{2\,(aq)} + 2\ H_2O$$

Stoffmengenverhältnis:

$$\frac{n(HNO_3)}{n(Ba(OH)_2)} = \frac{2}{1}$$

$$n(HNO_3) = 2 \cdot n(Ba(OH)_2)$$

$$c(HNO_3) \cdot V(HNO_3) = 2 \cdot c(Ba(OH)_2) \cdot V(Ba(OH)_2)$$

Auflösen nach $c(HNO_3)$:

$$c(HNO_3) = \frac{2 \cdot c(Ba(OH)_2) \cdot V(Ba(OH)_2)}{V(HNO_3)}$$

Werte einsetzen:

$$c(HNO_3) = \frac{2 \cdot 0{,}02\ mol \cdot L^{-1} \cdot 20\ mL}{10\ mL} = 0{,}08\ mol \cdot L^{-1}$$

Die Konzentration der Salpetersäure bzw. der Körperflüssigkeit beträgt $c(HNO_3) = 0{,}08\ mol \cdot L^{-1}$.

23
- [x] 10 mL einer Salzsäure ($c(HCl) = 0{,}1\ mol \cdot L^{-1}$) haben den pH-Wert 1.
- [ ] 20 mL einer Salzsäure ($c(HCl) = 0{,}1\ mol \cdot L^{-1}$) haben ~~den pH-Wert 2~~ auch den pH-Wert 1.
- [x] 10 mL einer Salzsäure ($c(HCl) = 0{,}01\ mol \cdot L^{-1}$) haben den pH-Wert 2.
- [x] 20 mL einer Salzsäure ($c(HCl) = 0{,}1\ mol \cdot L^{-1}$) enthalten genauso viele Oxonium-Ionen wie 10 mL einer Schwefelsäure mit $c(H_2SO_4) = 0{,}1\ mol \cdot L^{-1}$.
- [x] 10 mL einer Natronlauge ($c(NaOH) = 2\ mol \cdot L^{-1}$) enthalten doppelt so viele Hydroxid-Ionen wie 10 mL einer Natronlauge mit $1\ mol \cdot L^{-1}$.
- [ ] 10 mL einer Natronlauge mit $c(NaOH) = 2\ mol \cdot L^{-1}$ enthalten ~~doppelt~~ halb so viele Hydroxid-Ionen wie 10 mL einer Calciumhydroxidlösung mit $2\ mol \cdot L^{-1}$.

24 a pH 1 $\Rightarrow c(\text{HCl}) = 0{,}1\ \text{mol} \cdot \text{L}^{-1}$

b Reaktionsgleichung:

$$2\,\text{HCl}_{(aq)} + \text{Ba(OH)}_{2\,(aq)} \longrightarrow \text{BaCl}_{2\,(aq)} + 2\,\text{H}_2\text{O}$$

Stoffmengenverhältnis:

$$\frac{n(\text{HCl})}{n(\text{Ba(OH)}_2)} = \frac{2}{1}$$

$$n(\text{HCl}) = 2 \cdot n(\text{Ba(OH)}_2)$$

$$c(\text{HCl}) \cdot V(\text{HCl}) = 2 \cdot c(\text{Ba(OH)}_2) \cdot V(\text{Ba(OH)}_2)$$

$$c(\text{HCl}) = \frac{2 \cdot c(\text{Ba(OH)}_2) \cdot V(\text{Ba(OH)}_2)}{V(\text{HCl})} = \frac{2 \cdot 0{,}03\ \text{mol} \cdot \text{L}^{-1} \cdot 15\ \text{mL}}{10\ \text{mL}} = 0{,}09\ \text{mol} \cdot \text{L}^{-1}$$

$0{,}09\ \text{mol} \cdot \text{L}^{-1}$ entspricht einem pH-Wert von 1,045.

25 Bürette A + C

Berechnung des benötigten Volumens der Salzsäure:

$$\text{HCl}_{(aq)} + \text{NaOH}_{(aq)} \longrightarrow \text{NaCl}_{(aq)} + \text{H}_2\text{O}$$

$$n(\text{HCl}) = n(\text{NaOH})$$

$$c(\text{HCl}) \cdot V(\text{HCl}) = c(\text{NaOH}) \cdot V(\text{NaOH})$$

$$V(\text{HCl}) = \frac{c(\text{NaOH}) \cdot V(\text{NaOH})}{c(\text{HCl})}$$

Bürette A: $V(\text{HCl}) = \frac{0{,}2\ \text{mol} \cdot \text{L}^{-1} \cdot 10\ \text{mL}}{0{,}1\ \text{mol} \cdot \text{L}^{-1}} = 20\ \text{mL}$

Der Laborant benötigte bei seiner Titration 19 mL und hat daher nicht exakt gearbeitet.

Bürette C: $V(\text{HCl}) = \frac{0{,}2\ \text{mol} \cdot \text{L}^{-1} \cdot 10\ \text{mL}}{0{,}2\ \text{mol} \cdot \text{L}^{-1}} = 10\ \text{mL}$

Der Laborant benötigte bei seiner Titration 10 mL und hat daher exakt gearbeitet.

Bürette B:

Berechnung des benötigten Volumens der Schwefelsäure:

$$\text{H}_2\text{SO}_{4\,(aq)} + 2\,\text{NaOH}_{(aq)} \longrightarrow \text{Na}_2\text{SO}_{4\,(aq)} + 2\,\text{H}_2\text{O}$$

$$n(\text{H}_2\text{SO}_4) = \frac{1}{2} \cdot n(\text{NaOH})$$

$$c(\text{H}_2\text{SO}_4) \cdot V(\text{H}_2\text{SO}_4) = \frac{1}{2} \cdot c(\text{NaOH}) \cdot V(\text{NaOH})$$

$$V(\text{H}_2\text{SO}_4) = \frac{1}{2} \cdot \frac{c(\text{NaOH}) \cdot V(\text{NaOH})}{c(\text{H}_2\text{SO}_4)} = \frac{1}{2} \cdot \frac{0{,}2\ \text{mol} \cdot \text{L}^{-1} \cdot 10\ \text{mL}}{0{,}1\ \text{mol} \cdot \text{L}^{-1}} = 10\ \text{mL}$$

Der Laborant benötigte bei seiner Titration 10 mL und hat daher exakt gearbeitet.

26

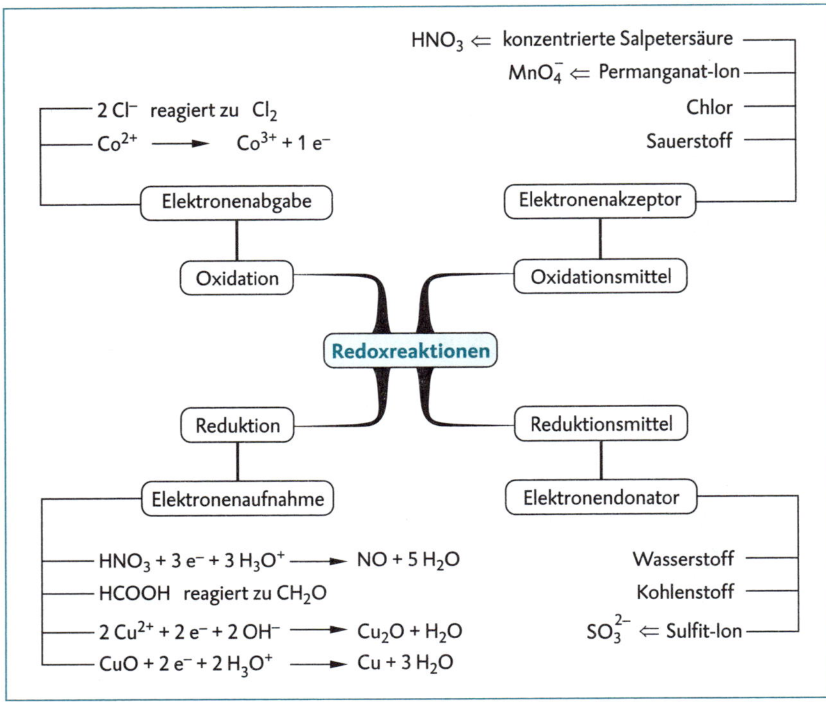

27

a $\overset{+VI}{S}O_3$ b $\overset{+III}{P}_4O_6$ c $H\overset{+II}{C}N$ d $\overset{+VII}{Mn}O_4^-$

e $\overset{-III}{C}_2H_6$ f $\overset{+VI}{Mn}O_4^{2-}$ g $\overset{+II}{S}_2O_3^{2-}$ h $H_2\overset{-II}{S}$

i $\overset{+IV}{Si}O_2$ j $H_2\overset{+IV}{S}O_3$ k $Na\overset{-I}{H}$ l $Na_2\overset{-I}{O}_2$

28

Reduzierte Form	Oxidierte Form	Reduzierte Form	Oxidierte Form
Fe	Fe^{2+}	NO_2^-	NO_3^-
Mn^{2+}	MnO_2	HSO_3^-	HSO_4^-
Mn^{2+}	MnO_4^-	HPO_3^{2-}	HPO_4^{2-}
CO	CO_2	Pb^{2+}	PbO_2
Fe^{2+}	Fe^{3+}	I^-	I_2
H_2O	O_2		

29

a	$\overset{+I}{H_2}\overset{-I}{O_2}$	zu	$\overset{-II}{O}\overset{+I}{H^-}$	Reduktion
b	$\overset{+I}{H_2}\overset{-I}{O_2}$	zu	$\overset{+I}{H_2}\overset{-II}{O}$	Reduktion
c	$\overset{+I}{H_2}\overset{-I}{O_2}$	zu	$\overset{0}{O_2}$	Oxidation
d	$\overset{+VI}{Cr}\overset{-II}{O_4^{2-}}$	zu	$\overset{+VI}{Cr_2}\overset{-II}{O_7^{2-}}$	keine Oxidation, keine Reduktion
e	$\overset{+VI}{S}\overset{-II}{O_3}$	zu	$\overset{+I}{H_2}\overset{+VI}{S}\overset{-II}{O_4}$	keine Oxidation, keine Reduktion
f	$\overset{+IV}{N_2}\overset{-II}{O_4}$	zu	$\overset{+I}{H}\overset{+V}{N}\overset{-II}{O_3}$	Oxidation
g	$\overset{+I}{N_2}\overset{-II}{O}$	zu	$\overset{0}{N_2}$	Reduktion
h	$\overset{+III}{N_2}\overset{-II}{O_3}$	zu	$\overset{+III}{N}\overset{-II}{O_2^-}$	keine Oxidation, keine Reduktion

30

$MgSO_4$ (s)	A	
KCl (s)	B	$2\,Cl^-_{(aq)} \longrightarrow Cl_{2\,(g)} + 2\,e^-$
$NaNO_2$ (s)	B	$NO_2^-{}_{(aq)} + 3\,H_2O \longrightarrow NO_3^-{}_{(aq)} + 2\,e^- + 2\,H_3O^+{}_{(aq)}$
$FeSO_4$ (s)	B	$Fe^{2+}{}_{(aq)} \longrightarrow Fe^{3+}{}_{(aq)} + e^-$
$NaHCO_3$ (s)	A	
SO_2 (g)	B	$SO_{2\,(aq)} + 6\,H_2O \longrightarrow SO_4^{2-}{}_{(aq)} + 2\,e^- + 4\,H_3O^+{}_{(aq)}$

31 a

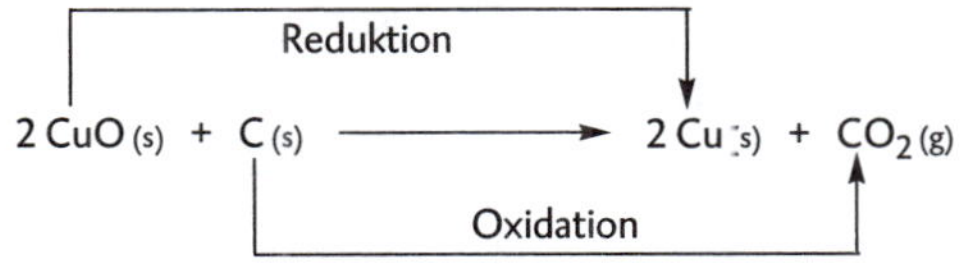

Kupferoxid ist das Oxidationsmittel, Kohlenstoff das Reduktionsmittel.

b

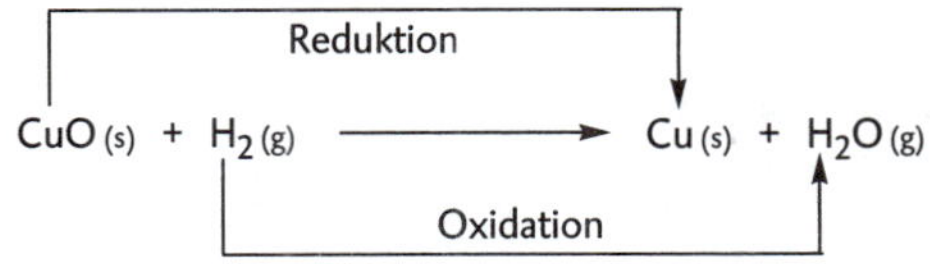

Kupferoxid ist das Oxidationsmittel, Wasserstoff das Reduktionsmittel.

32 Das Donator-Akzeptor-Basiskonzept beschreibt chemische Reaktionen, bei denen ein Reaktionspartner, der **Donator**, bestimmte Teilchen abgibt, die der **Akzeptor** dann aufnimmt. Es handelt sich bei den Donator-Akzeptor-Reaktionen also um Übertragungsreaktionen. Bei Säure-Base-Reaktionen wird ein (oder auch mehrere) **Proton(en)** von der **Säure** auf die **Base** übertragen. Bei Redoxreaktionen werden **Elektronen** vom **Reduktionsmittel** auf das **Oxidationsmittel** übertragen. Somit wird das **Reduktionsmittel** auch als Elektronendonator und das **Oxidationsmittel** als Elektronenakzeptor bezeichnet. Bei Säure-Base-Reaktionen ist das ähnlich; hier wird die **Säure** als Protonendonator und die **Base** als **Protonenakzeptor** bezeichnet.

33 **a**

Ox.: $H_2\overset{-I}{O_2} + 2\,OH^- \longrightarrow \overset{0}{O_2} + 2\,H_2O + 2\,e^-$

Red.: $H_2\overset{-I}{O_2} + 2\,e^- \longrightarrow 2\,\overset{-II}{O}H^-$

Redox.: $2\,H_2O_2 \longrightarrow O_2 + 2\,H_2O$

b

Ox.: $\overset{0}{Cl_2} + 4\,OH^- \longrightarrow 2\,\overset{+I}{Cl}O^- + 2\,H_2O + 2\,e^-$

Red.: $\overset{0}{Cl_2} + 2\,e^- \longrightarrow 2\,\overset{-I}{Cl^-}$

Redox.: $2\,Cl_2 + 4\,OH^- \longrightarrow 2\,Cl^- + 2\,ClO^- + 2\,H_2O$

gekürzt: $Cl_2 + 2\,OH^- \longrightarrow Cl^- + ClO^- + H_2O$

c

Ox.: $2\,\overset{-III}{N}H_4^+ + 8\,H_2O \longrightarrow \overset{0}{N_2} + 6\,e^- + 8\,H_3O^+$

Red.: $2\,\overset{+III}{N}O_2^- + 6\,e^- + 8\,H_3O^+ \longrightarrow \overset{0}{N_2} + 12\,H_2O$

Redox.: $2\,NH_4^+ + 2\,NO_2^- \longrightarrow 2\,N_2 + 4\,H_2O$

gekürzt: $NH_4^+ + NO_2^- \longrightarrow N_2 + 2\,H_2O$

34 Im Hoffmannschen Zersetzungsapparat wird elektrische Energie in chemische Energie umgewandelt.

Ox.: $6\,H_2O\,(l) \longrightarrow O_2\,(g) + 4\,H_3O^+\,(aq) + 4\,e^-$

Red.: $2\,H_3O^+\,(aq) + 2\,e^- \longrightarrow H_2\,(g) + 2\,H_2O\,(l) \quad | \cdot 2$

Redox.: $2\,H_2O\,(l) \longrightarrow 2\,H_2\,(g) + O_2\,(g)$

An der Anode wird das Wasser zu elementarem Sauerstoff oxidiert. An der Kathode findet die Reduktion statt, es bildet sich Wasserstoff.

In der Brennstoffzelle wird die chemische Energie wieder in elektrische Energie umgewandelt.

Ox.:	$H_{2\,(g)} + 2\,H_2O_{(l)}$	$\longrightarrow$	$2\,H_3O^+_{(aq)} + 2\,e^- \quad |\cdot 2$
Red.:	$O_{2\,(g)} + 4\,H_3O^+_{(aq)} + 4\,e^-$	$\longrightarrow$	$6\,H_2O_{(l)}$
Redox.:	$2\,H_{2\,(g)} + O_{2\,(g)}$	$\longrightarrow$	$2\,H_2O_{(l)}$

35 a Am Pluspol (Anode) findet eine Oxidation der Bromid-Ionen zu Brom-Molekülen statt:

$$2\,Br^-_{(aq)} \longrightarrow Br_{2\,(aq)} + 2\,e^-$$

Am Minuspol (Kathode) findet eine Reduktion der Zink-Ionen zu Zink-Atomen statt:

$$Zn^{2+}_{(aq)} + 2\,e^- \longrightarrow Zn_{(s)}$$

b

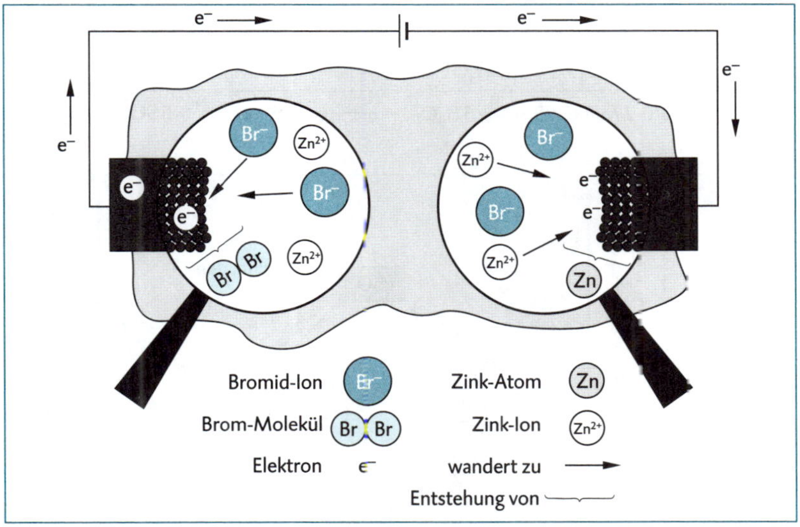

c

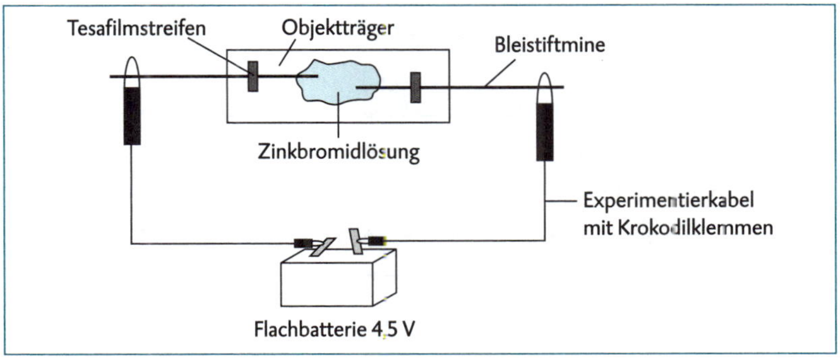

36 **a** „Max, du glaubst ja gar nicht, was du letzte Chemiestunde alles verpasst hast. Wir haben nämlich Redoxreaktionen durchgeführt. Das sind Reaktionen, bei denen **Elektronen** übertragen werden. Zuerst haben wir **violette** Kaliumpermanganatlösung mit Schwefelsäure versetzt und dann **Kaliumnitrit** dazugegeben. Die Lösung hat sich dann entfärbt. Das liegt daran, dass das Permanganat-Ion ein starkes **Oxidationsmittel** ist. In der Reaktion nimmt das Permanganat-Ion **5** Elektronen auf, weil das Mangan im Permanganat die Oxidationszahl VII hat. In einem anderen Experiment haben wir zu der Kaliumpermanganatlösung Sulfit-Ionen gegeben, die sind zu **Sulfat-Ionen oxidiert** worden, d. h., die Sulfit-Ionen haben Elektronen abgegeben. Jedes Sulfit-Ion gibt **2** Elektronen an das Permanganat-Ion ab, d. h. das Sulfit-Ion wird oxidiert, deshalb heißt das Sulfit-Ion auch **Reduktionsmittel** oder **Elektronendonator**. Und dann …"

b

Ox.: $SO_3^{2-} + 3\,H_2O \longrightarrow SO_4^{2-} + 2\,H_3O^+ + 2\,e^-$ | · 5

Red.: $MnO_4^- + 5\,e^- + 8\,H_3O^+ \longrightarrow Mn^{2+} + 12\,H_2O$ | · 2

Redox.: $2\,MnO_4^- + 5\,SO_3^{2-} + 6\,H_3O^+ \longrightarrow 2\,Mn^{2+} + 5\,SO_4^{2-} + 9\,H_2O$

37 **a**

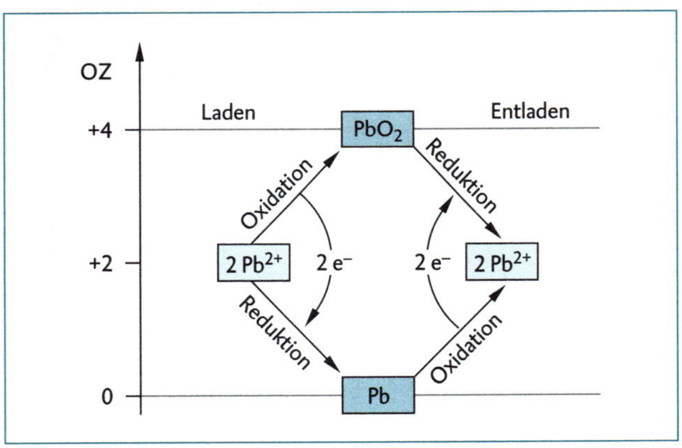

b **Ladevorgang:**

Ox.: $Pb^{2+} + 6\,H_2O \longrightarrow PbO_2 + 4\,H_3O^+ + 2\,e^-$

Red.: $Pb^{2+} + 2\,e^- \longrightarrow Pb$

mit Sulfat-Ionen:

Ox.: $PbSO_4 + 6\,H_2O \longrightarrow PbO_2 + 4\,H_3O^+ + SO_4^{2-} + 2\,e^-$

Red.: $PbSO_4 + 2\,e^- \longrightarrow Pb + SO_4^{2-}$

Entladevorgang:

Ox.: $Pb \longrightarrow Pb^{2+} + 2\,e^-$

Red.: $PbO_2 + 4\,H_3O^+ + 2\,e^- \longrightarrow Pb^{2+} + 6\,H_2O$

mit Sulfat-Ionen:

Ox.: $Pb + SO_4^{2-} \longrightarrow PbSO_4 + 2\,e^-$

Red.: $PbO_2 + 4\,H_3O^+ + SO_4^{2-} + 2\,e^- \longrightarrow PbSO_4 + 6\,H_2O$

Gesamtreaktion:

$$2\,Pb^{2+} + 6\,H_2O \underset{\text{Entladen}}{\overset{\text{Laden}}{\rightleftharpoons}} Pb + PbO_2 + 4\,H_3O^+$$

oder

Gesamtreaktion:

$$2\,PbSO_4 + 2\,H_2O \underset{\text{Entladen}}{\overset{\text{Laden}}{\rightleftharpoons}} Pb + PbO_2 + 2\,H_2SO_4$$

38 Nur a, c, d und e sind richtig.

39 Nur b und e sind richtig.

40 Es handelt sich um eine Redoxreaktion. Das Metall (z. B. Magnesium) wird oxidiert, Wasserstoff-Ionen werden reduziert:

Ox.: $Mg_{(s)} \longrightarrow Mg^{2+}{}_{(aq)} + 2\,e^-$

Red.: $2\,H_3O^+{}_{(aq)} + 2\,e^- \longrightarrow H_{2\,(g)} + 2\,H_2O$

Redox.: $Mg_{(s)} + 2\,H_3O^+{}_{(aq)} \longrightarrow Mg^{2+}{}_{(aq)} + H_{2\,(g)} + H_2O$

41 Alle sind richtig.

42 Bei dem gelbgrünen Gas handelt es sich um Chlor. Aus diesem Grund darf man die Oxidationsmittel Kaliumdichromat und Kaliumpermanganat nie mit Salzsäure, sondern nur mit Schwefelsäure ansäuern.

Ox.: $2\,Cl^- \longrightarrow Cl_2 + 2\,e^- \quad | \cdot 3$

Red.: $Cr_2O_7^{2-} + 14\,H_3O^+ + 6\,e^- \longrightarrow 2\,Cr^{3+} + 21\,H_2O$

Redox.: $Cr_2O_7^{2-} + 6\,Cl^- + 14\,H_3O^+ \longrightarrow 2\,Cr^{3+} + 3\,Cl_2 + 21\,H_2O$

43 a

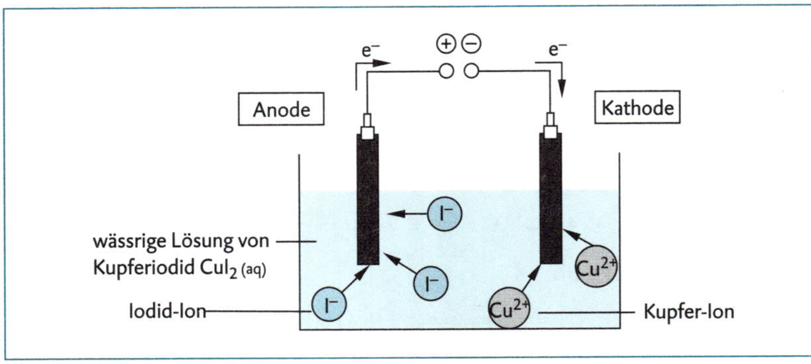

b Ox.: $2\,I^- \longrightarrow I_2 + 2\,e^-$

Red.: $Cu^{2+} + 2\,e^- \longrightarrow Cu$

c Elektrolyse einer Kupferiodidlösung

44 a

n-Hexan	$H_3C-CH_2-CH_2-CH_2-CH_2-CH_3$
3-Methylpentan	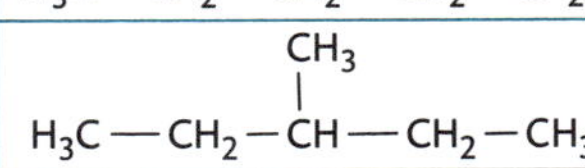
2-Methylpentan	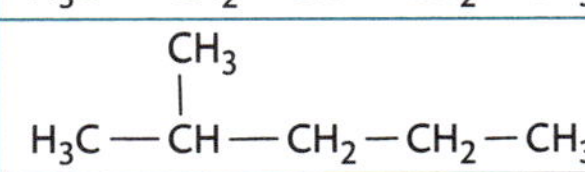
2,3-Dimethylbutan	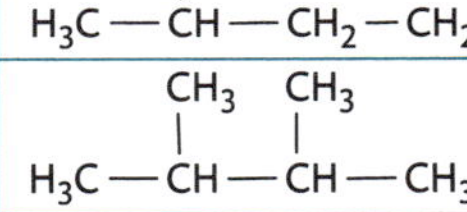
2,2-Dimethylbutan	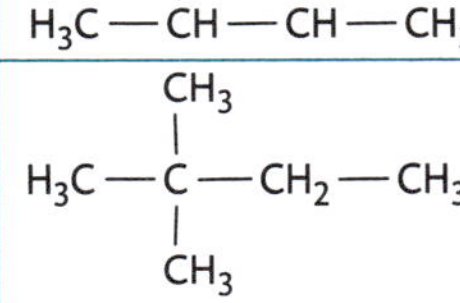

b n-Hexan hat eine Siedetemperatur von 69 °C, da es von allen Isomeren die größte Oberfläche aufweist. Zwischen den n-Hexan-Molekülen bilden sich daher stärkere Van-der-Waals-Kräfte aus als zwischen den Molekülen der anderen Isomere. Um die zwischenmolekularen Kräfte zu überwinden, ist mehr Energie notwendig.

2,2-Dimethylbutan siedet dagegen bereits bei 50 °C, da es aufgrund seiner verzweigten Struktur die kleinste Oberfläche aller betrachteten Isomere aufweist.

45

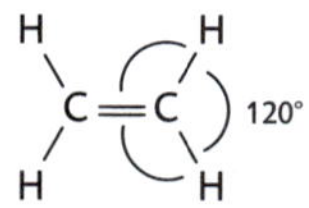

Ethen

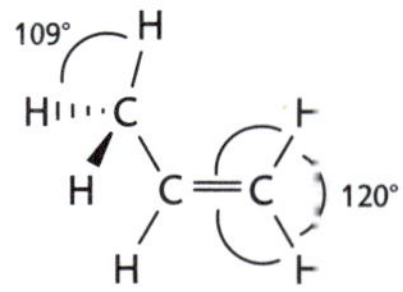

Propen

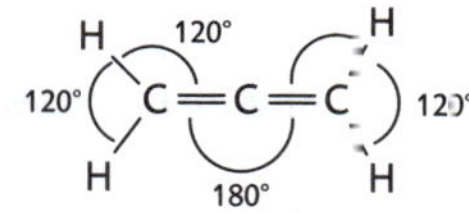

Propadien

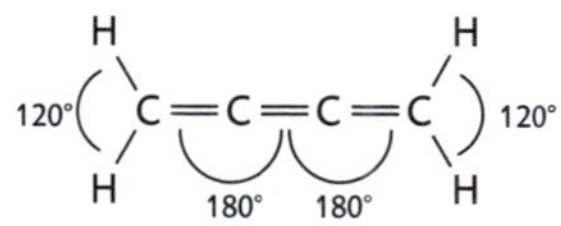

Butatrien

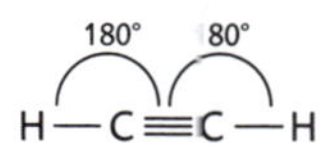

Ethin

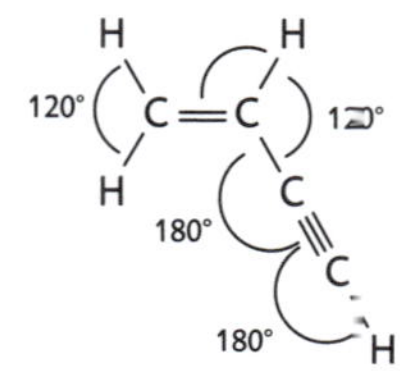

But-1-en-3-in

46 a Gasbrenner A: Gelbe, leuchtende Flamme. Aufgrund mangelnder Luftzufuhr im Brennerrohr verbrennt Methan nicht vollständig und somit verursachen glühende Rußteilchen (Kohlenstoffpartikel) den optischen Eindruck.

Gasbrenner B: Blaue, nicht leuchtende (rauschende) Flamme. Durch die geöffnete Rändelschraube steht ausreichend Luft für eine vollständige Verbrennung zur Verfügung.

b Gasbrenner A: unvollständige Verbrennung

mögliche Reaktionen:

$$CH_{4\,(g)} + O_{2\,(g)} \longrightarrow C_{(s)} + 2\,H_2O_{(g)}$$
$$2\,CH_{4\,(g)} + 3\,O_{2\,(g)} \longrightarrow 2\,CO_{(g)} + 4\,H_2O_{(g)}$$
$$3\,CH_{4\,(g)} + 4\,O_{2\,(g)} \longrightarrow C_{(s)} + 2\,CO_{(g)} + 6\,H_2O_{(g)}$$
$$3\,CH_{4\,(g)} + 4\,O_{2\,(g)} \longrightarrow 2\,C_{(s)} + CO_{2\,(g)} + 6\,H_2O_{(g)}$$

$$C_3H_{8\,(g)} + 2\,O_{2\,(g)} \longrightarrow 3\,C_{(s)} + 4\,H_2O_{(g)}$$
$$C_3H_{8\,(g)} + 3\,O_{2\,(g)} \longrightarrow C_{(s)} + 2\,CO_{(g)} + 4\,H_2O_{(g)}$$
$$C_3H_{8\,(g)} + 3\,O_{2\,(g)} \longrightarrow 2\,C_{(s)} + CO_{2\,(g)} + 4\,H_2O_{(g)}$$
$$C_3H_{8\,(g)} + 4\,O_{2\,(g)} \longrightarrow C_{(s)} + 2\,CO_{2\,(g)} + 4\,H_2O_{(g)}$$

Gasbrenner B: vollständige Verbrennung

$$CH_{4\,(g)} + 2\,O_{2\,(g)} \longrightarrow CO_{2\,(g)} + 2\,H_2O_{(g)}$$
$$C_3H_{8\,(g)} + 5\,O_{2\,(g)} \longrightarrow 3\,CO_{2\,(g)} + 4\,H_2O_{(g)}$$

47

A: 3,4-Diethyl-2-methylheptan

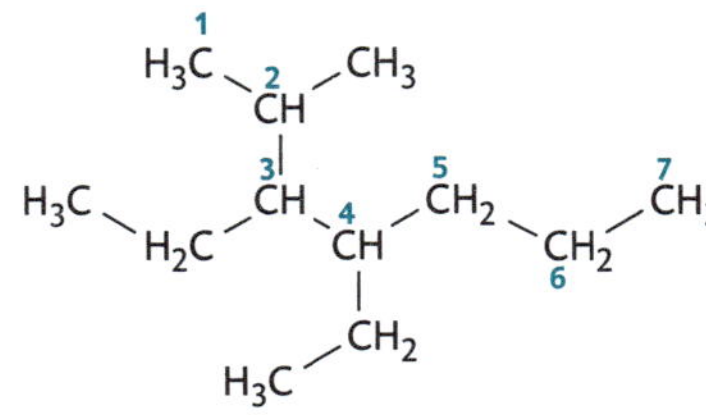

B: 4,6-Diethyl-3-methyloctan

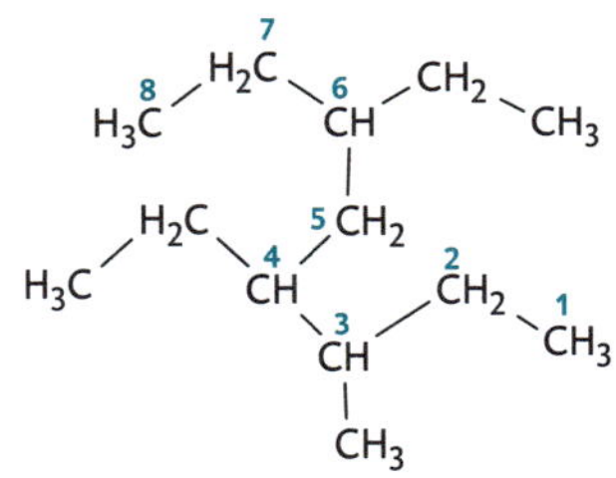

C: 3-Ethyl-2,3,4,5-Tetramethylhexan

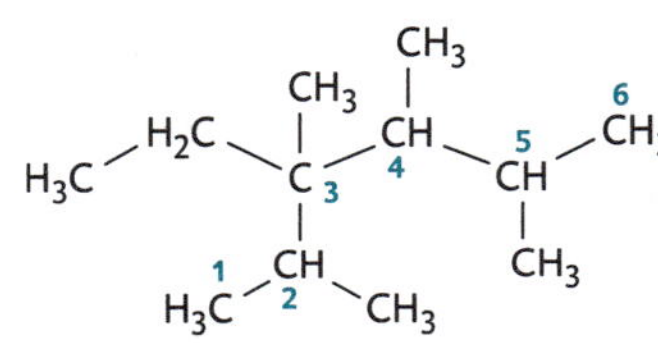

48 a

C_7H_{16}

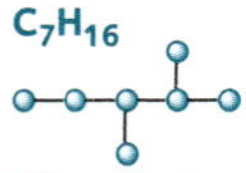

2,3-Dimethylpentan

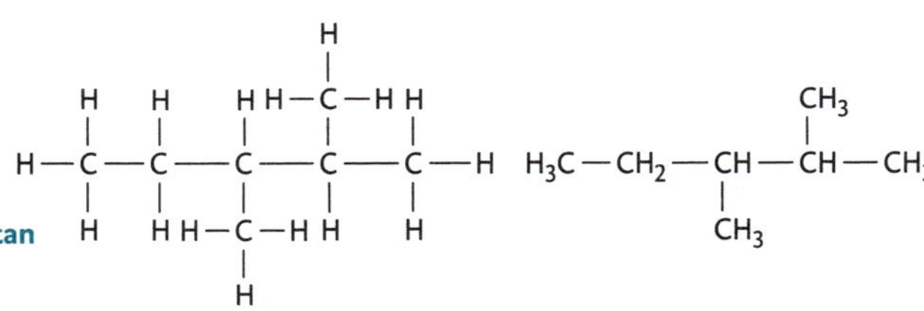

b

C_9H_{20}

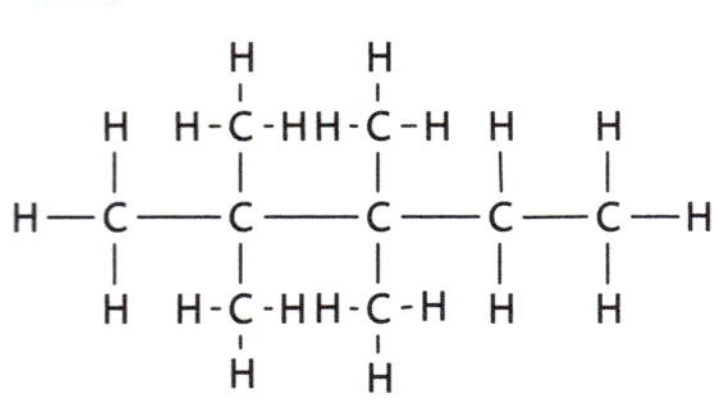

2,2,3,3-Tetramethylpentan

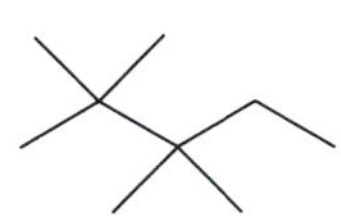

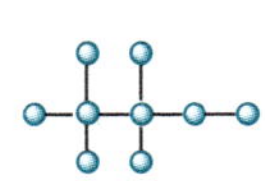

c

C_8H_{16}

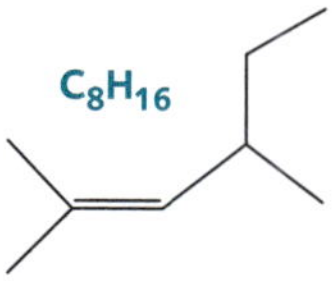

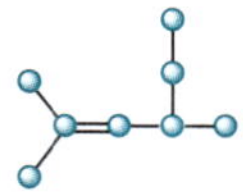

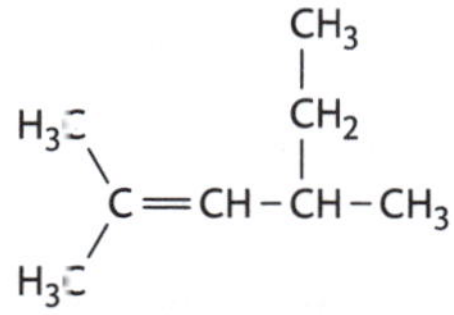

2,4-Dimethylhex-2-en

d

$C_{12}H_{26}$

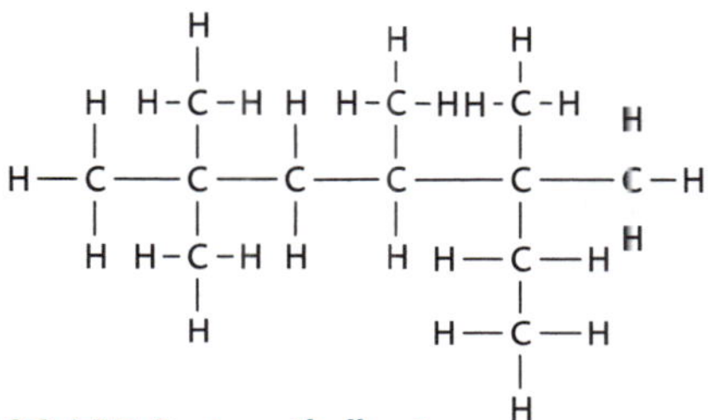

2,2,4,5,5-Pentamethylheptan

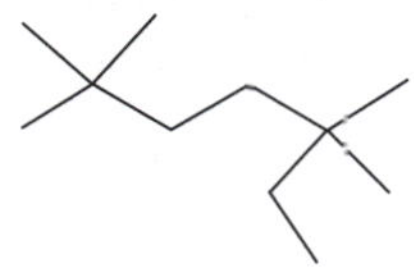

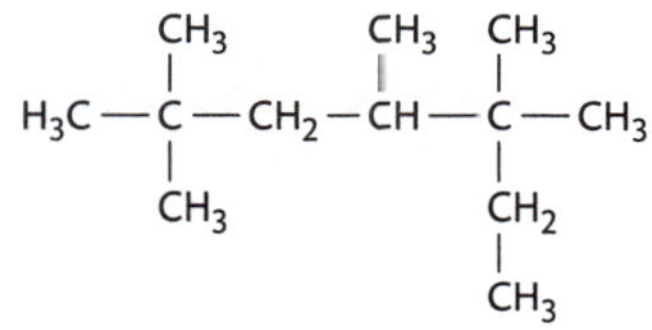

49 Aussagen a, c, d und e sind richtig.

50
- Die längste Kette ist **7 C-Atome** lang.
  ⇒ Heptan
- Das Molekül enthält **14** Kohlenstoff-Atome.
  ⇒ Summenformel $C_{14}H_{30}$
- Am **zweiten** Kohlenstoff-Atom trifft man auf einen **Rest mit 3 Wasserstoff-Atomen**.
  ⇒ Methylrest am 2. C-Atom
- Man erkennt **6 Substituenten** (Alkylreste), tatsächlich sind es nur **zwei verschiedene**.
  ⇒ 5 Methylreste und ein Ethylrest
- Am vorletzten C-Atom gibt es **keine Verzweigung**, doch am **3. C-Atom** hängt ein Rest der Masse 29 u.
  ⇒ Ethylrest am 3. C-Atom
- An **zwei anderen C-Atomen** findet sich der **gleiche Substituent je zweimal**.

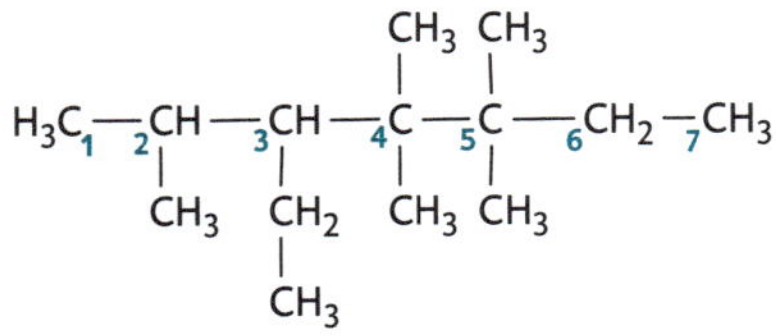

3-Ethyl-2,4,4,5,5-pentamethylheptan

51 a **3-Ethyl-2,2,4-trimethyloctan**
(statt 2,2,4-Trimethyl-3-ethyloctan)

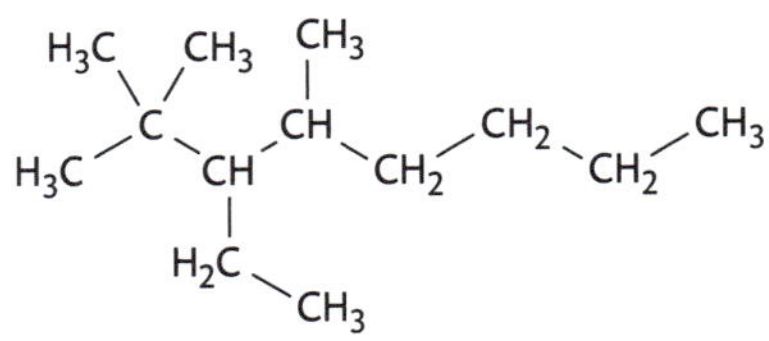

b **4-Ethyl-3,5-dimethylhexan**
(statt 2,3-Diethyl-4-methylpentan)

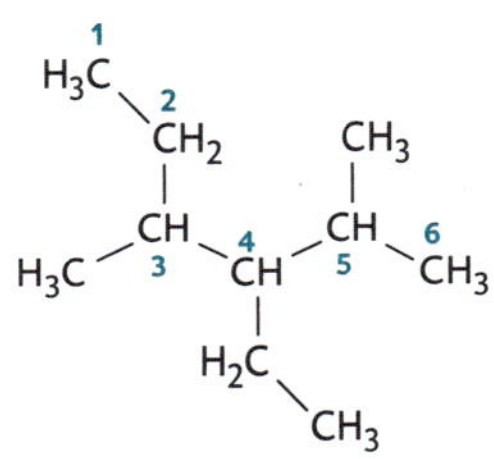

c **2-Methyl-5-propyloctan**
(statt 4-Propyl-1,1-dimethylheptan)

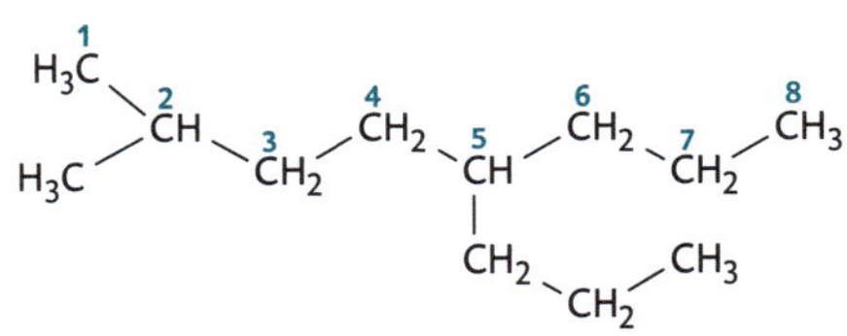

52

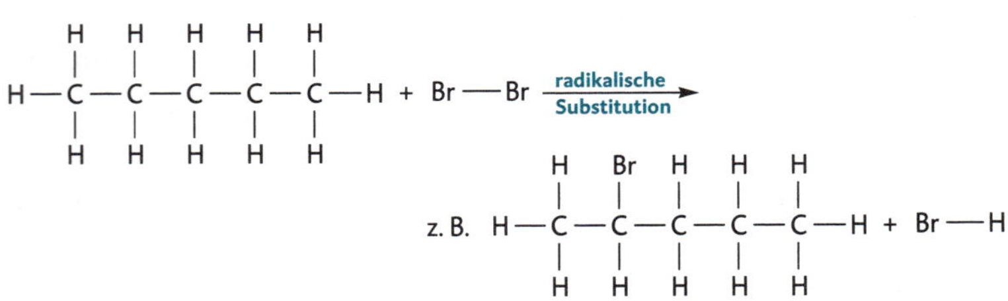

2-Brompentan **Wasserstoffbromid**

53 Aussagen a, d und e sind richtig.

54 a A

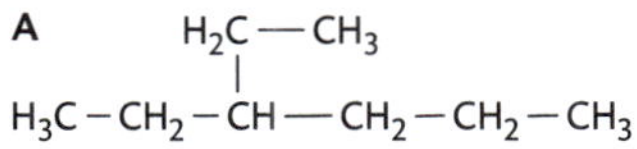

C_8H_{18}

B

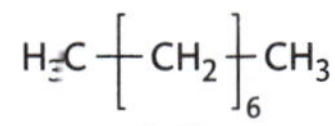

C_8H_{18}

C

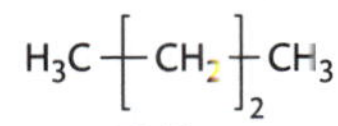

C_4H_{10}

D

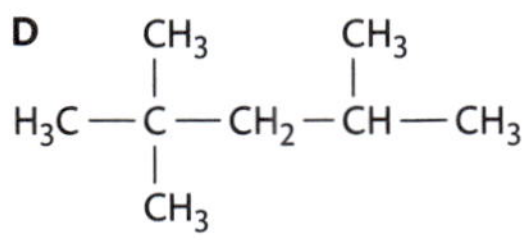

C_8H_{18}

E

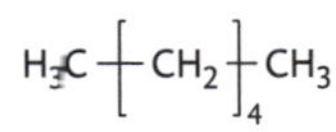

C_6H_{14}

F

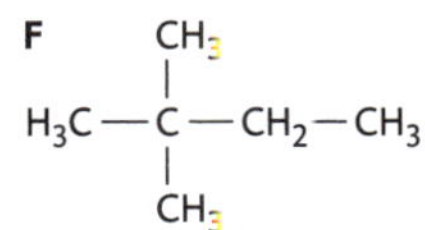

C_6H_{14}

b Die Moleküle A, B, D sind Isomere.
Die Moleküle E und F sind Isomere.

c

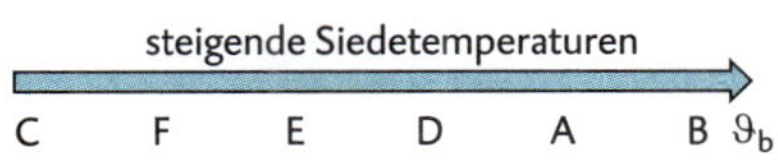

Begründung:
Siedetemperaturen steigen mit zunehmender Molekülgröße, da die Van-der-Waals-Kräfte ebenfalls zunehmen und somit mehr Energie aufgewendet werden muss, die zwischenmolekularen Kräfte zu überwinden. Daraus resultieren höhere Siedetemperaturen. Verzweigte Isomere sieden bei tieferen Temperaturen als unverzweigte, da aufgrund der Verzweigung die Moleküloberfläche kleiner ist und die Van-der-Waals-Kräfte daher geringer sind.

55 a Reagenzglas A: Brom ist nun nicht mehr im Wasser, sondern in dem organischen Stoff gelöst. Bei dem untersuchten Stoff muss es sich also um ein Alkan handeln. Reagenzglas B: Es ist weder im Wasser noch in der organischen Phase Brom gelöst. Brom hat sich an die Doppelbindung des Alkens addiert, somit besteht die organische Phase aus einem Dibromalkan und dem nicht umgesetzten Alken.

b Die organische Phase wird sich entfärben und ein farbloses, stechend riechendes Gas entstehen. Durch Lichtaktivierung werden Brom-Moleküle gespalten und die radikalische Substitution angestoßen. Dabei entstehen mehrfach substituierte Bromalkane und Wasserstoffbromid.

56 a A: 4-Bromheptan
B: 2,4-Dibromheptan
C: 3-Bromheptan
D: 2,3-Dibromheptan
E: 2,4-Dibromheptan

F: 2,4,6-Tribromheptan
G: 3,4-Dibromheptan
H: 2,3,4,6-Tetrabromheptan
I: 2-Bromheptan

b

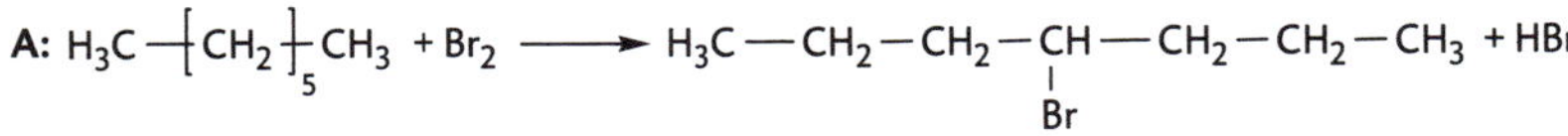

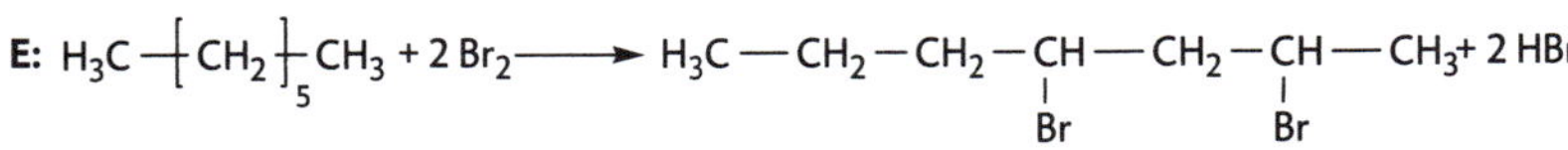

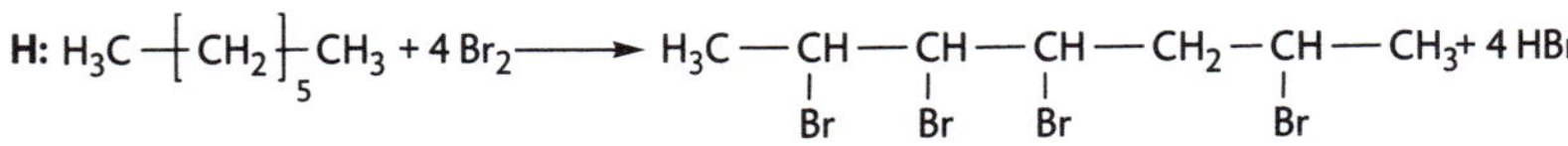

c Durch Addition entstanden sind:

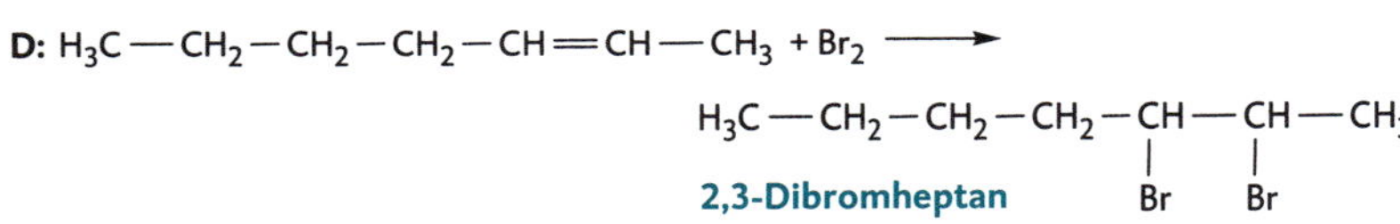

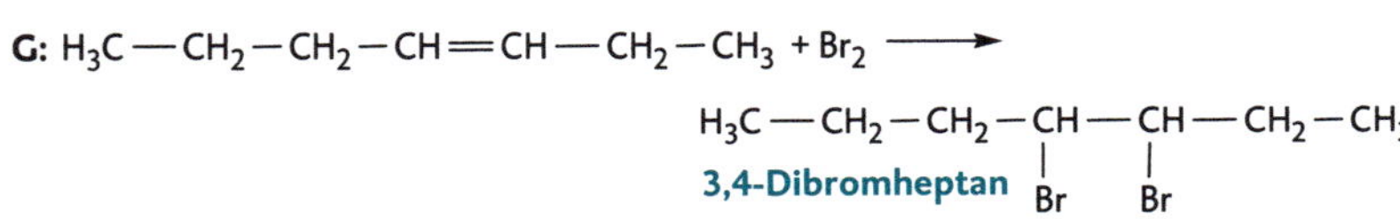

57 a Ein Erdgaskraftwerk setzt pro „erzeugter" Kilowattstunde Strom **weniger als die Hälfte** an Kohlenstoffdioxid frei als ein Steinkohlekraftwerk.

b $CH_{4\,(g)} + 2\,O_{2\,(g)} \longrightarrow CO_{2\,(g)} + 2\,H_2O_{(g)}$

Pro Mol CO_2 werden ca. 800 kJ freigesetzt.

$C_{(s)} + O_{2\,(g)} \longrightarrow CO_{2\,(g)}$

Pro Mol CO_2 werden ca. 400 kJ freigesetzt.

Ein Vergleich der Reaktionsenergien zeigt, dass die Verbrennung von Methan im Vergleich zu der von Kohlenstoff bei gleicher CO_2-Produktion doppelt so viel Energie freisetzt. Die Aussage „Kraftwerke, die Erdgas verbrennen, sind klimafreundlicher als Kohlekraftwerke" scheint also zu stimmen. Die Kraftwerksdaten weichen von dem Verhältnis 1 : 2 etwas ab, da Erdgas kein reines Methan und Steinkohle kein reiner Kohlenstoff ist.

58 Pentan entzündet sich bereits, wenn die Zündflamme noch mehrere Zentimeter von der Flüssigkeit entfernt ist. Bei Raumtemperatur ist genügend gasförmiges Pentan (Siedetemperatur: 36 °C) über dem Schälchen vorhanden, das sich entzündet.
Dodecan entzündet sich erst bei Kontakt der Zündflamme mit der Flüssigkeitsoberfläche. Aufgrund der hohen Siedetemperatur von 216 °C ist nahzu kein gasförmiges Dodecan vorhanden.
Octan entzündet sich bei einem geringen Abstand zwischen Flüssigkeitsoberfläche und Zündflamme. Octan hat eine Siedetemperatur von 126 °C, daher befinden sich Octandämpfe über der Flüssigkeitsoberfläche, die sich entzünden lassen.

59

	richtig	falsch
Pentan hat eine ~~höhere~~ **niedrigere** Siedetemperatur als Heptan.	☐	☒
2,2-Dimethylbutan ist ein Isomer von n-Hexan.	☒	☐
Zu Propan gib es ~~ein~~ **kein** Isomer.	☐	☒
Butan und 2-Methylpropan sind Isomere.	☒	☐
Ein Alkan ist hydrophob.	☒	☐
Octan ist lipophil.	☒	☐
2,3-Dimethylbutan hat eine ~~höhere~~ **niedrigere** Siedetemperatur als 2-Methylpentan.	☐	☒
2,3-Dimethylbutan hat eine höhere Siedetemperatur als 2-Methylbutan.	☒	☐
Mischt man Hexan mit Wasser, so enthält die obere Phase Hexan.	☒	☐

60 Der Bedarf an Benzinen und Mitteldestillaten ist deutlich höher als der Anteil dieser Stoffe im Erdöl. Da im Erdöl aus Nigeria, Libyen und aus der Nordsee dieser Anteil am größten ist, erzielt etwa Erdöl aus Libyen auf dem Weltmarkt einen höheren Preis als das Erdöl aus Saudi-Arabien.

61

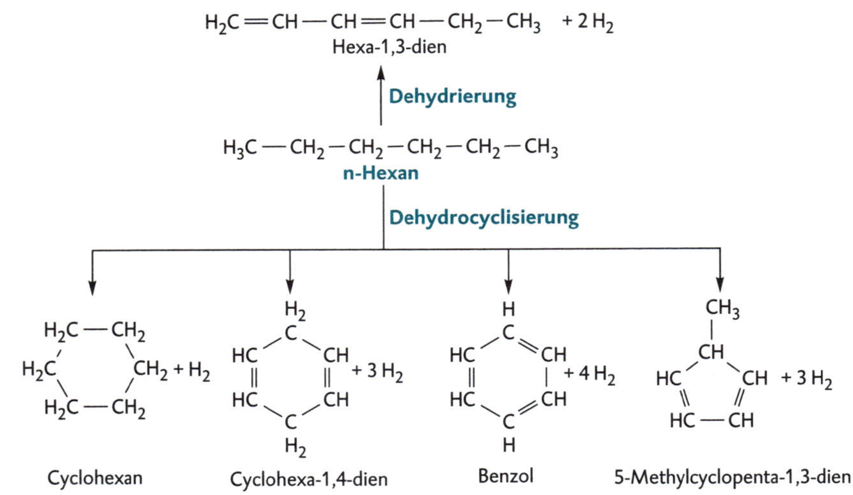
Hexa-1,3-dien
Dehydrierung
n-Hexan
Dehydrocyclisierung
Cyclohexan
Cyclohexa-1,4-dien
Benzol
5-Methylcyclopenta-1,3-dien

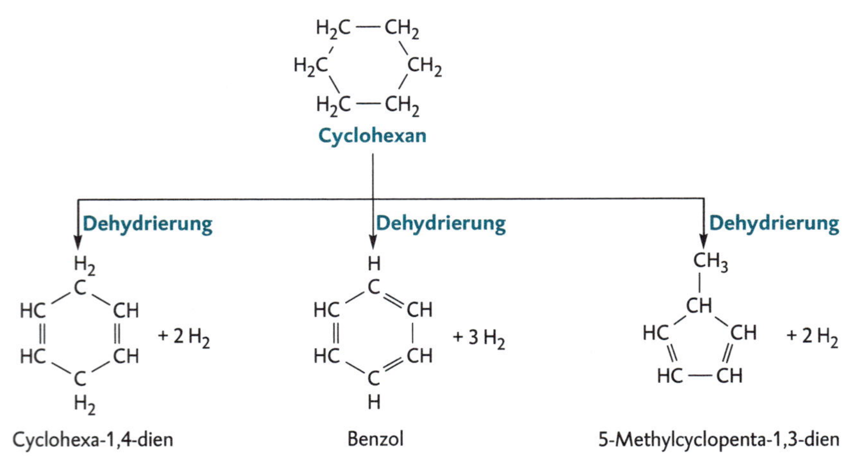
Cyclohexan
Dehydrierung
Dehydrierung
Dehydrierung
Cyclohexa-1,4-dien
Benzol
5-Methylcyclopenta-1,3-dien

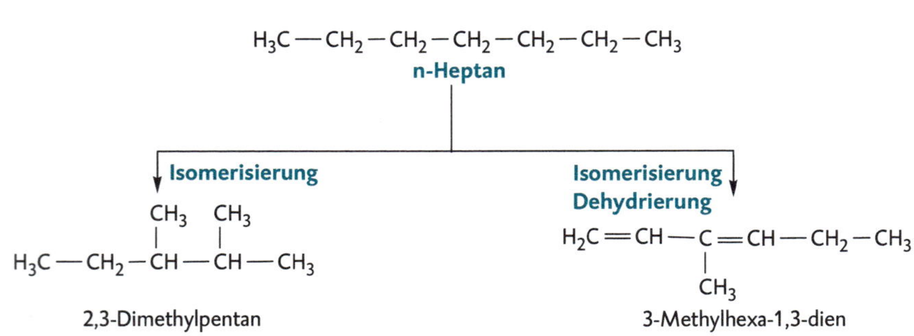
n-Heptan
Isomerisierung
Isomerisierung
Dehydrierung
2,3-Dimethylpentan
3-Methylhexa-1,3-dien

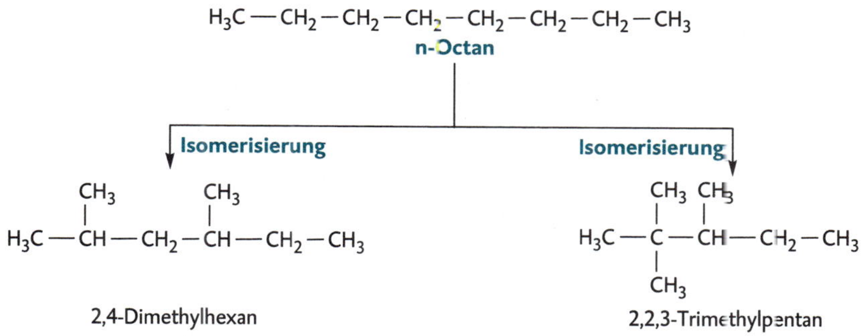

62 Da sich das Bromwasser nicht sofort entfärbt, sondern sich das Brom in der organischen Phase löst, handelt sich bei diesem Kohlenwasserstoff nicht um Hexen. Zudem deutet die Entfärbung im Licht auf einen Radikalkettenmechanismus hin. Licht ermöglicht die Startreaktion, also die homolytische Bindungstrennung des Brom-Moleküls. Das Gefäß enthält Hexan.

63 **a**

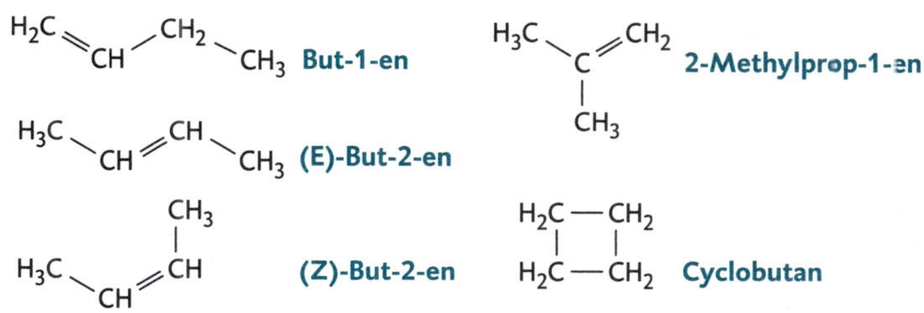

b Mit der Bromwasserprobe lässt sich der ungesättigte Charakter nachweisen.

$$C_4H_8 + \underset{\text{Bromwasser}}{Br_{2\,(aq)}} \longrightarrow C_4H_8Br_2$$

64

Radikalische Substitution	
Startreaktion Lichtinduziert Homolyse des Brom-Moleküls	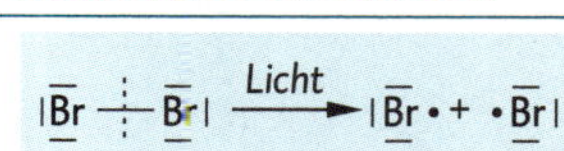
Kettenreaktion Brom-Radikale reagieren mit Ethan zu Wasserstoffbromid und einem Ethyl-Radikal	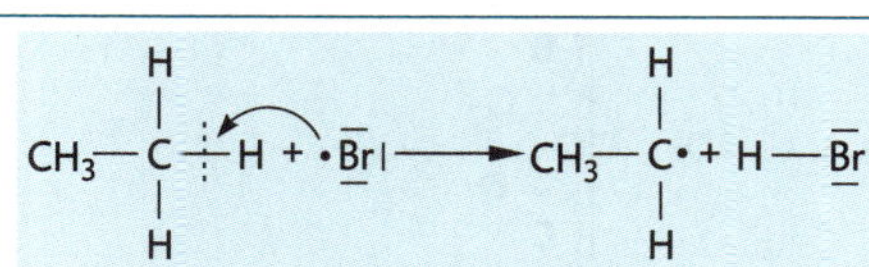
Ethyl-Radikale reagieren mit Brom zu Bromethan und einem Brom-Radikal	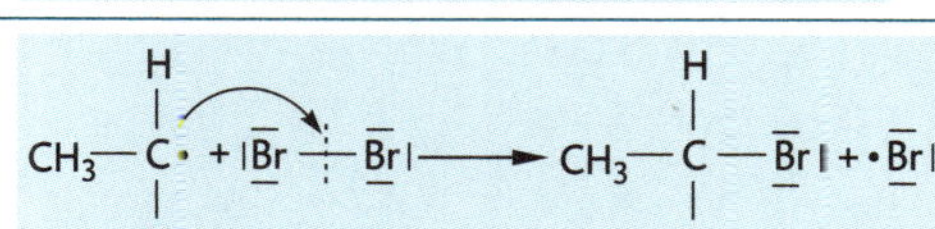

Abbruchreaktion
Zwei Radikale reagieren miteinander

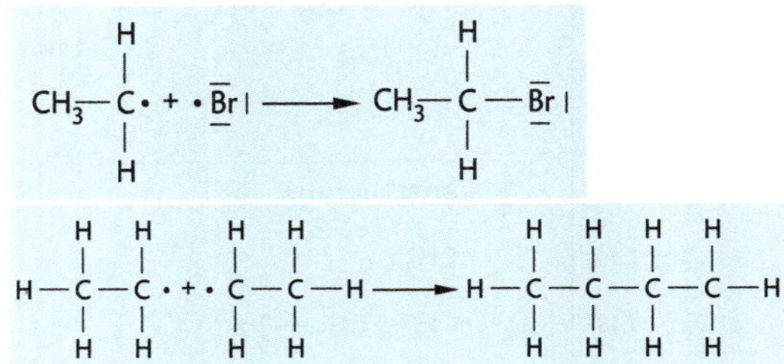

Elektrophile Addition

Polarisierung des Brom-Moleküls

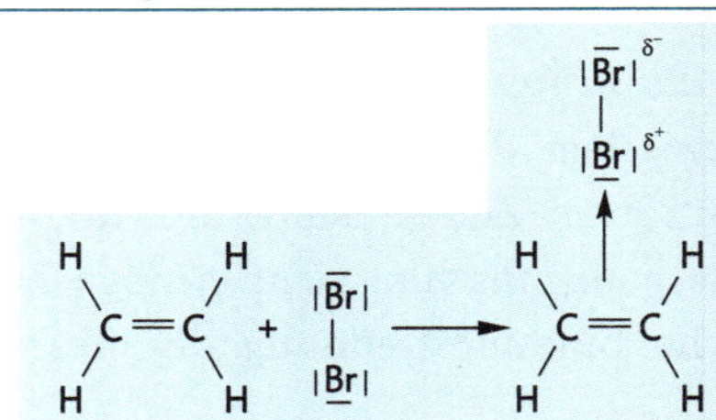

Elektrophiler Angriff
Heterolyse des Brom-Moleküls

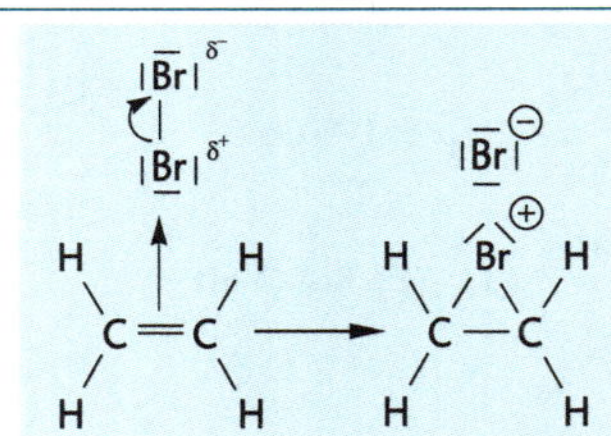

Rückseitenangriff
1,2-Dibromethan

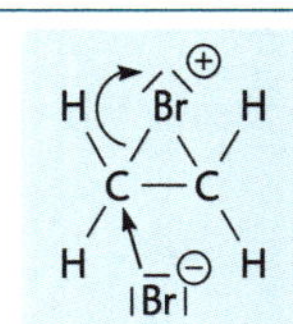

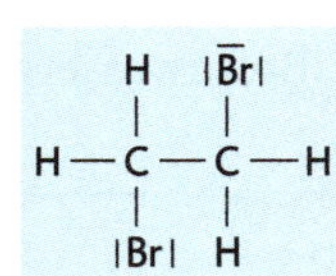

65 a

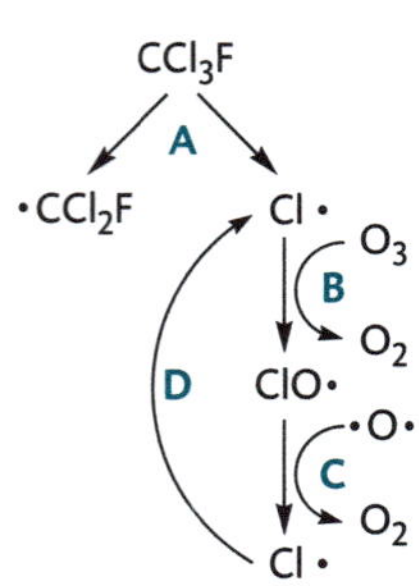

b

Von einem Chlorfluorkohlenwasserstoff-Molekül, z. B. CCl_3F, wird durch UV-Strahlung ein Chlor-Radikal, also ein sehr reaktives Chlor-Atom, abgespalten.	A
Das Chlor-Radikal reagiert mit einem Ozon-Molekül zu Sauerstoff und Chlormonoxid.	B
Das Chlormonoxid reagiert mit einem Sauerstoff-Radikal zu Sauerstoff und einem Chlor-Radikal.	C
Das regenerierte Chlor-Radikal kann erneut mit einem Ozon-Molekül zu Sauerstoff und einem Chlor-Radikal reagieren.	D

c

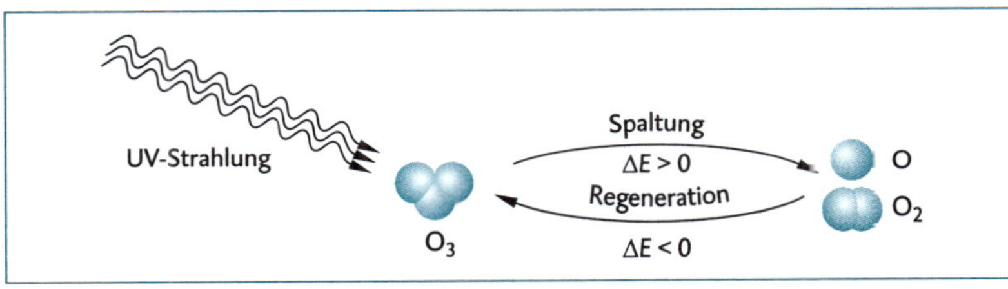

Durch die endoenergetische Spaltung des Ozon-Moleküls („Filtern" des UV-Lichts) entstehen ein Sauerstoff-Molekül und ein Sauerstoff-Atom. Diese beiden Teilchen reagieren sofort wieder exoenergetisch zu Ozon. Diese Regeneration wird aber unterbrochen, wenn Chlormonoxid-Moleküle mit diesen Sauerstoff-Atomen zu Sauerstoff-Molekülen und Chlor-Radikalen reagieren. (Die Chlor-Radikale zerstören wiederum ein Ozon-Molekül usw.)

66 a

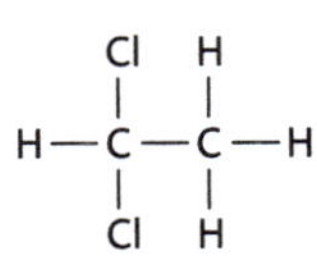

1,1-Dichlorethan

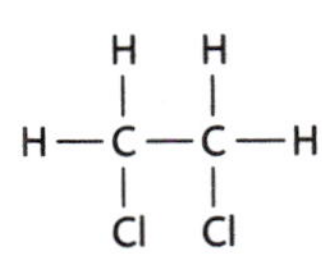

1,2-Dichlorethan

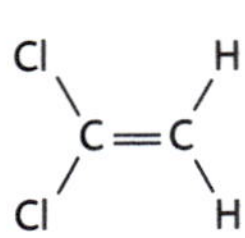

1,1-Dichlorethen

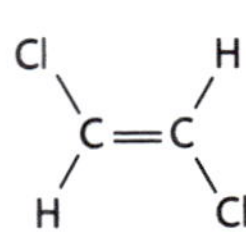

(E)-1,2-Dichlorethen

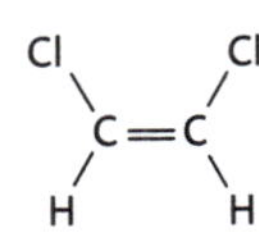

(Z)-1,2-Dichlorethen

b (E)-1,2-Dichlorethen ist kein Dipolmolekül und hat daher von den drei betrachteten Verbindungen die niedrigste Siedetemperatur.

(Z)-1,2-Dichlorethen und 1,1-Dichlorethen haben ein Dipolmoment, weshalb zwischen den jeweiligen Molekülen zusätzliche Dipol-Dipol-Wechselwirkungen wirksam werden können. Dies erklärt die höhere Siedetemperatur dieser beiden Verbindungen.

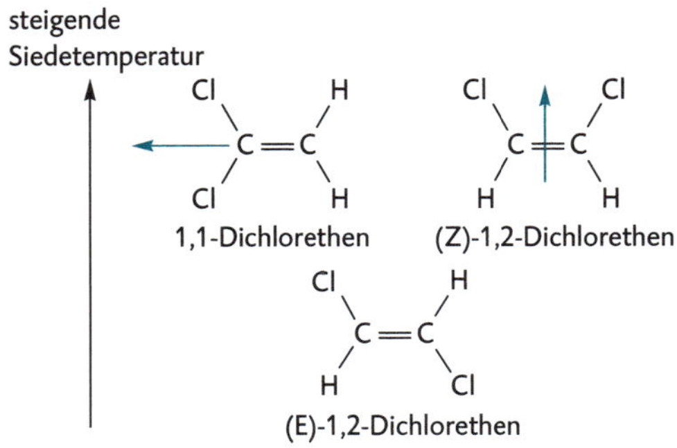

67 a

n-Pentan	e
Ethan	b
n-Octan	h
n-Butan	d
n-Heptan	g

b Mit wachsender Kettenlänge vergrößert sich die Moleküloberfläche. Gleichzeitig nehmen auch die zwischenmolekularen Van-der-Waals-Kräfte zu. Mit steigender Anzahl an Kohlenstoff-Atomen im Molekül muss also mehr Energie aufgewendet werden, damit diese zwischenmolekularen Kräfte überwunden werden können.

c

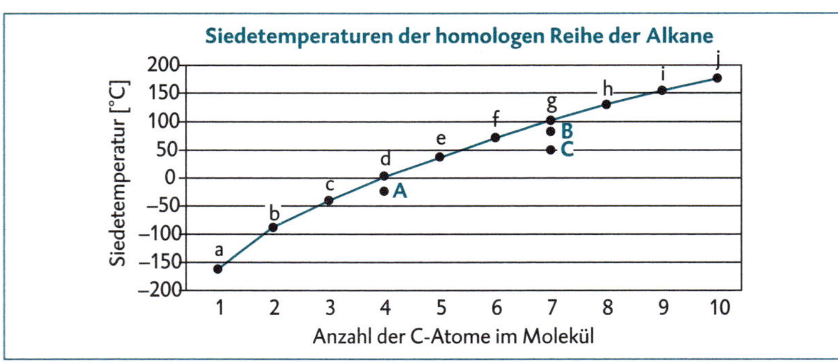

2-Methylpropan ist isomer zu n-Butan, hat aber aufgrund der Verzweigung eine kleinere Oberfläche. Die schwächeren Van-der-Waals-Kräfte zwischen den Molekülen bedingen die geringere Siedetemperatur.

2-Methylhexan und 2,2-Dimethylpentan sind isomer zu n-Heptan. Durch die Verzweigungen werden zwischen den Molekülen geringere Van-der-Waals-Kräfte wirksam, weshalb die Siedetemperaturen geringer als bei n-Heptan sind. Aufgrund der stärkeren Verzweigung hat 2,2-Dimethylpentan eine niedrigere Siedetemperatur als 2-Methylhexan.

68

	richtig	falsch
Benzin besteht aus kleineren Kohlenwasserstoff-Molekülen als Diesel.	✗	
Physikalisch gelöstes Kohlenstoffdioxid reagiert in der ~~Lithosphäre~~ **Hydrosphäre** zu Carbonat-Ionen und Oxonium-Ionen.		✗
Das Cracken von Erdöl ist ~~ein physikalischer Vorgang~~ eine **chemische Reaktion**.		✗
Der hochsiedende Rückstand ist ~~Abfall~~ **auch Rohstoff ⇒ Vakuum-destillation**.		✗
Rohöl wird durch fraktionierte Destillation aufgetrennt.	✗	
Beim Cracken entstehen auch ungesättigte Verbindungen.	✗	
Beim ~~Cracken~~ **Reformieren** von Erdöl entstehen verzweigte Moleküle.		✗
Erdöl ist aus abgestorbenen Pflanzen und Tieren durch bakteriellen Abbau entstanden.	✗	
Die Oktanzahl gibt die Klopffestigkeit eines Kraftstoffgemisches an.	✗	
Durch die Verbrennung fossiler Energieträger kann die Fotosyntheserate der Pflanzen erhöht werden.	✗	
Das Verbrennen von Alkanen ist problematisch, denn sie sind als Rohstoff für die Chemieindustrie extrem wichtig.	✗	

69 Der als Rückstand bezeichnete hochsiedende Erdölanteil übersteigt bei weitem den Bedarf. Der Benzinanteil des Erdöls ist hingegen zu gering.
Die petrochemische Industrie wandelt daher durch Crackprozesse einen Teil des Rückstands in Benzin um.

70 a A: n-Octadecan
B: n-Hept-1-en
C: n-Pentan
D: Ethen
E: But-1-en

b

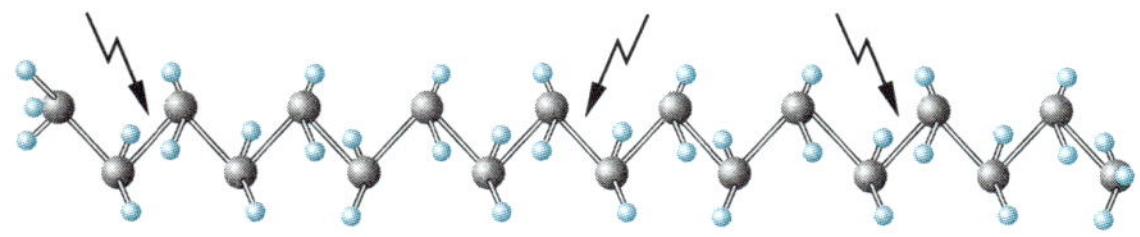

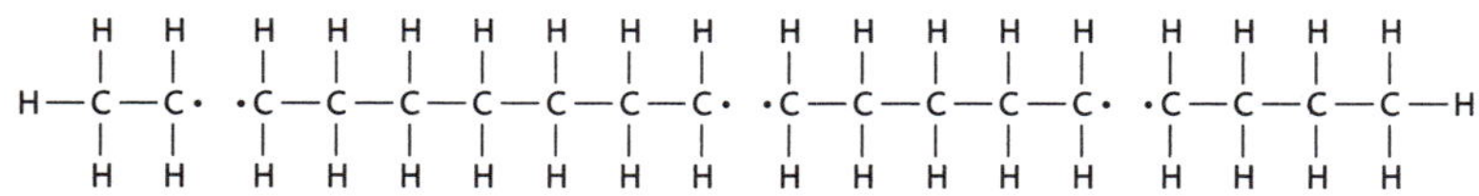

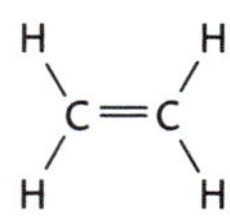

D

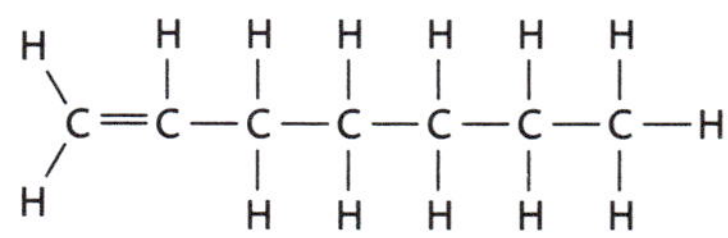

B

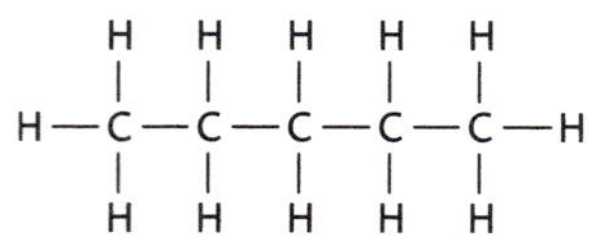

C

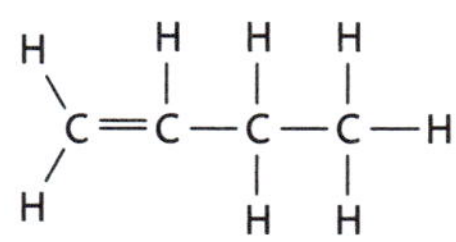

E

c Die Anwesenheit von Wasserstoff beim Cracken ist dafür verantwortlich, dass ausschließlich Alkane gebildet werden (Hydrierung).
Entstandene Produkte beim Hydrocracken: Ethan, n-Heptan, n-Pentan, n-Butan.

71 In Raffinerien werden aus **Rohöl** verkaufsfertige Mineralölprodukte wie die Ottokraftstoffe Benzin, Super und Super-Plus sowie Dieselkraftstoffe, Heizöl, Flugbenzin etc. hergestellt. Rohöl ist ein Gemisch aus verschiedenen **Kohlenwasserstoffen**.
Ausgangspunkt der Rohölverarbeitung ist die **Destillation**, bei der die **Kohlenwasserstoffe** in Fraktionen nach **Siedebereichen** getrennt werden. Hierbei wird mit zwei verschiedenen Destillations-Verfahren, der **fraktionierten** Destillation und der **Vakuum**-Destillation gearbeitet. Bei der **fraktionierten** Destillation werden die Kohlenwasserstoffe voneinander getrennt, deren Zersetzungstemperatur deutlich **über** ihrer Siedetemperatur liegt.
Durch die Vakuum-Destillation können hoch siedende Kohlenwasserstoffgemische des Rückstandes bei Temperaturen getrennt werden, die deutlich **unter** der Zersetzungstemperatur liegen. Bei der Destillation fallen zunächst alle Produkte so an, wie sie von **Natur** aus im Rohöl vorhanden sind.

72 **a** Durch die Belichtung wird offensichtlich eine Reaktion in Gang gesetzt, bei der sich das Volumen der Gasphase verringert. Es muss ein Stoff entstanden sein, der sich entweder in Wasser löst oder mit Wasser reagiert.
Die Rotfärbung des Indikatorpapiers ist ein Nachweis für die Anwesenheit von Oxonium-Ionen, die nur durch die Reaktion des Reaktionsproduktes mit Wasser entstanden sein können. Die Betrachtung der Edukte zeigt, dass es sich bei dem sauren Reaktionsprodukt um Wasserstoffchlorid handelt.

$$CH_{4\,(g)} + Cl_{2\,(g)} \longrightarrow CH_3Cl_{(g)} + HCl_{(g)}$$

$$HCl_{(g)} + H_2O_{(l)} \longrightarrow H_3O^+_{(aq)} + Cl^-_{(aq)}$$

b Mit Silbernitratlösung weist man Chlorid-Ionen als weißen Niederschlag (AgCl) nach. Da die NaCl-Lösung auch Chlorid-Ionen enthält, wäre dieser Nachweis für das Reaktionsprodukt HCl nicht sinnvoll.

c

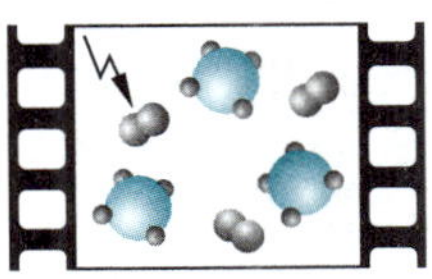

Start-Reaktion
Chlor-Moleküle werden durch UV-Licht homolytisch in Chlor-Radikale gespalten.

$$|\overline{Cl}-\overline{Cl}| \longrightarrow 2\;|\overline{Cl}\cdot$$

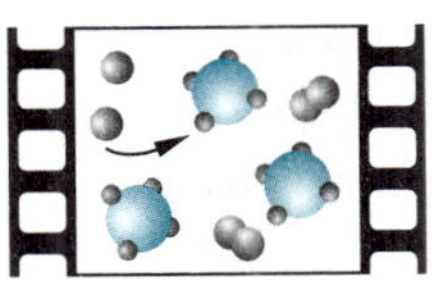

Kettenreaktion 1
Chlor-Radikale reagieren mit Methan zu Wasserstoffchlorid und Methyl-Radikalen.

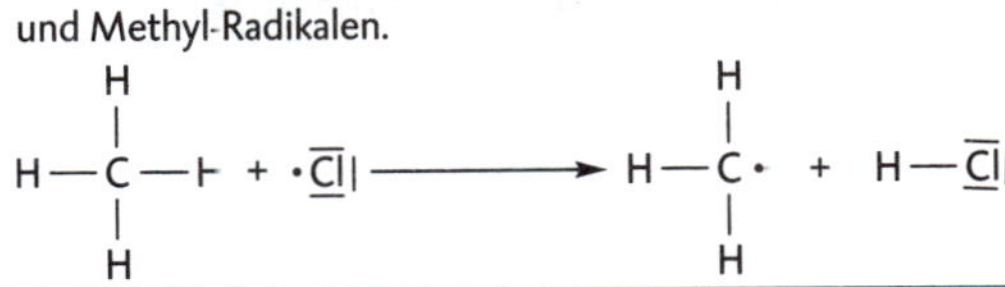

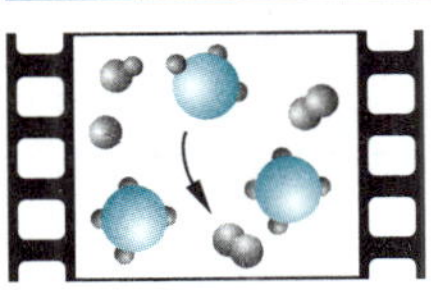

Kettenreaktion 2
Methyl-Radikale reagieren mit Chlor-Molekülen zu Monochlormethan und Chlor-Radikalen.

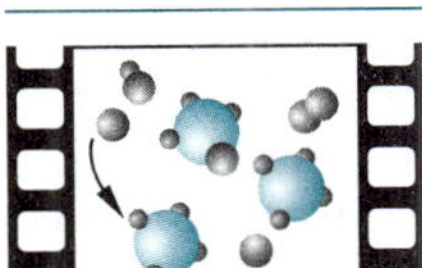

Kettenreaktion 1
Chlor-Radikale reagieren mit Methan zu Wasserstoffchlorid und Methyl-Radikalen.

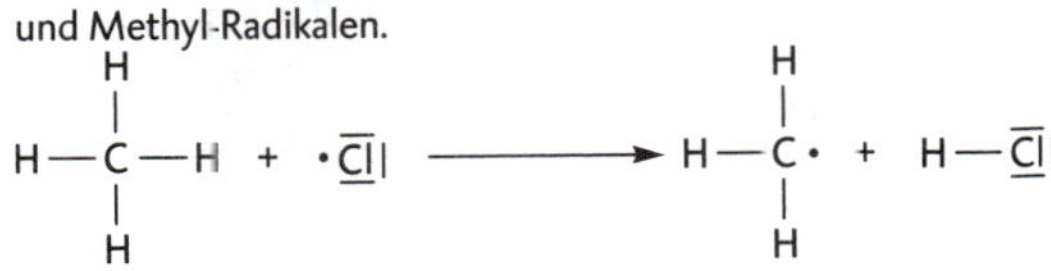

Weiter mit Kettenreaktion 2 usw.; evtl. auch Bildung von Dichlormethan etc.

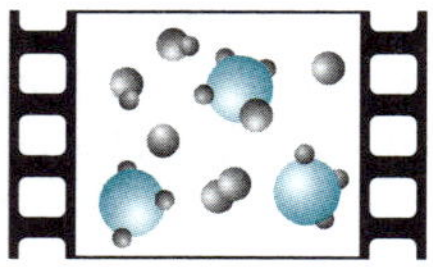

Abbruchreaktionen durch Radikalrekombination

Zwei Chlor-Radikale rekombinieren zu einem Chlor-Molekül, zwei Methyl-Radikale zu Ethan, Chlor-Radikal und Methyl-Radikal zu Chlormethan.

$$2\,|\overline{\underline{Cl}}\cdot \longrightarrow |\overline{\underline{Cl}}-\overline{\underline{Cl}}|$$

oder

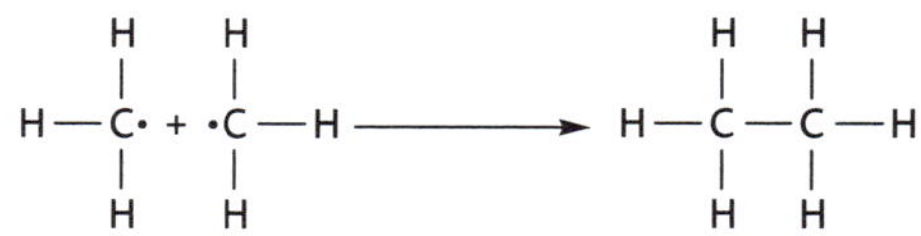

oder

73 a n-Butan und 2-Methylpropan sind Isomere (C_4H_{10}). 2,2-Dimethylpropan hat die Summenformel C_5H_{12}.

b Alle drei Verbindungen haben die Summenformel C_6H_{14}. 2-Methylpentan und 3-Methylpentan sind verzweigt, n-Hexan nicht.

c A und C sind Isomere (C_6H_{14}), B ist ein Isooctan.

d (E)-But-2-en und (Z)-But-2-en sind E/Z-Isomere des But-2-ens bzw. (Z)-But-2-en und (Z)-Pent-2-en sind Z-konfiguriert.

e Alle drei Verbindungen sind E/Z-Isomere des Hexa-2,4-diens. B und C sind Z, E-konfiguriert, Verbindung A ist Z, Z-konfiguriert.

74

$H_3C-CH{=}CH_2$	B	$H_3C-CH(Br)-CH_2(Br)$ 1,2-Dibrompropan
Ethan	A	
$H_3C-CH_2-CH_2-CH(CH_3)-CH_3$	A	
Ethen	B	$CH_2(Br)-CH_2(Br)$ 1,2-Dibromethan
(Z)-But-2-en	B	$H_3C-CH(Br)-CH(Br)-CH_3$ 2,3-Dibrombutan
(E)-But-2-en	B	

75 **a** Falsch:

$$C_{20}H_{42} \longrightarrow C_{10}H_{20} + C_6H_{12} + C_4H_{10}$$ oder

$$C_{20}H_{42} \longrightarrow C_{10}H_{18} + C_6H_{14} + C_4H_{10}$$

b Richtig.

c Falsch:

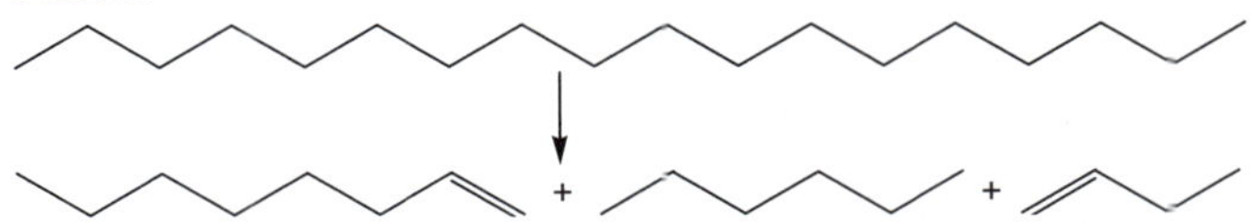

d Falsch.

$$H_3C \left[CH_2 \right]_{20} CH_3 \longrightarrow H_3C - CH_2 \left[CH_2 \right]_9 CH_3 + 5\,H_2C{=}CH_2$$ oder

$$H_3C \left[CH_2 \right]_{20} CH_3 \longrightarrow H_2C{=}CH \left[CH_2 \right]_9 CH_3 + 4\,H_2C{=}CH_2 + H_3C - CH_3$$

76 **a** **Radikalische Substitution**

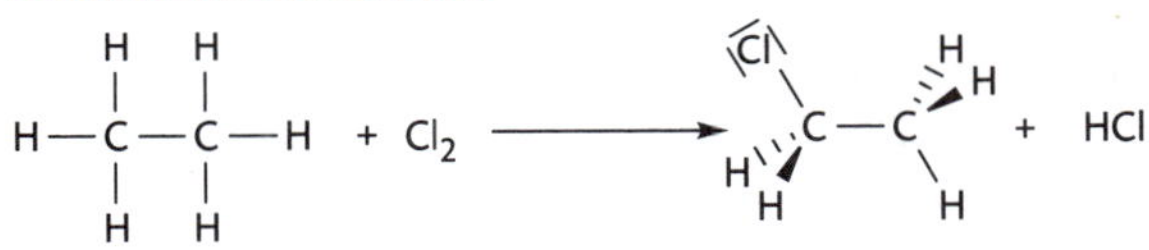

Ethan Monochlorethan

b **Elektrophile Addition**

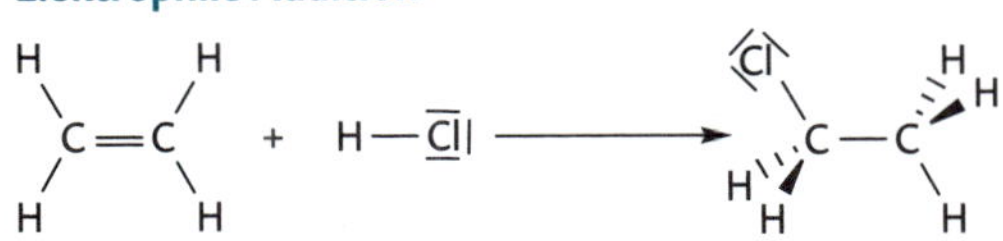

Ethen Monochlorethan

77 Polyethylen PE ist ein Riesenmolekül mit der statistischen Summenformel $(CH_2)_n$:

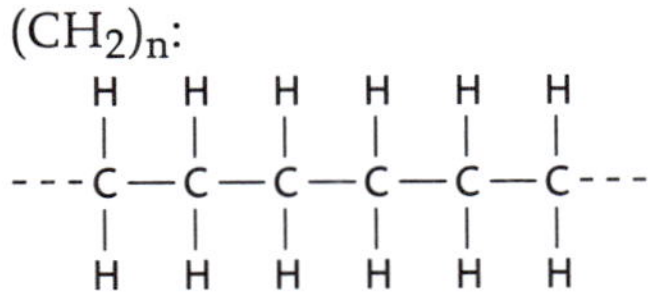

Verbrennungsreaktionen:

$$2\,(CH_2)_n + 3n\,O_{2\,(g)} \longrightarrow 2n\,CO_{2\,(g)} + 2n\,H_2O_{(g)}$$

$$CH_{4\,(g)} + 2\,O_{2\,(g)} \longrightarrow CO_{2\,(g)} + 2\,H_2O_{(g)}$$

$$C_2H_{6\,(g)} + 3{,}5\,O_{2\,(g)} \longrightarrow 2\,CO_{2\,(g)} + 3\,H_2O_{(g)}$$

$$C_3H_{8\,(g)} + 5\,O_{2\,(g)} \longrightarrow 3\,CO_{2\,(g)} + 4\,H_2O_{(g)}$$

Der Vergleich der Verbrennungsreaktionen zeigt, dass der Chemielehrer recht hat.

78 a

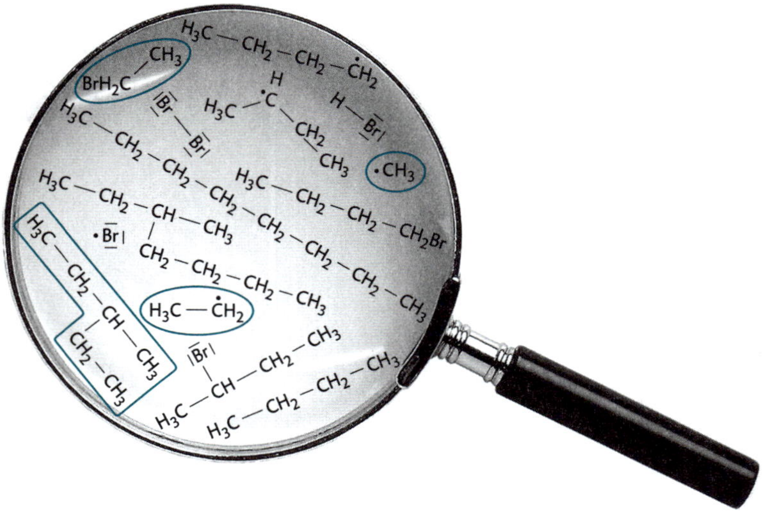

b **Startreaktion durch Licht:**

$$|\overline{Br} - \overline{Br}| \xrightarrow{h\nu} 2\,\cdot\overline{Br}|$$

Kettenreaktionen:

$$H_3C - CH_2 - CH_2 - CH_3 + \cdot\overline{Br}| \longrightarrow H_3C - CH_2 - CH_2 - \dot{C}H_2 + H - \overline{Br}|$$

$$H_3C - CH_2 - CH_2 - CH_3 + \cdot\overline{Br}| \longrightarrow H_3C - \dot{C}H - CH_2 - CH_3 + H - \overline{Br}|$$

$$H_3C - CH_2 - CH_2 - \dot{C}H_2 + |\overline{Br} - \overline{Br}| \longrightarrow H_3C - CH_2 - CH_2 - CH_2Br + \cdot\overline{Br}|$$

$$H_3C - \dot{C}H - CH_2 - CH_3 + |\overline{Br} - \overline{Br}| \longrightarrow H_3C - CH(|\overline{Br}|) - CH_2 - CH_3 + \cdot\overline{Br}|$$

Abbruchreaktionen:

$$2\,H_3C - CH_2 - CH_2 - \dot{C}H_2 \longrightarrow H_3C - CH_2 - CH_2 - CH_2 - CH_2 - CH_2 - CH_2 - CH_3$$

$$H_3C - CH_2 - CH_2 - \dot{C}H_2 + H_3C - \dot{C}H - CH_2 - CH_3 \longrightarrow H_3C - CH_2 - CH(CH_2 - (CH_2)_2 - CH_3) - CH_3$$

$$H_3C - CH_2 - CH_2 - \dot{C}H + \cdot\overline{Br}| \longrightarrow H_3C - CH_2 - CH_2 - CH_2Br$$

$$H_3C - \dot{C}H - CH_2 - CH_3 + \cdot\overline{Br}| \longrightarrow H_3C - CH(|\overline{Br}|) - CH_2 - CH_3$$

$$2\,\cdot\overline{Br}| \longrightarrow |\overline{Br} - \overline{Br}|$$

79

Hexadecan		⟶	**Buten**	+	Hexen	+	**Ethen**	+	**Butan**
$C_{16}H_{34}$		⟶	C_4H_8	+	**C_6H_{12}**	+	C_2H_4	+	**C_4H_{10}**
Octadecan		⟶	Decen	+	**Propan**	+	Ethen	+	**Propen**
$C_{18}H_{38}$		⟶	**$C_{10}H_{20}$**	+	C_3H_8	+	**C_2H_4**	+	**C_3H_6**
Eicosan		⟶	**Nonan**	+	Kohlenstoff	+	**Hexan**	+	**Buten**
$C_{20}H_{42}$		⟶	C_9H_{20}	+	**C**	+	C_6H_{14}	+	**C_4H_8**
Tetradecan	+ Wasserstoff	⟶	Heptan	+	Propan	+	**Butan**		
$C_{14}H_{30}$	+ **$2\,H_2$**	⟶	**C_7H_{16}**	+	**C_3H_8**	+	C_4H_{10}		

80 a $C_5H_{12\,(l)} + Br_{2\,(l)} \longrightarrow C_5H_{11}Br_{(l)} + HBr_{(g)}$

b Die Reaktion von Alkanen mit Halogenen zu Halogenalkanen ist eine photochemisch initiierte, radikalische Substitution.

c

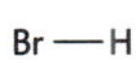
Wasserstoffbromid

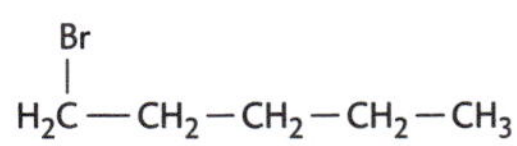
1-Brompentan

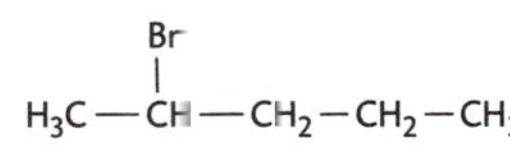
2-Brompentan

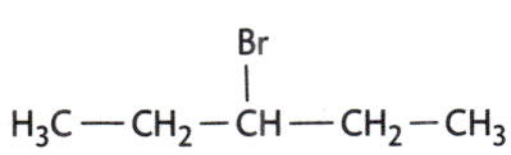
3-Brompentan

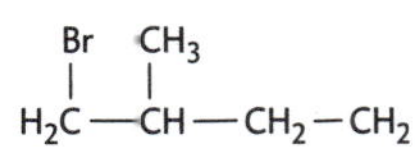
1-Brom-2-methylbutan

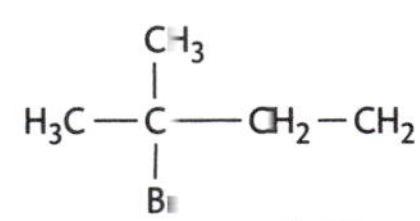
2-Brom-2-methylbutan

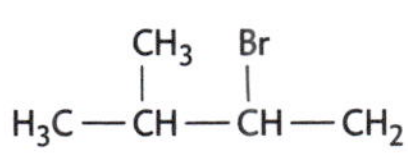
2-Brom-3-methylbutan

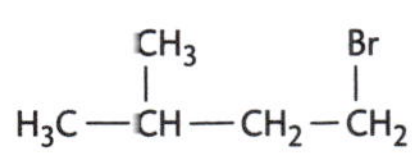
1-Brom-3-methylbutan

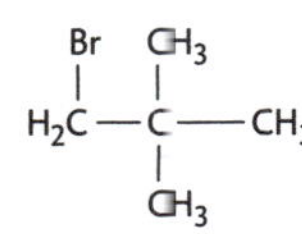
1-Brom-2,2-dimethylpropan

81 (E)-2-Methylhex-3-en: A, C, H
(E)-3-Methylhex-3-en: B, J
(E)-5-Methylhex-2-en: I
(E)-Hex-3-en: G
(Z)-3-Methylhex-3-en: E
Nicht zuzuordnen: D, F

82 a Vergleich der Siedetemperaturen von Alkoholen und Alkanen

b Die Differenz der Siedetemperaturen von Methanol und Ethan beträgt ca. 160 °C, die Siedetemperaturen von Octan-1-ol und Nonan unterscheiden sich nur um ca. 50 °C voneinander.
Alkohole haben höhere Siedetemperaturen als vergleichbare Alkane, da die intermolekularen Kräfte durch die Ausbildung von Wasserstoffbrücken steigen. Mit zunehmender Kettenlänge nimmt die Bedeutung der H-Brücken an den intermolekularen Wechselwirkungen ab, weshalb die Siedetemperaturdifferenz zwischen hohen Alkanolen und Alkanen sinkt.

83 Isomere Alkohole:

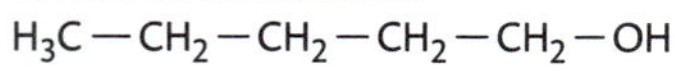
Pentan-1-ol

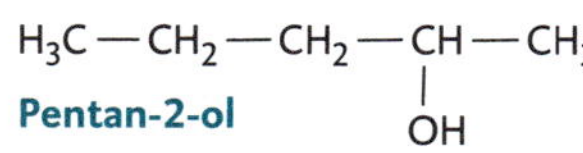
Pentan-2-ol

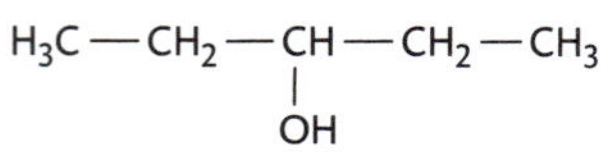
Pentan-3-ol

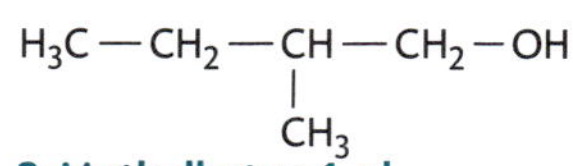
2-Methylbutan-1-ol

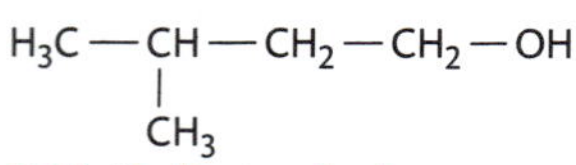
3-Methylbutan-1-ol

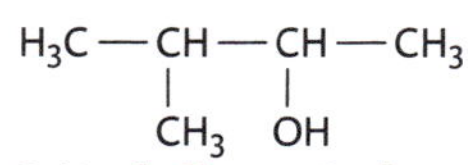
3-Methylbutan-2-ol

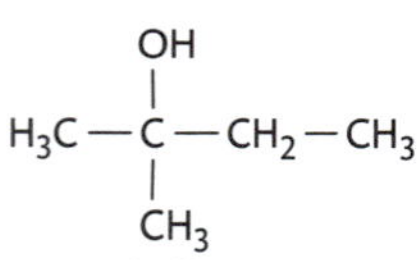
2-Methylbutan-2-ol

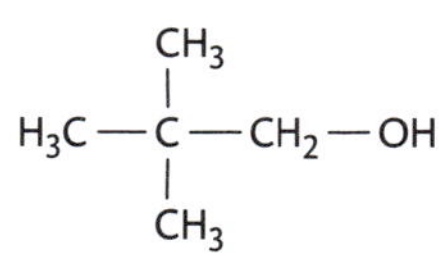
2,2-Dimethylpropan-1-ol

Isomere Ether:

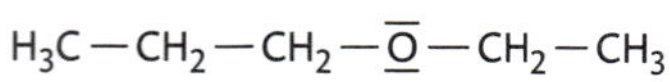
Ethylpropylether

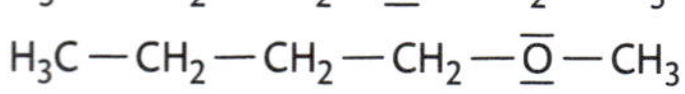
n-Butylmethylether

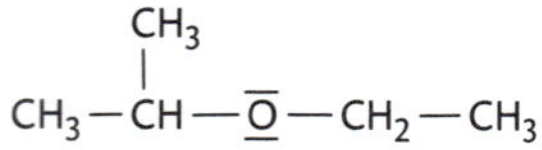
Ethylisopropylether
Ethyl(2-propyl)ether

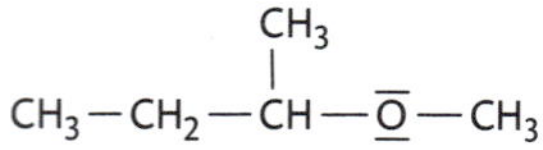
sec-Butylmethylether
2-Butylmethylether

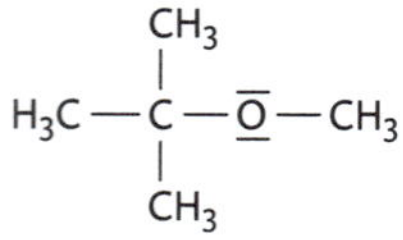
tert-Butylmethylether
Methyl(2-methyl-2-propyl)ether

84 ☒ Propan-1,2-diol ist ein zweiwertiger Alkohol.
☒ Propan-1,2-diol ist isomer zu Propan-1,3-diol.
☐ Der Trivialname ist Glycerin.
☒ Der Trivialname ist Propylenglycol.
☒ Propan-1,2-diol wird zu 2-Oxopropansäure oxidiert.
☐ Die Fehlingprobe verläuft positiv.
☒ Propan-1,2-diol reagiert mit saurer $KMnO_4$-Lösung
☐ Propan-1,2-diol ist ein tertiärer Alkohol.

85 **Siedetemperatur:**
Das Ethandiol-Molekül enthält doppelt so viele Hydroxygruppen wie das Ethanol-Molekül. Zwischen den polaren Ethandiol-Molekülen können aus diesem Grund auch mehr Wasserstoffbrücken ausgebildet werden, was zu deutlich höheren zwischenmolekularen Kräften führt. Beim Siedevorgang müssen diese intermolekularen Wechselwirkungen überwunden werden; die Siedetemperatur von Ethandiol ist daher höher als bei Ethanol.

Dichte:
Aufgrund der stärkeren zwischenmolekularen Kräfte ist auch der Abstand der Ethandiol-Moleküle im flüssigen Ethandiol geringer als der Abstand der Ethanol-Moleküle. Die Dichte von Ethandiol ist daher größer als die von Ethanol.

86 A Butan-1,2,4-triol
B Butan-2-ol
C Butan-1,2-diol

Je größer die Anzahl der Hydroxygruppen, die in einem Alkohol-Molekül gebunden sind, desto mehr Wasserstoffbrücken können zwischen den Molekülen ausgebildet werden; die zwischenmolekularen Kräfte werden also stärker. Mit zunehmender Anzahl der Hydroxygruppen steigt auch die Viskosität des Stoffes, die wiederum für die Sinkgeschwindigkeit der Stahlkugel verantwortlich ist. Je größer die Viskosität der Alkohole, umso langsamer sinkt die Stahlkugel auf den Boden des Gefäßes.

87

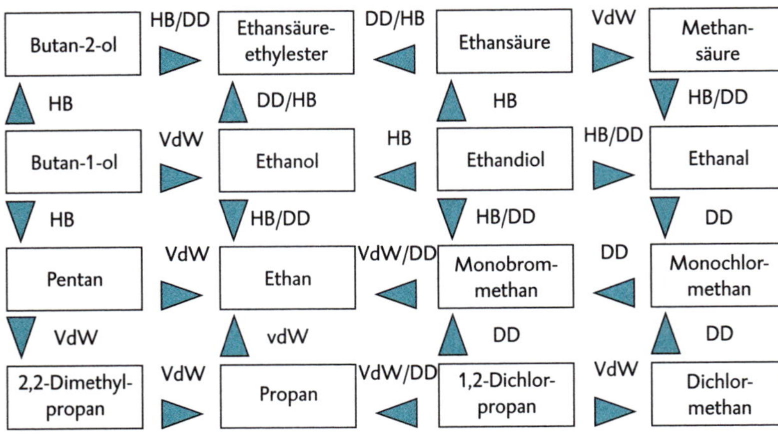

88 a

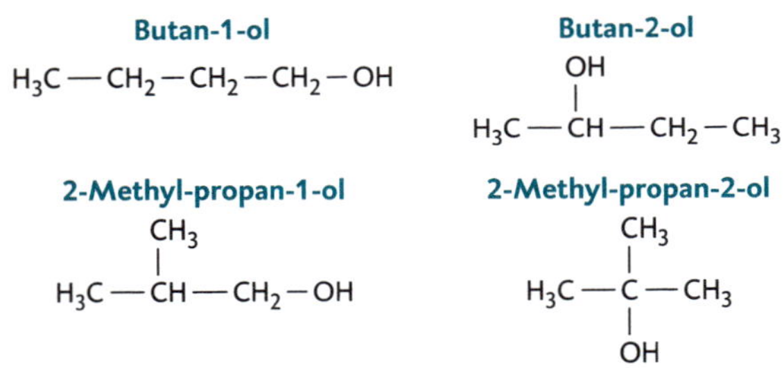

b Butan-1-ol: primärer Alkohol
Butan-2-ol: sekundärer Alkohol
2-Methyl-propan-1-ol: primärer Alkohol
2-Methyl-propan-2-ol: tertiärer Alkohol

c Butan-1-ol: 117 °C
Butan-2-ol: 100 °C
2-Methyl-propan-1-ol: 108 °C
2-Methyl-propan-2-ol: 83 °C
Allgemein gilt für die Siedepunkte von Alkanolen mit identischer molarer Masse: tertiär < sekundär < primär
Der Grund für diese Reihenfolge der Siedetemperaturen ist die zunehmend geringere Abschirmung der Hydroxygruppe von tertiären zu primären Alkoholen. Butan-1-ol und 2-Methylpropan-1-ol sind primäre Alkohole, doch aufgrund des verzweigten Alkylrestes siedet 2-Methylpropan-1-ol bei einer niedrigeren Temperatur.

89 a 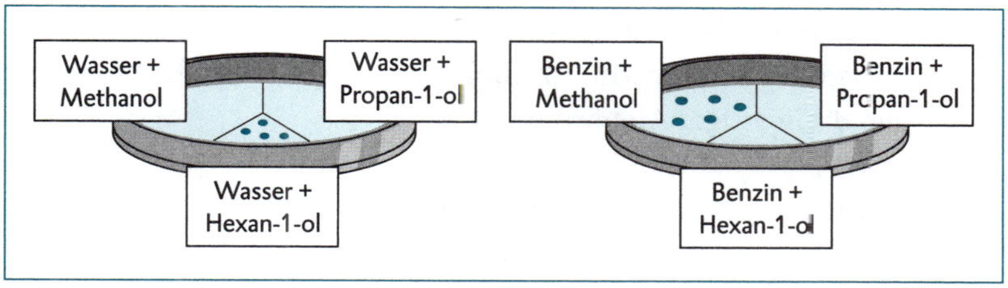

Die linke Petrischale ist mit Wasser gefüllt, die rechte mit Benzin. Methanol löst sich in Wasser, nicht aber in Benzin, da der hydrophobe Alkylrest des Moleküls kleiner ist als bei Propan-1-ol und der hydrophile Charakter der Hydroxygruppe überwiegt.
Hexan-1-ol löst sich dagegen in Benzin und nicht in Wasser, da der hydrophobe Alkylrest im Molekül dominiert.

b Kurzkettige Alkohole sind wasserlöslich, da der Einfluss der polaren, hydrophilen Hydroxygruppe dominiert. Mit zunehmender Länge des Alkylrestes nimmt der unpolare, hydrophobe Charakter zu, gleichzeitig verringert sich die Löslichkeit in Wasser und die Löslichkeit in Benzin nimmt zu.

90 a **Methan**, **Ethan**, Ethanol
Methan und Ethan sind Alkane, Ethanol ist ein Alkohol.
oder:
Methan, **Ethan**, **Ethanol**
Ethan und Ethanol sind aus zwei C-Atomen aufgebaut, Methan enthält nur ein C-Atom.

b Ethanol, **Propan-1-ol**, **Propan-2-ol**
Propan-1-ol und Propan-2-ol sind Isomere mit der Summenformel C_3H_7OH.
oder:
Ethanol, **Propan-1-ol**, Propan-2-ol
Ethanol und Propan-1-ol sind primäre Alkohole, Propan-2-ol ist ein sekundärer Alkohol.

c Pentan-1-ol, **Pentan-2-ol**, **Pentan-3-ol**
Pentan-1-ol ist ein primärer Alkohol, Pentan-2-ol und Pentan-3-ol sind sekundäre Alkohole.

d **Ethandiol**, **Propan-1,2-diol**, Glycerin
Ethandiol und Propan-1,2-diol sind zweiwertige Alkohole, Glycerin ist ein dreiwertiger Alkohol.
oder:
Ethandiol, **Propan-1,2-diol**, **Glycerin**
Propan-1,2-diol und Glycerin sind aus drei C-Atomen aufgebaut, Ethandiol aus zwei C-Atomen.

e Ethanol, **Ethandiol**, **Propan-1,2-diol**
Ethandiol und Propan-1,2-diol sind zweiwertige Alkohole, Ethanol ist ein einwertiger Alkohol.
oder:
Ethanol, **Ethandiol**, Propan-1,2-diol
Ethanol und Ethandiol sind Derivate des Ethans.

f **Butanal**, Butanon, **3-Oxobutanal**
Butanal und 3-Oxobutanal enthalten eine Aldehydgruppe, Butanon eine Ketogruppe.
oder:
Butanal, **Butanon**, **3-Oxobutanal**
Butanon und 3-Oxobutanal enthalten eine Ketogruppe, Butanal nicht.

g **Essigsäure**, Ameisensäure, **Ethansäure**
Essigsäure und Ethansäure bezeichnen dieselbe Verbindung.

h **Oxalsäure**, Milchsäure, **Weinsäure**
Oxalsäure und Weinsäure sind Dicarbonsäuren.
oder:
Oxalsäure, **Milchsäure**, **Weinsäure**
Milchsäure und Weinsäure sind Hydroxycarbonsäuren.

91 **Überschrift:** Leitfähigkeitsmessung an einer wässrigen Ethanol-Lösung und an Natronlauge
Beobachtung: Natronlauge leitet den elektrischen Strom, eine wässrige Ethanol-Lösung dagegen nicht.
Deutung: Damit eine Lösung den elektrischen Strom leiten kann, müssen Ionen als Ladungsträger vorhanden sein. In der Natronlauge sind Natrium-Ionen und Hydroxid-Ionen vorhanden. Da die Hydroxygruppe in den Ethanol-Molekülen nicht sauer reagiert, sind in der Lösung auch keine Ionen vorhanden; es kann keine Leitfähigkeit gemessen werden.

92 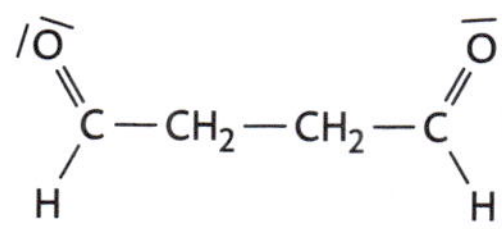 **Butandial** 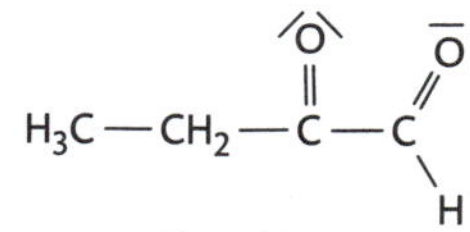 **2-Oxobutanal**

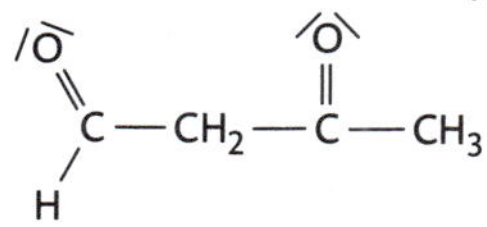 **3-Oxobutanal** 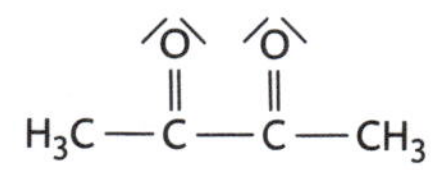 **Butandion**

93
- [x] Ethanal ist ein Aldehyd.
- [ ] Ethanal ist ein primärer Alkohol.
- [ ] Ethanal hat eine höhere Siedetemperatur als Ethanol.
- [ ] Ethanal ist das Oxidationsprodukt von Ethansäure.
- [x] Ethanal ist isomer zu Ethenol.
- [x] Ethanal verursacht Mundgeruch nach Konsum von alkoholischen Getränken.
- [x] Das Molekül enthält eine Carbonylgruppe.
- [ ] Formaldehyd ist der Trivialname von Ethanal.

94

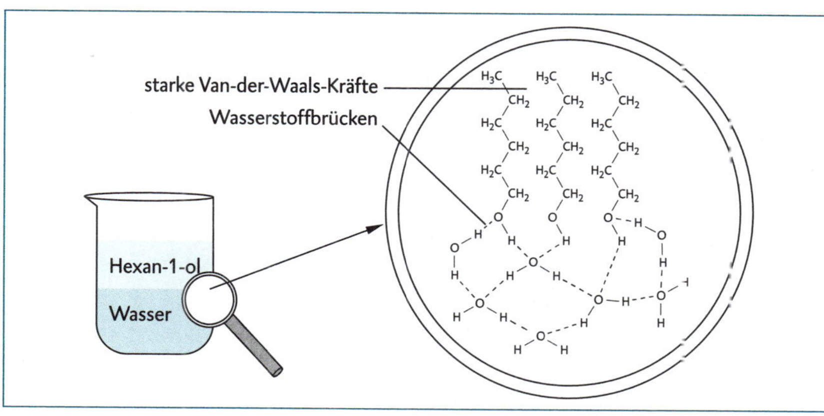

Damit sich eine homogene Mischung zwischen den beiden Flüssigkeiten ausbilden kann, müssten die Hexanol- und die Wasser-Moleküle verteilt vorliegen. Hexanol-Moleküle müssten sich also zwischen Wasser-Molekülen anordnen wie auch umgekehrt. Da aber die Wasserstoffbrücken zwischen den Wasser-Molekülen und die Van-der-Waals-Kräfte zwischen den Alkylresten stärker sind als die Wechselwirkungen, die sich zwischen den Hexanol- und den Wasser-Molekülen ausbilden, entsteht ein zweiphasiges Gemisch. An der Grenzfläche orientieren sich die Hexanol-Moleküle so, dass sie mit der Hydroxygruppe in Richtung der Wasser-Moleküle zeigen.

95

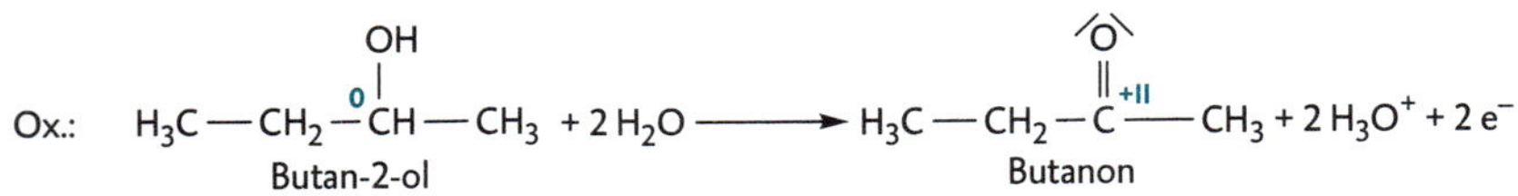

Red.: $Cr_2O_7^{2-} + 6\,e^- + 14\,H_3O^+ \longrightarrow 2\,Cr^{3+} + 21\,H_2O$

Redox.: $Cr_2O_7^{2-} + 3$ Butan-2-ol $+ 8\,H_3O^+ \longrightarrow 2\,Cr^{3+} + 3$ Butanon $+ 15\,H_2O$

Sekundäre Alkohole werden zu Ketonen oxidiert.

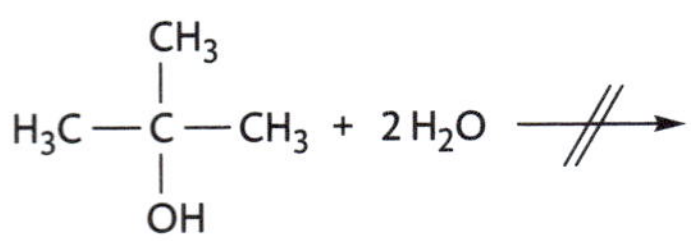

Tertiäre Alkohole können nur unter Zerstörung des C-Gerüsts oxidiert werden.

96 Zwischen Ethanol-Molekülen bilden sich Van-der-Waals-Wechselwirkungen, Dipol-Dipol-Kräfte und Wasserstoffbrücken aus.
Die Wasserstoffbrücken, die sich zwischen Wasser-Molekülen und Ethanol-Molekülen ausbilden, sind stärker als die Bindungen zwischen den Ethanol-Molekülen, was dazu führt, dass der Molekülabstand bei einem Ethanol-Wasser Gemisch geringer ist als bei den Reinstoffen. Das Gemisch hat also ein geringeres Volumen als die Summe der Volumina der Reinstoffe.

97

- [x] Butansäure enthält eine Carboxygruppe.
- [x] Wässrige Lösungen von Butansäure färben Indikatorpapier rot.
- [ ] Butansäure riecht fruchtig.
- [ ] Butansäure entsteht durch Oxidation von Butanon.
- [x] Butansäure ist isomer zu 3-Hydroxybutanal.
- [x] Butansäure ist isomer zu 2-Oxobutan-1-ol.
- [x] Butansäure entsteht durch Hydrolyse von Buttersäureethylester.
- [x] Butansäure verleiht Sportschuhen häufig einen charakteristischen Duft.

98 a

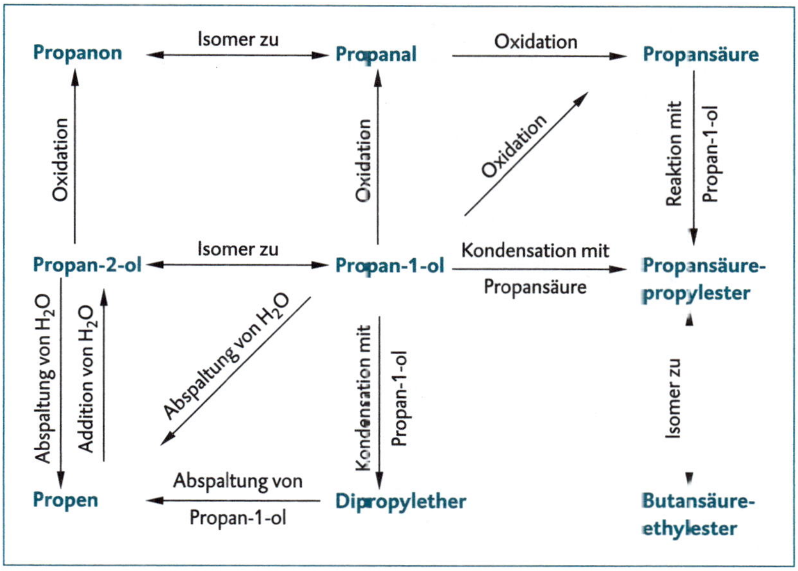
Propanon
Isomer zu
Propanal
Oxidation
Propansäure
Oxidation
Oxidation
Oxidation
Reaktion mit Propan-1-ol
Propan-2-ol
Isomer zu
Propan-1-ol
Kondensation mit Propansäure
Propansäure-propylester
Abspaltung von H_2O
Addition von H_2O
Abspaltung von H_2O
Kondensation mit Propan-1-ol
Isomer zu
Propen
Abspaltung von Propan-1-ol
Dipropylether
Butansäure-ethylester

b

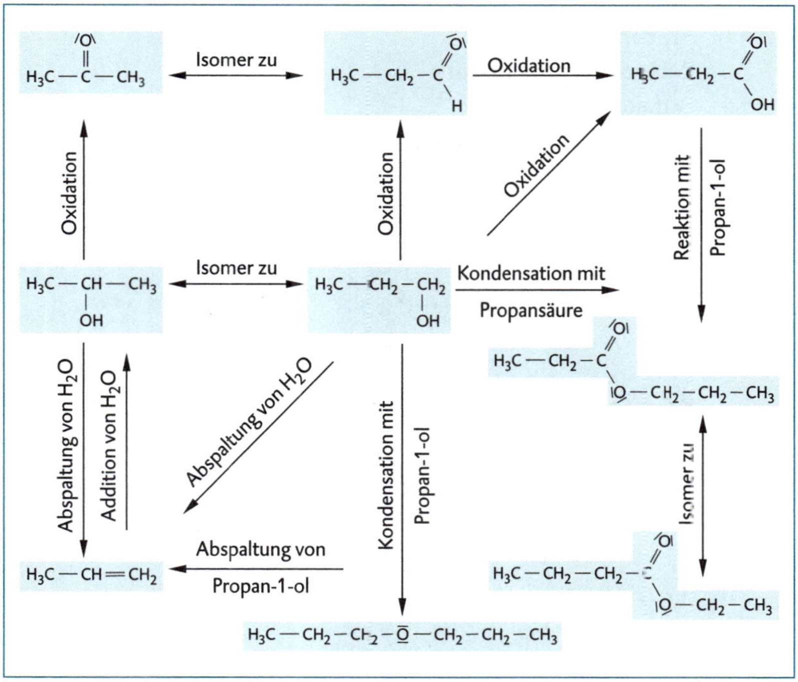
Isomer zu
Oxidation
Oxidation
Oxidation
Oxidation
Reaktion mit Propan-1-ol
Isomer zu
Kondensation mit Propansäure
Abspaltung von H_2O
Addition von H_2O
Abspaltung von H_2O
Kondensation mit Propan-1-ol
Isomer zu
Abspaltung von Propan-1-ol

99 Bei Butansäure ist der polare Molekülanteil größer als bei Butan-1-ol; das Butansäure-Molekül ist demnach hydrophiler als Butan-1-ol. Die stärkeren Dipol-Dipol-Wechselwirkungen wie auch die Wasserstoffbrücken, die zur Dimerbildung der Carbonsäure-Moleküle führen, sind verantwortlich für die höhere Siedetemperatur.

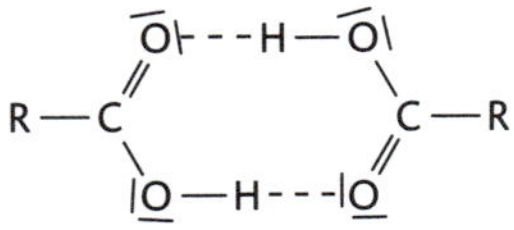

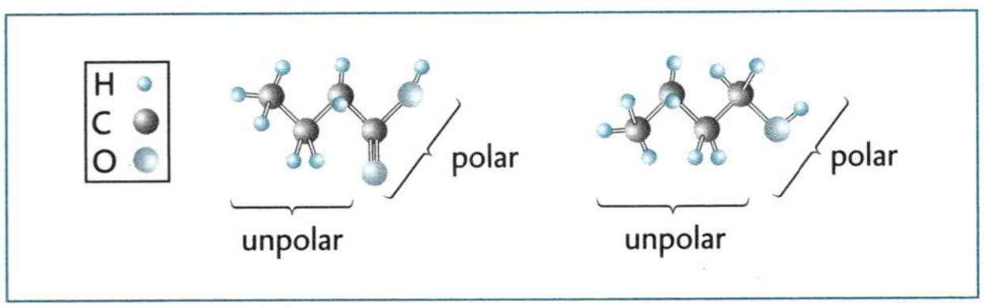

100 a

Methanol	B
Ethanol	B
Propansäure	A
2-Hydroxypropansäure	B
Butanon	A
2-Hydroxy-2-methylpentan	A

b Methanol und Ethanol sind primäre Alkohole und werden zu den entsprechenden Carbonsäuren oxidiert.

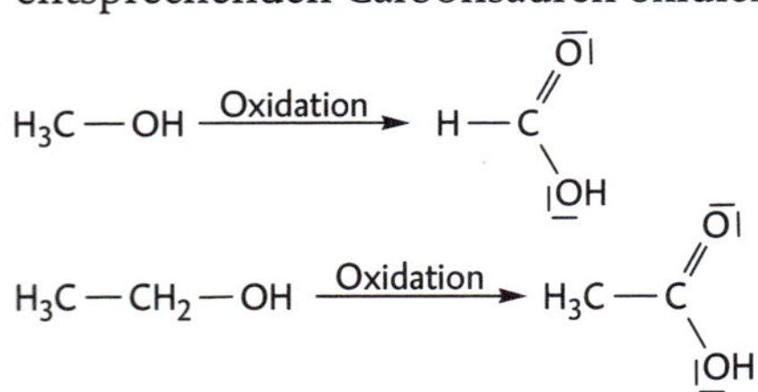

Propansäure ist eine Carbonsäure und wird nur unter Zerstörung des C-Gerüsts oxidiert.

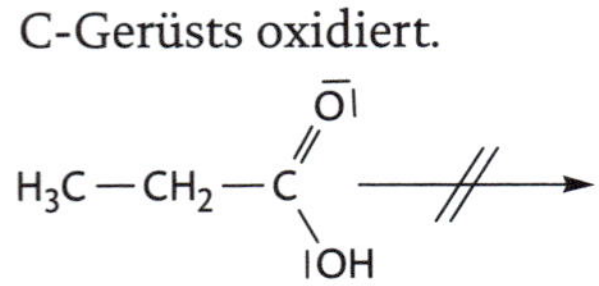

Die Hydroxygruppe am C_2-Atom im 2-Hydroxypropansäure-Molekül wird zur Keto-Gruppe oxidiert.

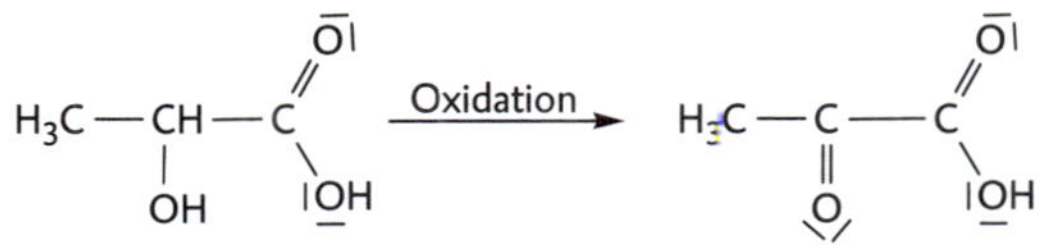

2-Hydroxy-2-methylpentan ist ein tertiärer Alkohol und Butanon ist ein Keton. Beide Verbindungen werden nur unter Zerstörung des C-Gerüsts oxidiert.

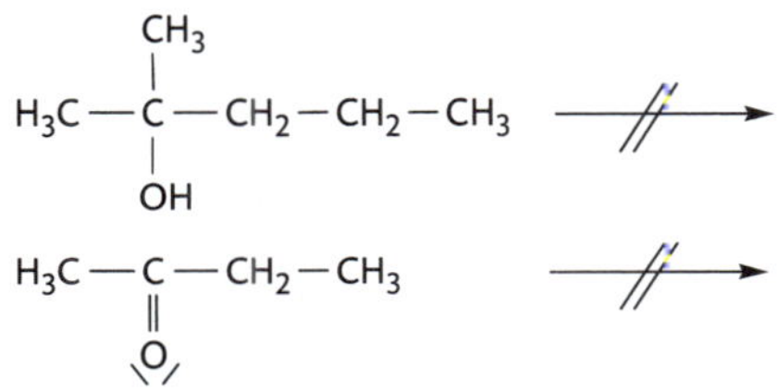

101 a

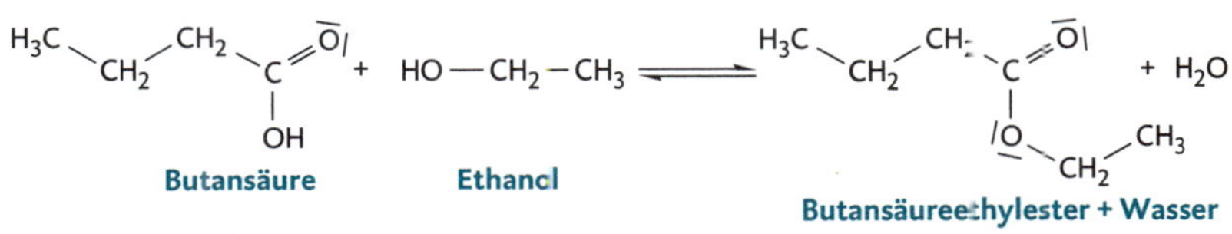

b z. B. durch Wasserentzug mithilfe von konzentrierter Schwefelsäure
z. B. durch Abdestillieren des Esters

102

	richtig	falsch
Mit der Fehlingprobe weist man Aldehyde ~~und Ketone~~ nach.		✗
Bei der Fehlingprobe werden Cu^{2+}-Ionen reduziert.	✗	
Entsteht ein roter Feststoff, so ist die Fehlingprobe positiv.	✗	
Entsteht Silber, so ist die Silberspiegelprobe ~~negativ~~ **positiv**.		✗
Mit Butanal ist die Fehlingprobe positiv.	✗	
Bei der Fehlingprobe muss das Gemisch erhitzt werden.	✗	
Fehling I-Lösung enthält die Cu^{2+}-Ionen.	✗	
Gibt man Fehling I- und II-Lösung zusammen, entsteht eine ~~tiefrote~~ **tiefblaue** Lösung.		✗
Durch die Fehlingprobe reagiert Propanal zu ~~Propensäure~~ **Propansäure**.		✗
Das Fehlingreagenz ist eine basische Lösung.	✗	

103

aus Butanon und Propan-1-ol

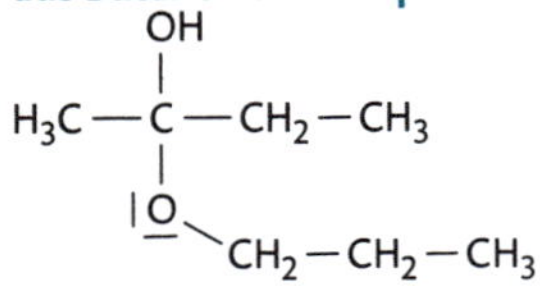

aus Butanon und Propan-2-ol

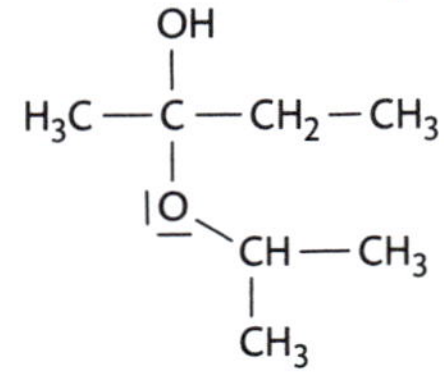

aus Butanon und 2-Methylpropan-2-ol

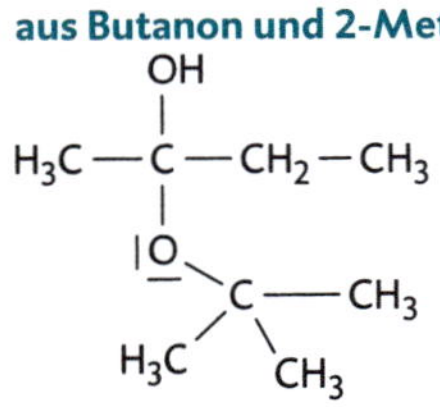

aus Methanal und Propan-1-ol

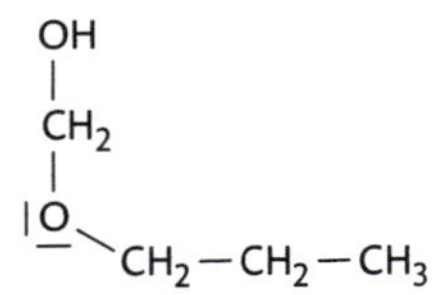

aus Methanal und Propan-2-ol

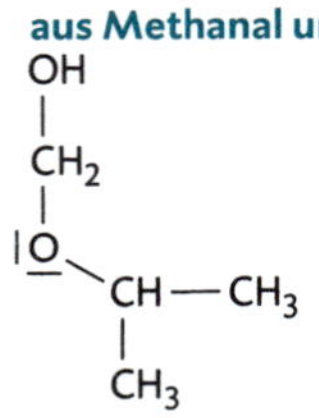

aus Methanal und 2-Methylpropan-2-ol

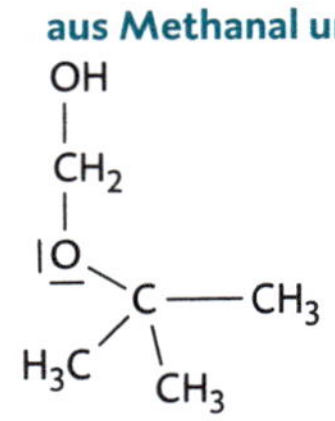

aus 2-Methylpropanal und Propan-1-ol

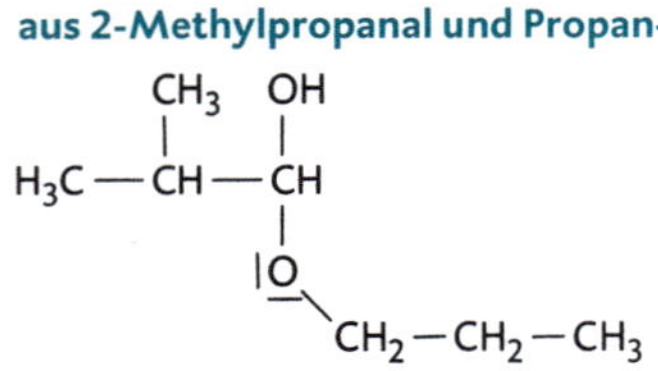

aus 2-Methylpropanal und Propan-2-ol

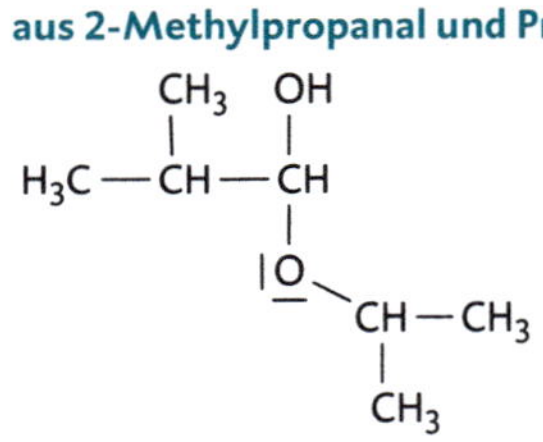

aus 2-Methylpropanal und 2-Methylpropan-2-ol

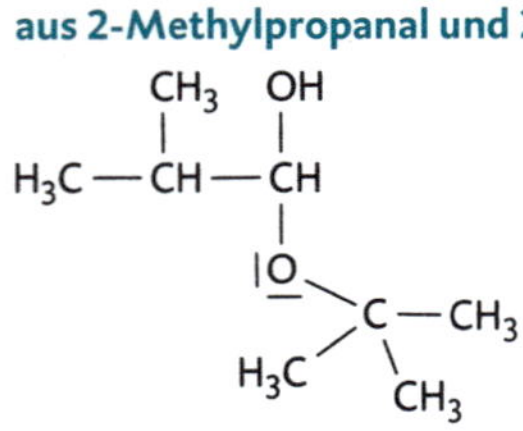

104 Das Sauerstoffatom der Carbonylgruppe wird protoniert, es bildet sich ein **Carbokation**. Ein **nukleophiler Angriff** auf das Kohlenstoffatom der Carbonylgruppe wird so **erleichtert**.

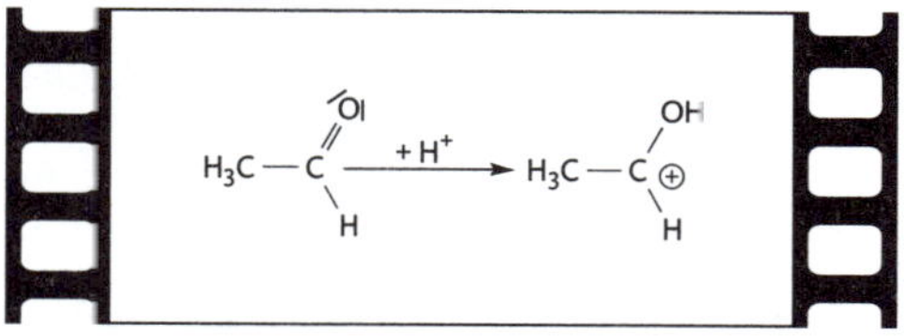

Das **negativ polarisierte** Sauerstoffatom der **Hydroxygruppe** des Ethanol-Moleküls lagert sich **nukleophil** an das **positiv polarisierte** C-Atom der Carbonylgruppe an.

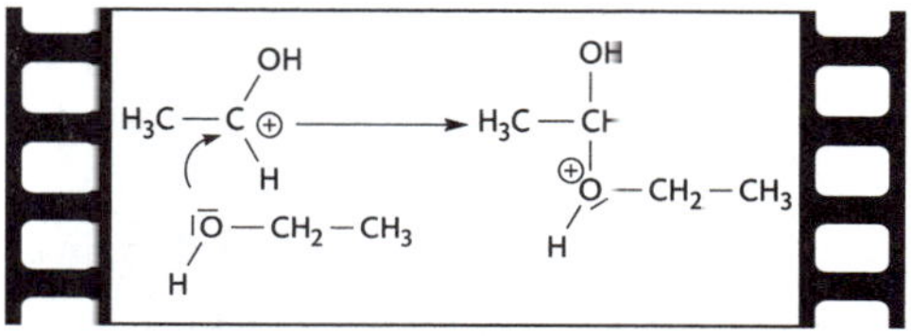

Durch **Abspaltung** eines **Protons** entsteht das **Halbacetal**, der **Katalysator** (eine Säure) wird **regeneriert**.

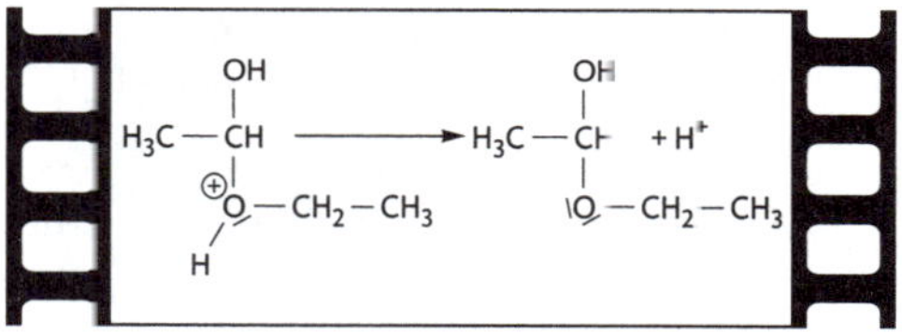

105 Pentan-1-ol ist ein ~~zweiwertiger~~ **einwertiger** Alkohol, den man benötigt, um Essigsäurepentylester herzustellen. Ein anderes Edukt ist ~~Propansäure~~ **Essigsäure**. Die Reaktion wird als ~~Esterhydrolyse~~ **Esterkondensation** bezeichnet, weil dabei Wasser abgespalten wird. Essigsäurepentylester ist ~~wasserlöslich~~ **nicht wasserlöslich**. Pentan-1-ol ist isomer zu Pentan-2-ol; diese beiden ~~Carbonylverbindungen~~ **Alkohole** unterscheiden sich nur in der Stellung der Hydroxygruppe, man spricht auch von Stellungsisomerie. Pentan-1-ol hat eine ~~niedrigere~~ **höhere** Siedetemperatur als Pentan-2-ol, da bei primären Alkoholen intermolekulare H-Brücken besser ausgebildet werden können. Setzt man diese beiden Alkohole mit angesäuerter Kaliumpermanganatlösung um, so **ent**färbt sich die Lösung ~~grün~~. Pentan-1-ol reagiert erst zu Pentanal und dann zu ~~Pentanon~~ **Pentansäure**. Pentan-2-ol reagiert zu ~~Pentan-3-on~~ **Pentan-2-on**.

106

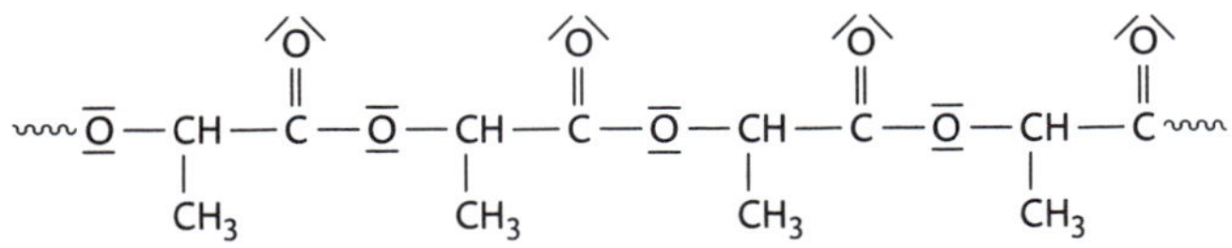

107

Ethanol

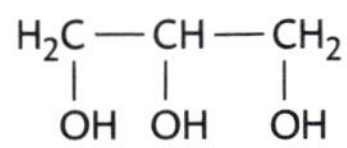

Propan-1,2,3-triol

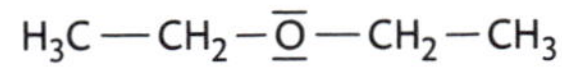

Diethylether

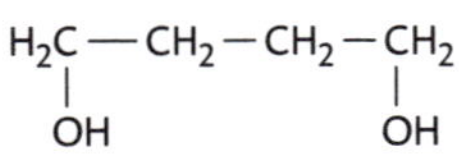

Butan-1,2-diol

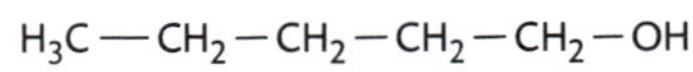

Pentan-1-ol

Ethanol: In Wasser und in Benzin löslich, da der Alkylrest kürzer ist als beim wasserlöslichen Propanol.
Pentan-1-ol: In Wasser unlöslich und in Benzin löslich, da der Alkylrest länger ist als beim benzinlöslichen Propanol.
Diethylether: In Wasser unlöslich und in Benzin löslich, da keine hydrophile Hydroxygruppe vorhanden ist.
Butan-1,2-diol: In Wasser löslich und in Benzin unlöslich, obwohl der Alkylrest etwas länger ist als bei Propanol. Dafür ist aber eine zusätzliche Hydroxygruppe im Molekül vorhanden.
Propan-1,2,3-triol (Glycerin): In Wasser löslich und in Benzin unlöslich, da im Molekül zwei Hydroxygruppen mehr als im wasserlöslichen Propanol gebunden sind.

108 a
- A Ethansäure(3-methylbutyl)ester
- B Hexansäureprop-2-enylester
- C Hexansäureethylester
- D Propansäureethylester
- E Butansäuremethylester
- F 2-Methylbutansäureethylester

b

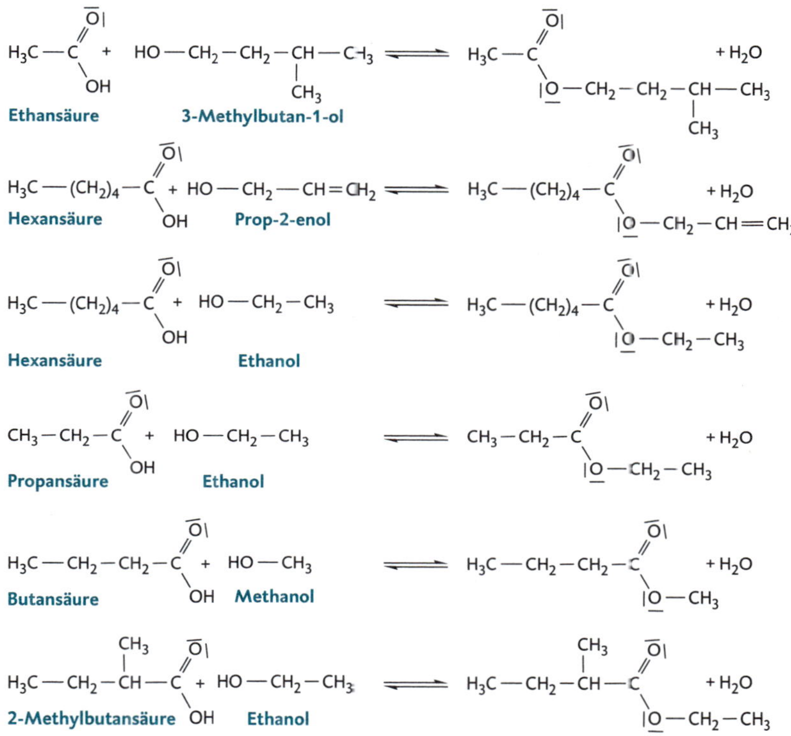

109

	richtig	falsch
Alkansäuren sind polarer als primäre Alkohole mit gleichem Kohlenstoffgerüst.	✗	
Alkansäuren haben höhere Siedetemperaturen als primäre Alkohole mit gleichem Kohlenstoffgerüst.	✗	
Mit zunehmender Wertigkeit nimmt die Siedetemperatur der Alkohole ~~ab~~ **zu**.		✗
Butansäure löst sich in Wasser, Butan-1-ol kaum.	✗	
Alkanone sind ~~wasserlöslich~~ **bis auf Propanon und teilweise Butanon wasserunlöslich**.		✗
Aldehyde haben in der Regel ~~höhere~~ **niedrigere** Siedetemperaturen als Alkanole.		✗
In der Nähe der Siedetemperatur gehen Carbonsäuren als Dimere in die Gasphase über.	✗	
Carbonsäureester sind ~~hydrophil~~ **hydrophob**.		✗
Mit zunehmender Kettenlänge gleichen sich die Siedetemperaturen von Alkanen und Alkanolen an.	✗	
Mit zunehmender Wertigkeit nimmt die Wasserlöslichkeit der Alkohole ~~ab~~ **zu**.		✗

110

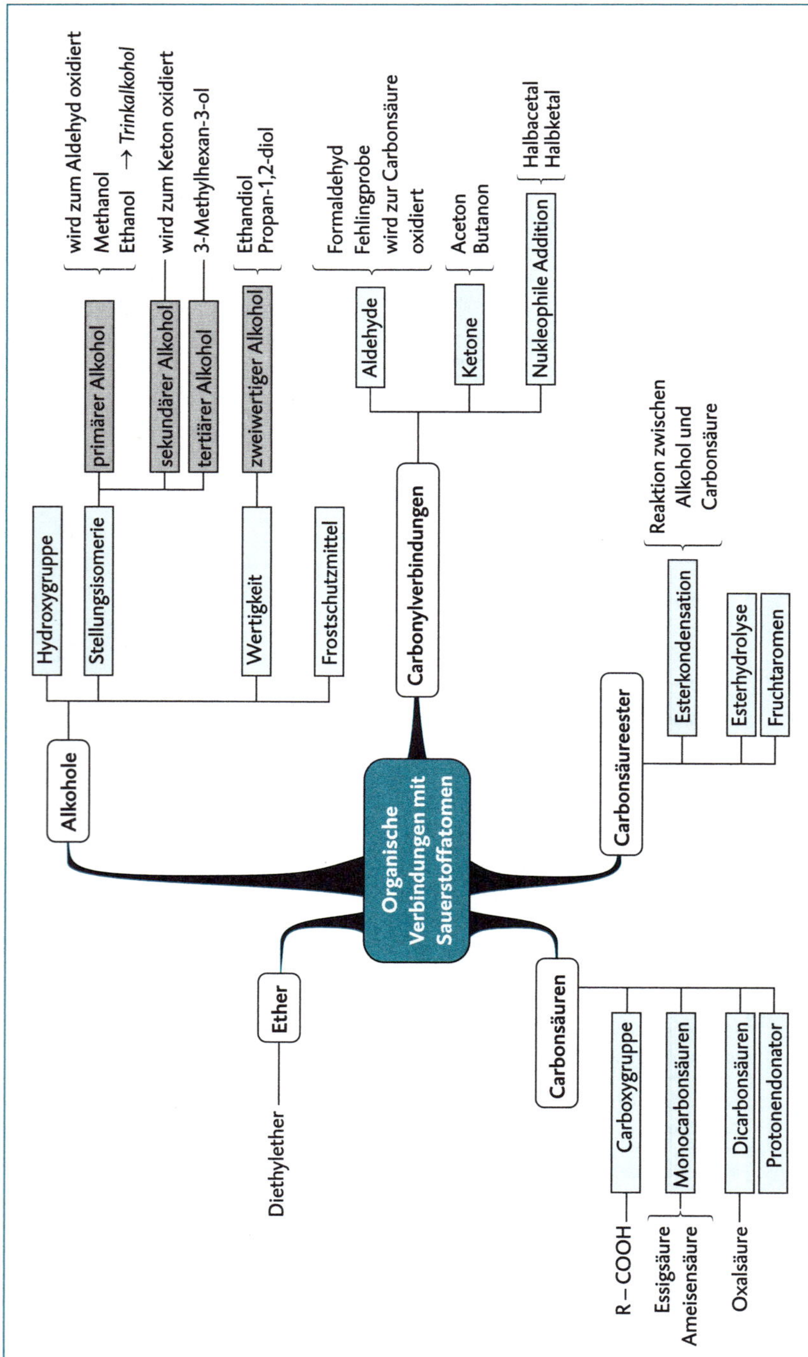

Organische Verbindungen mit Sauerstoffatomen
Alkohole
Hydroxygruppe
Stellungsisomerie
primärer Alkohol
wird zum Aldehyd oxidiert
Methanol
Ethanol → Trinkalkohol
sekundärer Alkohol
wird zum Keton oxidiert
tertiärer Alkohol
3-Methylhexan-3-ol
Wertigkeit
zweiwertiger Alkohol
Ethandiol
Propan-1,2-diol
Frostschutzmittel
Carbonylverbindungen
Aldehyde
Formaldehyd
Fehlingprobe
wird zur Carbonsäure oxidiert
Ketone
Aceton
Butanon
Nukleophile Addition
Halbacetal
Halbketal
Carbonsäureester
Esterkondensation
Reaktion zwischen Alkohol und Carbonsäure
Esterhydrolyse
Fruchtaromen
Ether
Diethylether
Carbonsäuren
Carboxygruppe
R – COOH
Monocarbonsäuren
Essigsäure
Ameisensäure
Dicarbonsäuren
Oxalsäure
Protonendonator

111 a Zum Zeitpunkt II ändern sich die Konzentrationen der Edukte und Produkte nicht mehr, da der Reaktionsumsatz der Veresterung und der Esterhydrolyse gleich groß ist.

Das Verhältnis Edukte zu Produkte ist hier nicht 1:1, sondern es liegen doppelt so viele Ester-Moleküle wie Ethansäure- bzw. Ethanol-Moleküle vor.

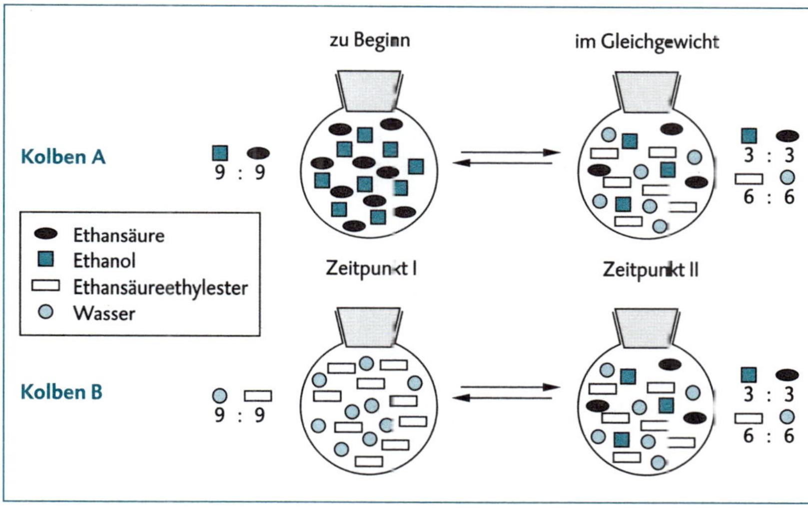

b **Kolben A**

Zeitpunkt I

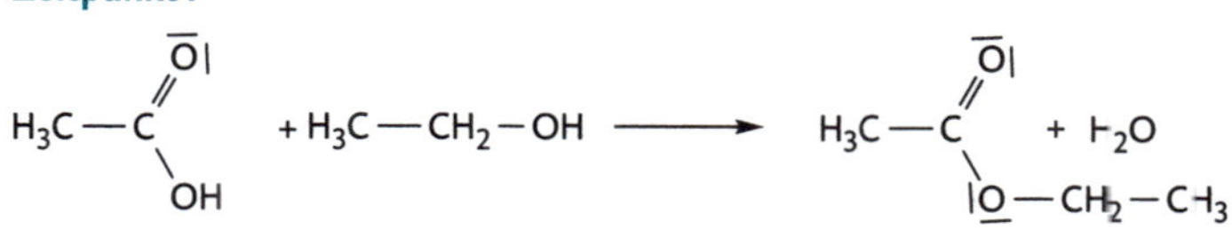

Zeitpunkt II

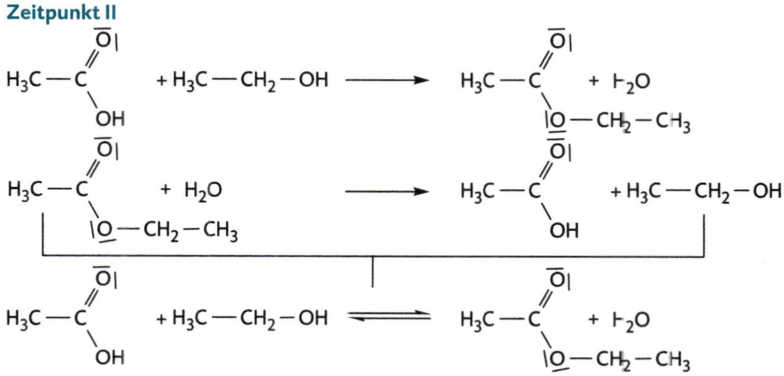

Kolben B

Zeitpunkt I

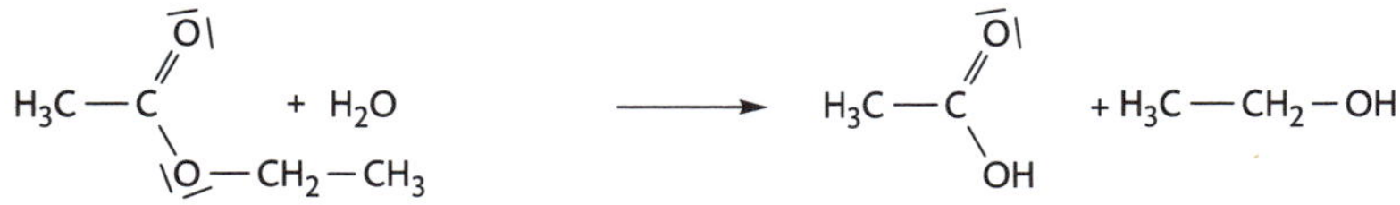

Zeitpunkt II

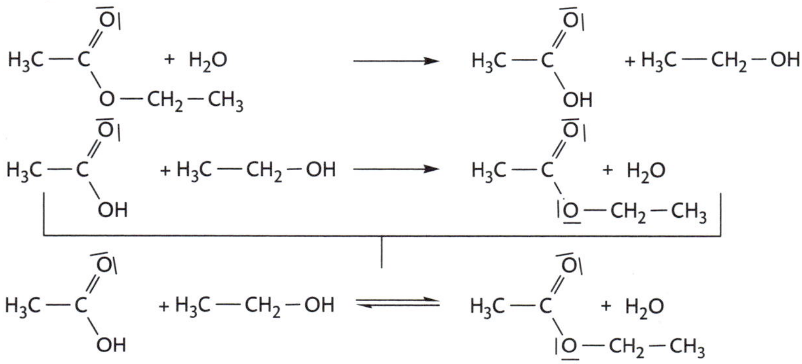

112 a Die Verbindungen C und D; es sind Halbacetale.

b

Methanol **Methanal**

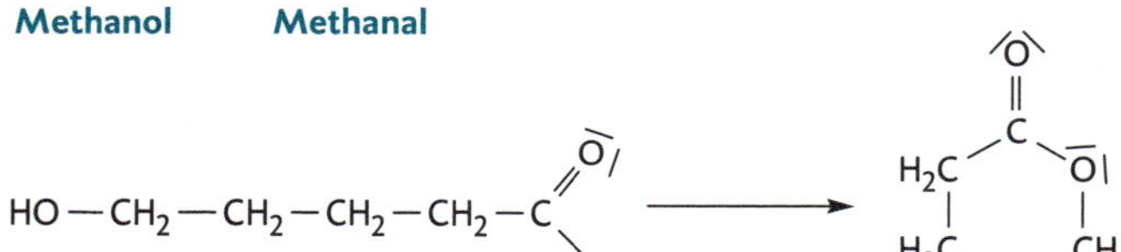

5-Hydroxypentanal

113

A

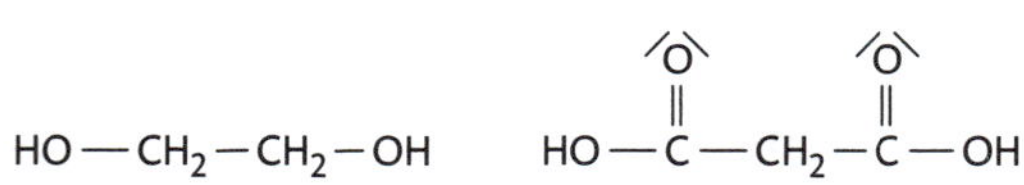

Ethandiol **Propandisäure**

B

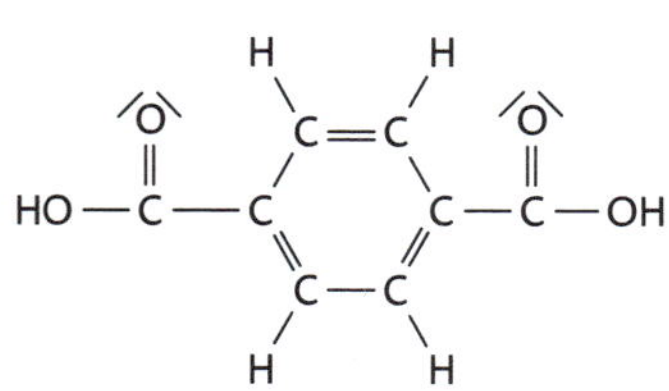

1,4 Benzoldicarbonsäure (Terephthalsäure)

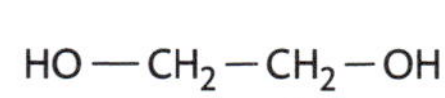

Ethandiol

C 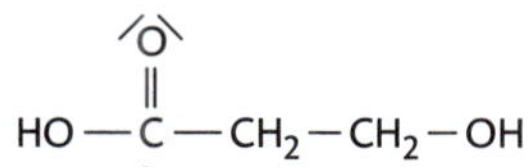

3-Hydroxypropansäure

D 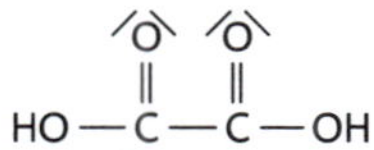

Ethandisäure
(Oxalsäure)

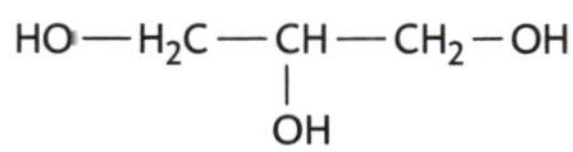

1,2,3-Propantriol
(Glycerin)

114 **a** Man vermischt gleiche Mengen Fehling I- und II-Lösung auf dem Löffel und gibt die zu testende Substanz dazu. Dann erhitzt man das Reaktionsgemisch über der Bunsenbrennerflamme/Kerzenflamme. Bei positiver Fehlingprobe färbt sich die Mischung rostrot.

b Mit Ethandiol verläuft die Fehlingprobe negativ, da im Molekül keine Aldehydgruppe vorhanden ist.

Fehlingprobe mit Butandial:

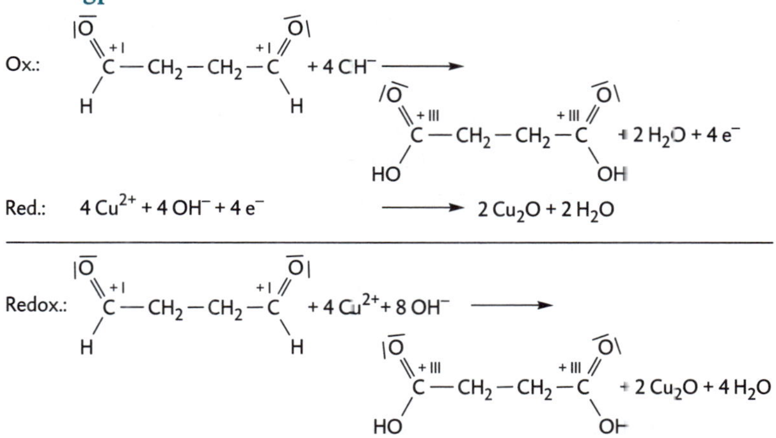

Fehlingprobe mit 2,3-Dihydroxypropanal:

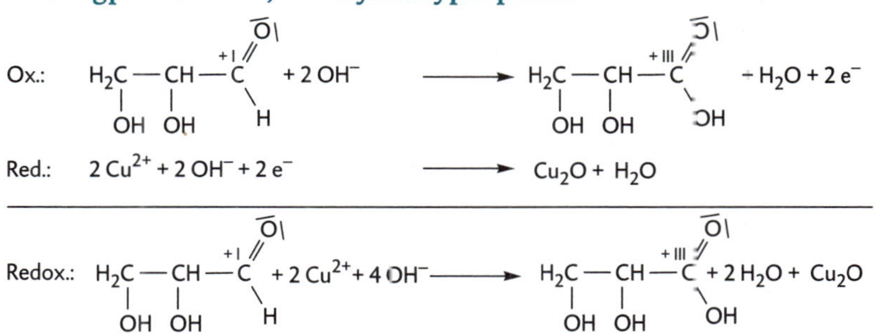

115 Funktionelle Gruppen klassifizieren Stoffklassen.
Alkohole sind gekennzeichnet durch das Vorhandensein einer **Hydroxygruppe**. Man unterscheidet primäre, **sekundäre** und **tertiäre** Alkohole je nach **Stellung** der Hydroxygruppe. 2-Methylpentan-2-ol ist ein Beispiel für einen **tertiären** Alkohol. Bei vergleichbarer Molekülgröße steigen die Siedetemperaturen der Alkohole von **tertiär** über sekundär nach **primär** an. Die Anzahl der Hydroxygruppen im Molekül bezeichnet man als **Wertigkeit**. Glycerin ist ein **dreiwertiger** Alkohol.
Oxidiert man Alkohole, so erhält man zunächst **Aldehyde** und Ketone. Ihr Kennzeichen ist die **Carbonylgruppe**. Ist sie endständig, so nennt man sie auch **Aldehydgruppe** oder Formylgruppe. Ketone entstehen durch Oxidation von **sekundären** Alkoholen, also z.B. entsteht Pentan-3-on durch Oxidation von **Pentan-3-ol**. Aldehyde können weiter zur **Carbonsäure** oxidiert werden. Diese Reaktion läuft z. B. bei der **Fehlingprobe** ab. Dabei werden **Cu^{2+}-Ionen** reduziert. Aldehyde und Ketone haben **niedrigere** Siedetemperaturen als vergleichbar gebaute Alkohole.
Das Kennzeichen der **Carbonsäuren** ist die Carboxygruppe. Sie ist für die saure Reaktion verantwortlich, Carbonsäuren sind Protonen**donatoren**. Enthält ein Molekül zwei Carboxygruppen, spricht man von einer **Dicarbonsäure**, ein Beispiel ist die **Oxalsäure**. Carbonsäuren und **Alkohole** reagieren unter Wasserabspaltung zu Carbonsäureestern.
Stoffe, die verschiedene funktionelle Gruppen enthalten, nennt man **mehrfunktionelle** Verbindungen.

116

2-Oxopropansäure **Brenztraubensäure**	(E, E)-Hexa-2,4-diensäure **Sorbinsäure**	Pentahydroxyhexansäure
Butandiol	(E)-Butendisäure **Fumarsäure**	2-Oxo-Butandisäure
Hexandisäure **Adipinsäure**	2,3-Dihydroxybutandisäure **Weinsäure**	2-Hydroxybutandisäure **Äpfelsäure**
(Z)-Butendisäure **Maleinsäure**	2,3-Dihydroxyhexandisäure	2-Hydroxypropansäure **Milchsäure**
3-Hydroxypropansäure	Propensäure **Acrylsäure**	Pentandial
(Z, Z)-Hexa-2,4-diensäure	Pentahydroxyhexanal **Traubenzucker (Glucose)**	2,3-Dihydroxypropanal **Glycerinaldehyd**
Glycerinsäure	3-Carboxy-3-hydroxy-pentandisäure **Citronensäure**	3-Carboxy-3-hydroxy-pentansäure

117 **Hypothese:** Wenn Ameisen eine Säure verspritzen, dann müsste sich feuchtes Indikatorpapier durch angriffslustige Ameisen rot färben.
Verfärbt sich das Indikatorpapier aber nicht, so verspritzen die Ameisen keine Säure und die roten Stellen auf der Haut wurden vermutlich durch Bisse verursacht.
Experiment: Man legt ein Stück feuchtes Indikatorpapier auf einen Ameisenhaufen und bewegt es leicht, um die Ameisen zu reizen.
Beobachtung: Rotfärbung
Deutung: Die Ameisen verspritzen offensichtlich eine Säure, die mit Wasser auf dem Indikatorpapier zu einer sauren Lösung reagiert.

118

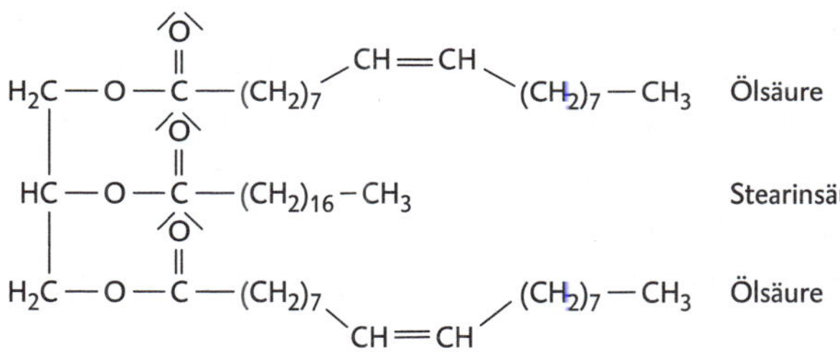

oder

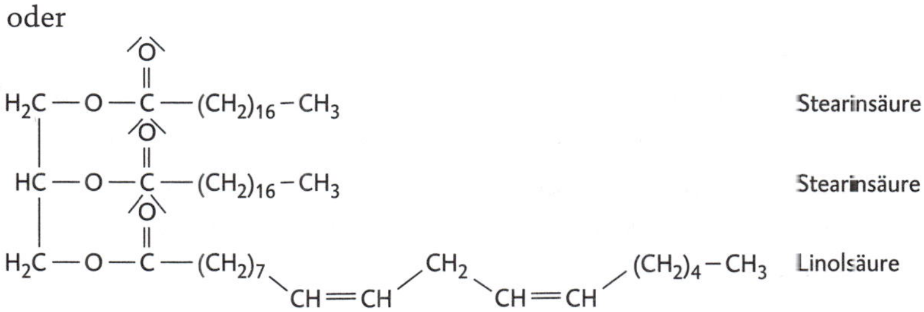

119 **a** A Palmitinsäure
B Ölsäure
C Buttersäure
D Stearinsäure
E Laurinsäure
F Linolsäure

b Buttersäure: Butansäure
Laurinsäure: Dodecansäure
Palmitinsäure: Hexadecansäure
Stearinsäure: Octadecansäure
Ölsäure: (Z)-Octadeca-9-ensäure
Linolsäure: (Z, Z)-Octadeca-9,12-diensäure

c Zunahme der Schmelztemperatur ↓

Buttersäure	($\vartheta_m = -8\ °C$)
Linolsäure	($\vartheta_m = -5\ °C$)
Ölsäure	($\vartheta_m = +16\ °C$)
Laurinsäure	($\vartheta_m = +43\ °C$)
Palmitinsäure	($\vartheta_m = +63\ °C$)
Stearinsäure	($\vartheta_m = +70\ °C$)

Die Schmelztemperaturen von Butter-, Laurin-, Palmitin- und Stearinsäure steigen in dieser Reihenfolge an, da mit zunehmender Länge des Alkylrestes auch die Stärke der Van-der-Waals-Kräfte zunimmt. Ölsäure hat eine niedrigere Schmelztemperatur als Laurinsäure, da durch die Z-Konfiguration an der Doppelbindung ein „Knick" im Alkylrest vorliegt, der die Ausbildung starker Van-der-Waals-Wechselwirkungen erschwert. Eine parallele Anordnung der Ölsäure-Moleküle im Feststoff ist nicht möglich. Im Linolsäure-Molekül existieren zwei Z-konfigurierte Doppelbindungen, die verantwortlich sind für die noch geringere Schmelztemperatur der Linolsäure.

120 a Es entsteht eine farblose Lösung.

b Die Entfärbung des Phenolphthaleins zeigt, dass die Natronlauge durch die Fettsäure-Moleküle, die bei der basischen Esterhydrolyse freigesetzt werden, neutralisiert wurde. Da das Fett in wasserlösliche Bestandteile (Glycerin und Fettsäure-Anionen) gespalten wurde, entsteht eine Lösung.

c

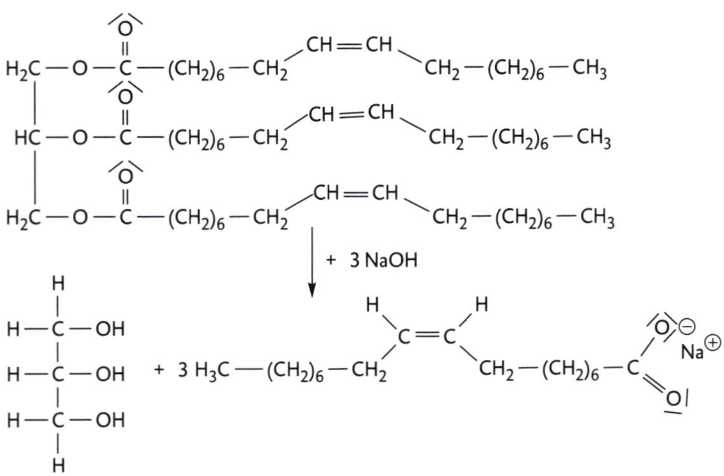

121 a

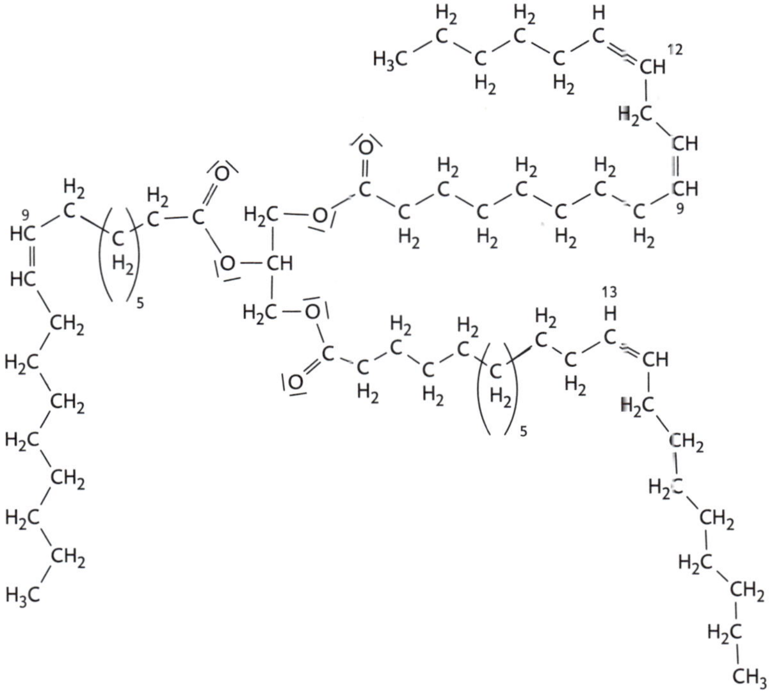

mögliches Rapsölmolekül: Glycerinester der Fettsäuren Erucasäure, Ölsäure, Linolsäure

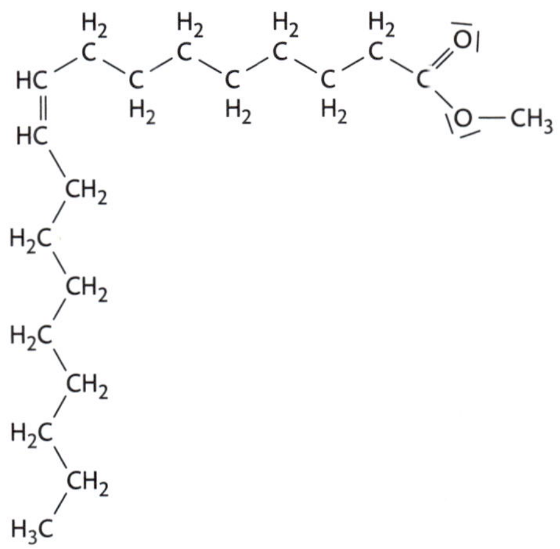

Ölsäuremethylester

b

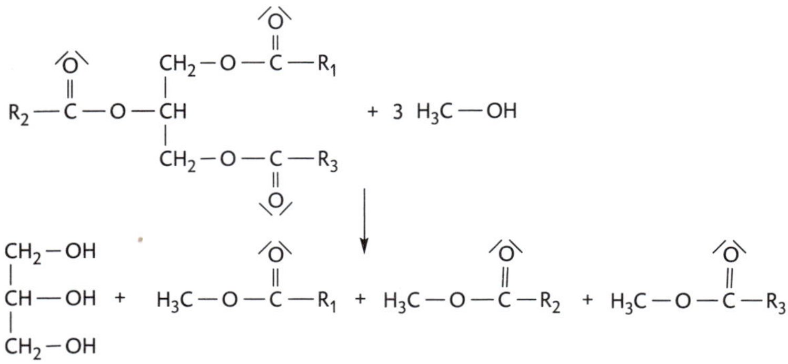

122

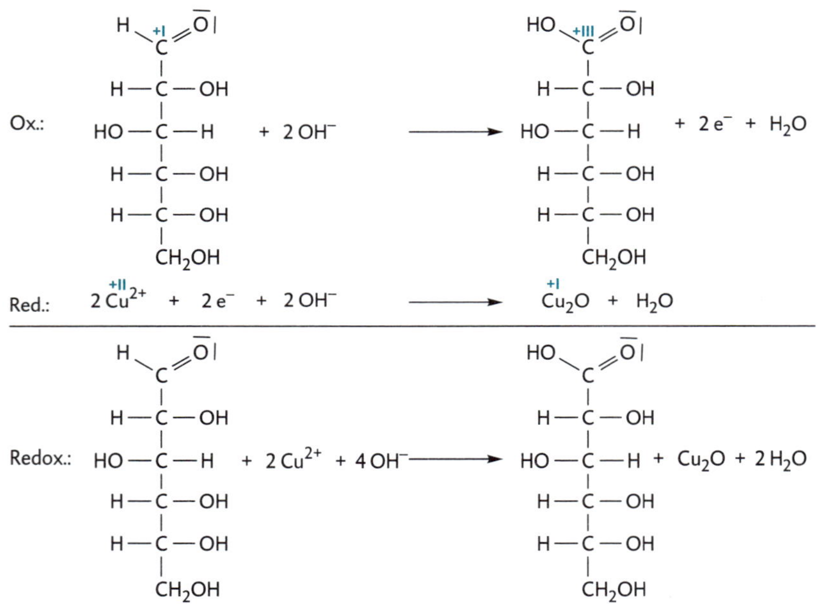

123

	richtig	falsch
Stärke ist ein ~~Monosaccharid~~ **Polysaccharid**.		✗
Bei Glucose verläuft die Fehlingprobe positiv.	✗	
Stärke ist der wichtigste Speicherstoff der Pflanzen.	✗	
Stärke besteht aus vielen glykosidisch verknüpften Glucose-Molekülen.	✗	
Wird Stärke hydrolytisch gespalten, erhält man Traubenzucker.	✗	
Stärke kann durch die Fehlingprobe **nicht** nachgewiesen werden.		✗
Stärke wird durch den ~~rotbraunen~~ **blauen** Iod-Stärke-Komplex nachgewiesen.		✗
Cellulose ist auch ein Polysaccharid, das aus Glucose-Bausteinen zusammengesetzt ist.	✗	

124

Glucose

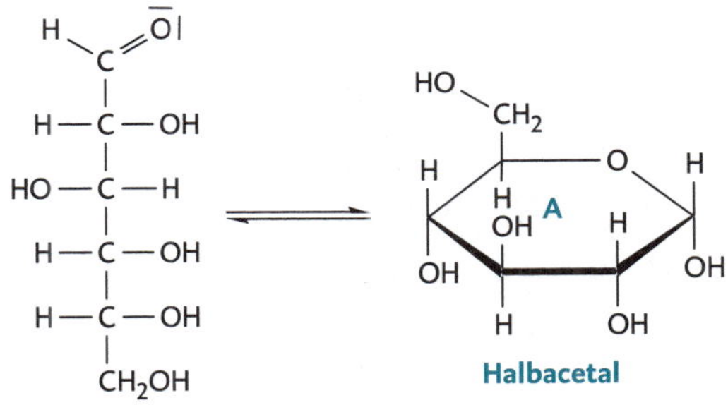

Halbacetal

Mannose

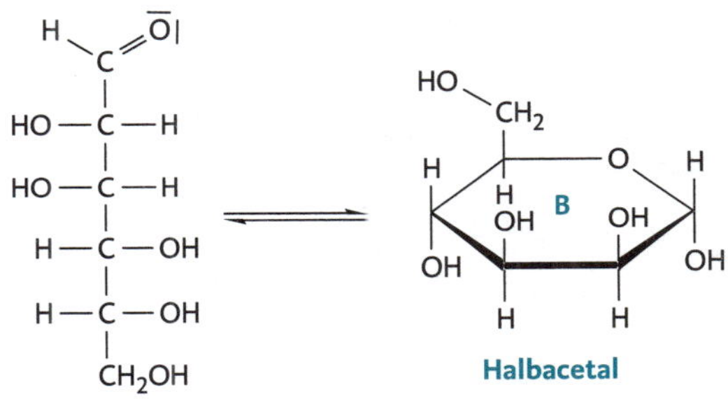

Halbacetal

Ribose

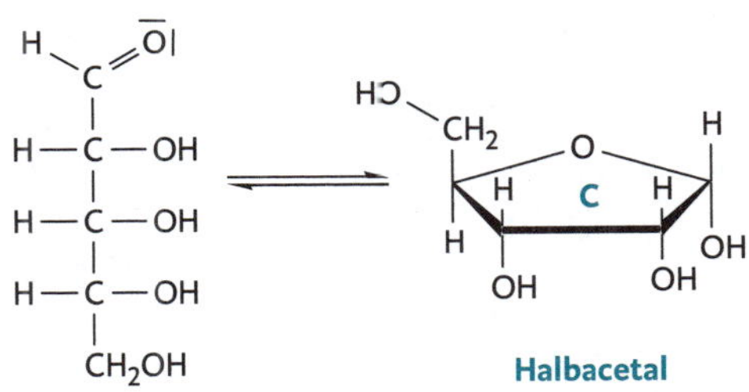

Halbacetal

Xylose

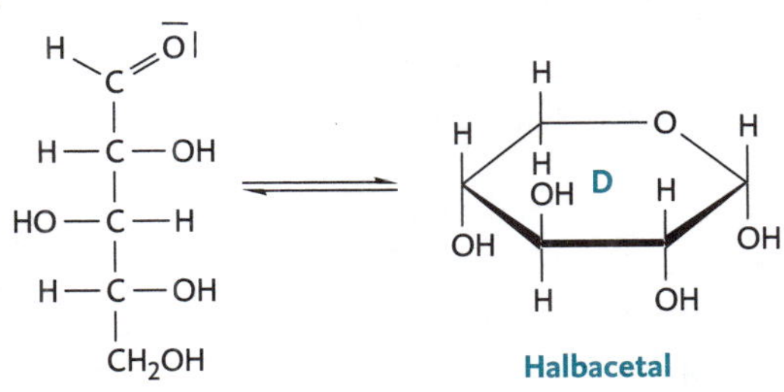

Halbacetal

Fructose

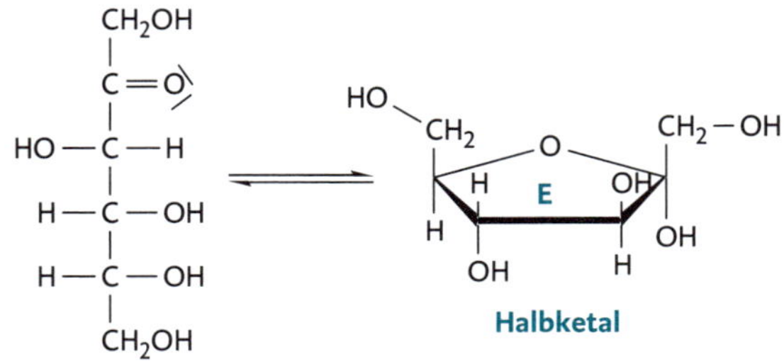

Sorbose

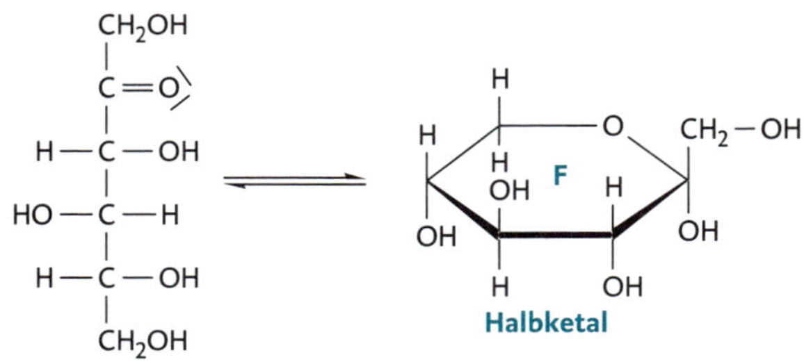

Desoxyribose

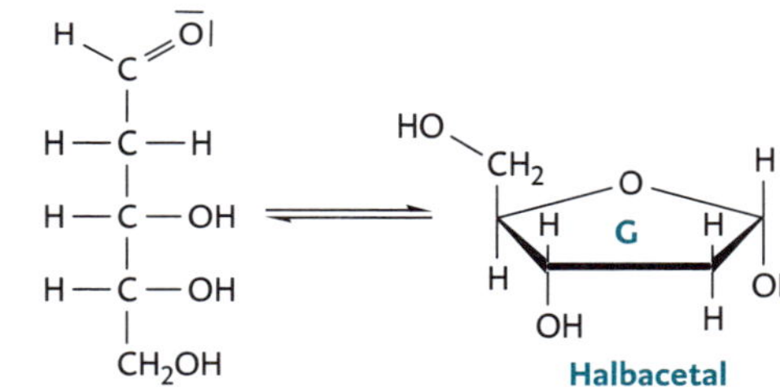

125

Threonin:	2-Amino-3-hydroxybutansäure
Isoleucin:	2-Amino-3-methylpentansäure
Asparaginsäure:	2-Aminobutandisäure
Lysin:	2,6-Diaminohexansäure

126

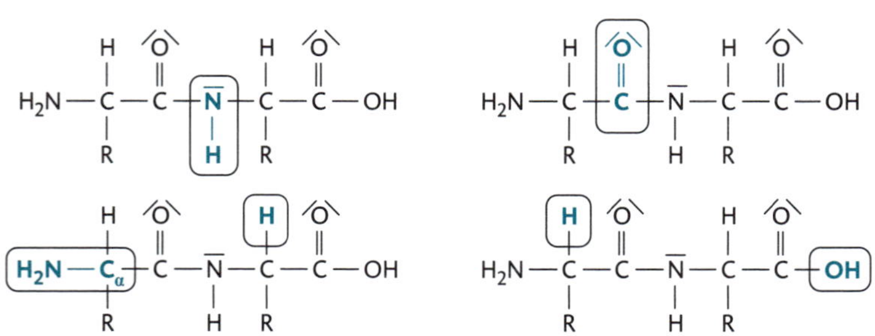

127 Man erhält sechs verschiedene Tripeptide:

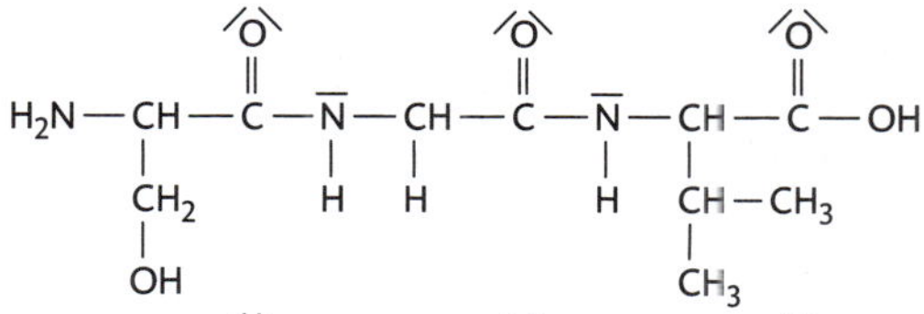

Serin-Glycin-Valin

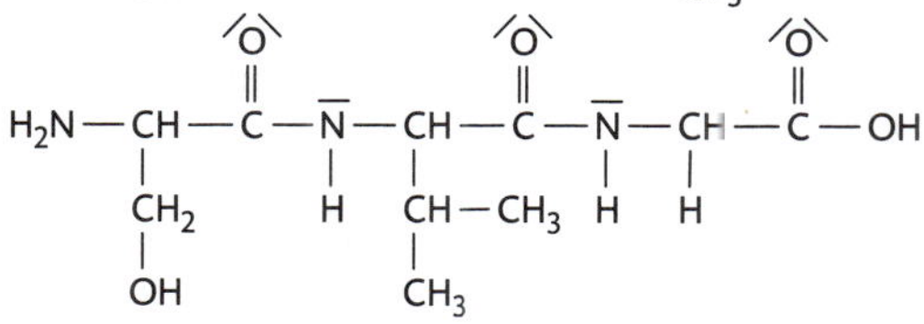

Serin-Valin-Glycin

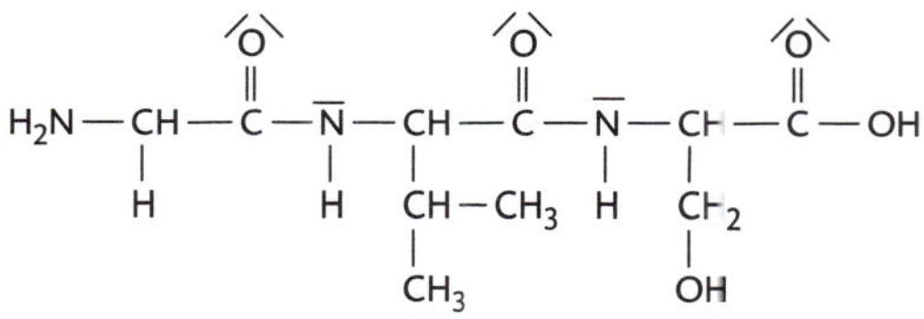

Glycin-Valin-Serin

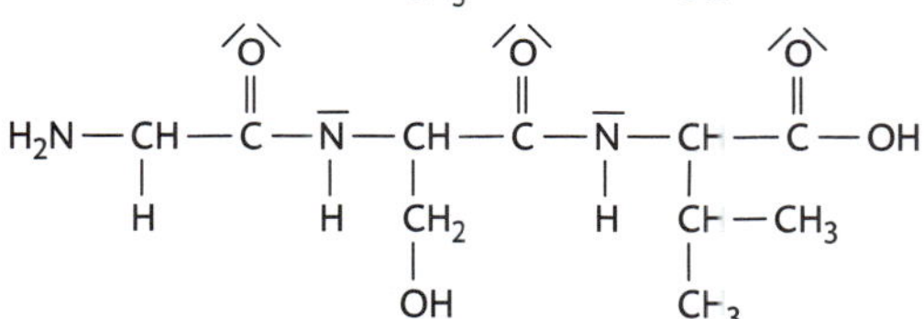

Glycin-Serin-Valin

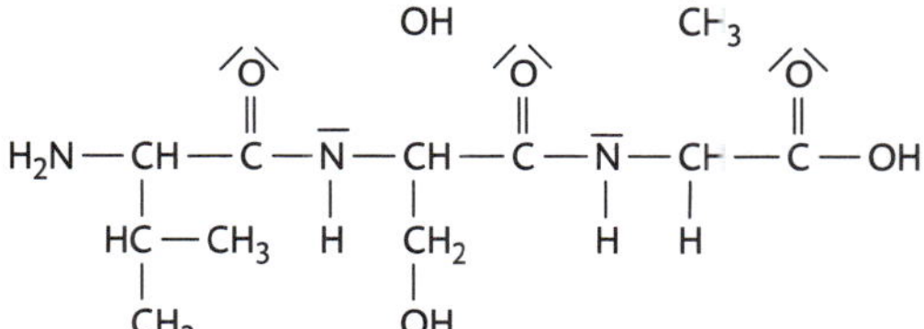

Valin-Serin-Glycin

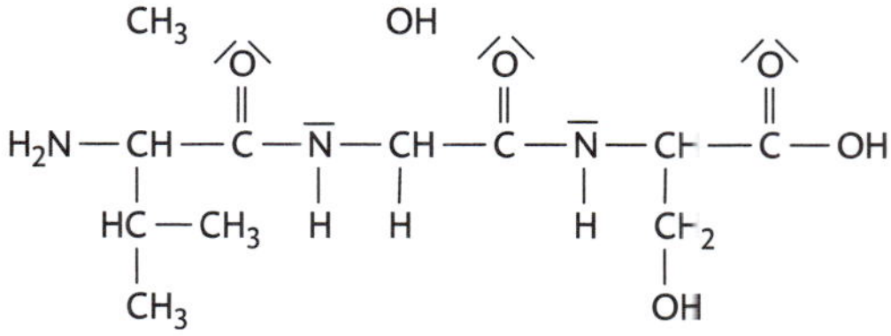

Valin-Glycin-Serin

128 a **Alanin**, Serin, **Valin**

Alanin und Valin weisen einen unpolaren Aminosäurerest auf, Serin einen polaren Rest (Hydroxygruppe).

b **Asparaginsäure, Asparagin**, Glutaminsäure

Asparagin ist das Säureamid der Asparaginsäure; die beiden Verbindungen sind sehr ähnlich aufgebaut.

oder

Asparaginsäure, Asparagin, **Glutaminsäure**

Asparaginsäure und Glutaminsäure enthalten eine zweite Carboxygruppe im Molekül; es handelt sich daher um saure Aminosäuren.

c Lysin, **Threonin, Serin**

Lysin unterscheidet sich von den beiden anderen Aminosäuren durch die zweite Aminogruppe; Lysin ist daher eine basische Aminosäure.

d **Tyrosin, Phenylalanin**, Serin

Tyrosin und Phenylalanin enthalten je einen Benzolring in der Seitenkette, es handelt sich um aromatische Aminosäuren.

oder

Tyrosin, Phenylalanin, **Serin**

Die Seitenketten in Tyrosin und Serin haben einen polaren Charakter.

Stichwortverzeichnis

Ihre Meinung ist uns wichtig!

Ihre Anregungen sind uns immer willkommen. Bitte informieren Sie uns mit diesem Schein über Ihre Verbesserungsvorschläge!

Titel-Nr.	Seite	Vorschlag

Bitte hier abtrennen

Lernen • Wissen • Zukunft
STARK

Zutreffendes bitte ankreuzen!

Die Absenderin/der Absender ist:

- ☐ Lehrer/in in den Klassenstufen: ____
- ☐ Fachbetreuer/in
  Fächer: ____
- ☐ Seminarlehrer/in
  Fächer: ____
- ☐ Regierungsfachberater/in
  Fächer: ____
- ☐ Oberstufenbetreuer/in
- ☐ Schulleiter/in
- ☐ Referendar/in, Termin 2. Staatsexamen: ____
- ☐ Leiter/in Lehrerbibliothek
- ☐ Leiter/in Schülerbibliothek
- ☐ Sekretariat
- ☐ Eltern
- ☐ Schüler/in, Klasse: ____
- ☐ Sonstiges: ____

Unterrichtsfächer: (Bei Lehrkräften!)

____

STARK Verlag
Postfach 1852
85318 Freising

24-V_TRUM

Bitte ausfüllen und im frankierten Umschlag an uns einsenden. Für Fensterkuverts geeignet.

Kennen Sie Ihre Kundennummer? Bitte hier eintragen.

Absender (Bitte in Druckbuchstaben!)

Name/Vorname

Straße/Nr.

PLZ/Ort/Ortsteil

Telefon privat

Geburtsjahr

E-Mail

Schule/Schulstempel (Bitte immer angeben!)

Bitte hier abtrennen

(Bitte blättern Sie um)